Monika Noack · Robert Geretschläger · Hansjürg Stocker

Mathe mit dem Känguru

AF637587

Mathe mit dem Känguru

Herausgeber sind die leitenden Organisatoren des Känguruwettbewerbs in ihren Ländern.

Dr. Monika Noack, Deutschland
http://www.mathe-kaenguru.de

Dr. Robert Geretschläger, Österreich
http://www.kaenguru.at

Hansjürg Stocker, dipl. Math. ETH, Schweiz
http://www.vsmp.ch/dmk

Mathe mit dem Känguru

Die schönsten Aufgaben von 2006 bis 2008

von Monika Noack, Robert Geretschläger
und Hansjürg Stocker

Fachbuchverlag Leipzig
im Carl Hanser Verlag

Herausgeber

Dr. rer. nat. Monika Noack
Humboldt-Universität zu Berlin
Institut für Mathematik

Dr. Robert Geretschläger
Bundesrealgymnasium Kepler Graz

Hansjürg Stocker, dipl. Math. ETH
Freies Gymnasium Zürich

Bibliografische Information der Deutschen Nationalbibliothek

Die Deutsche Nationalbibliothek verzeichnet diese Publikation in der Deutschen Nationalbibliografie; detaillierte bibliografische Daten sind im Internet über http://dnb.d-nb.de abrufbar.

ISBN 978-3-446-41647-5

Dieses Werk ist urheberrechtlich geschützt. Alle Rechte, auch die der Übersetzung, des Nachdruckes und der Vervielfältigung des Buches oder Teilen daraus, vorbehalten. Kein Teil des Werkes darf ohne schriftliche Genehmigung des Verlages in irgendeiner Form (Fotokopie, Mikrofilm oder ein anderes Verfahren), auch nicht für Zwecke der Unterrichtsgestaltung – mit Ausnahme der in den §§ 53, 54 URG genannten Sonderfälle–, reproduziert oder unter Verwendung elektronischer Systeme verarbeitet, vervielfältigt oder verbreitet werden.

Um dieses Buch lieferbar halten zu können, wurde es mit dem Print-on-Demand-Verfahren als einzelnes Exemplar speziell für Sie gedruckt. Dabei können gegenüber dem Original Unterschiede auftreten. Der Inhalt des Buches ist unverändert.

Fachbuchverlag Leipzig im Carl Hanser Verlag
© Carl Hanser Verlag München unveränderter Nachdruck der 1. Auflage von 2008
www.hanser.de
Lektorat: Christine Fritzsch
Herstellung: Katrin Wulst
Satz: Monika Noack, Berlin
Druck und Binden: CPI books GmbH, Leck
Printed in Germany

Vorwort

Seit Anfang der neunziger Jahre gibt es in einer seither beständig wachsenden Zahl von Ländern den Känguru-Mathematikwettbewerb. Die Idee zu diesem erfolgreichen Wettstreit kommt aus Australien und ist der Grund für die Wahl des Namens „Känguru der Mathematik“.
Mit inzwischen mehr als fünf Millionen Teilnehmern jährlich ist der Känguru-Wettbewerb zum größten Mathematikwettbewerb der Welt geworden.

„Känguru der Mathematik“, das ist ein mathematischer Wettbewerb, der möglichst viele Schülerinnen und Schüler erreichen und ihnen Lust auf Mathematik und auf mathematisches Denken bereiten will. Mit interessanten, abwechslungsreichen Aufgaben und damit, dass es sich um einen Multiple-Choice-Wettbewerb handelt, bei dem eine gefundene, manchmal nur erahnte Lösung nicht schriftlich exakt begründet werden muss, gelingt es, zum Mitmachen zu „verführen“. Die kleinen mathematischen Probleme der Aufgaben geben genug Stoff für eine kurzweilige und gewinnbringende Beschäftigung mit einer ganzen Reihe mathematischer Themen und sind vorsätzlich für eine Nutzung über den reinen Wettbewerb hinaus gedacht. Sie sollten in Zirkeln und Arbeitsgemeinschaften, in der Familie, in Vertretungsstunden oder auch, wenn es gut passt, direkt im Unterricht – und dann natürlich auch ohne Antwortenvorgabe – Verwendung finden.

Die Aufgaben sind das Werk der in der internationalen Assoziation „Kangourou sans frontières“ wirkenden Vertreter aus nunmehr fast 50 Ländern. Jahr für Jahr tragen diese engagierten Mathematikerinnen und Mathematiker eine Vielzahl von unterschiedlichen mathematischen Problemstellungen zusammen und wählen dann gemeinsam die interessantesten aus, auf dass sie in jedem der Länder zur gleichen Zeit, am dritten Donnerstag im März, bearbeitet werden. Die unterschiedlichen mathematischen und mathematikdidaktischen Traditionen in den Teilnehmerländern sind der Garant dafür, dass es immer wieder anregende, immer wieder durch neue Ideen bestechende Aufgaben gibt.
In die Auswahl und Formulierung der Aufgaben wird sehr viel Zeit investiert. Sie sind aus unserer Sicht auch der wesentliche Grund dafür, dass der Känguru-Wettbewerb großen Anklang findet.

Beim Wettbewerb gibt es fünf Teilnehmergruppen: Ecolier, Benjamin, Cadet, Junior und Student, die den Altersgruppen der Klassenstufen 3/4 bis 11/13 entsprechen. Für jede Gruppe gibt es ein Paket von 30 Aufgaben (für die Jüngeren etwas weniger), die in 75 Minuten zu lösen sind.

Die Herausgeber sind in ihren Ländern (Deutschland, Österreich bzw. der Schweiz) Ansprechpartner für den Känguru-Wettbewerb. Sie haben für die vorliegende Sammlung die attraktivsten Aufgaben ausgesucht und nach mathematischen Gebieten sortiert. Das war nicht immer leicht, da die Beispiele oft mehrere der traditionellen Gebiete berühren. In den einzelnen Abschnitten sind die Aufgaben, so gut sich das abschätzen ließ, nach steigender Schwierigkeit geordnet.

Am Ende einer jeden Aufgabe findet sich kleingedruckt die Angabe, in welcher Altersgruppe und als wievielte Aufgabe das Beispiel in welchem Jahr im Wettbewerb zu lösen war. Während die Aufgaben für die deutschen und die deutschschweizerischen Teilnehmer von den Organisatoren aus beiden Ländern gemeinsam aus den international erarbeiteten Aufgabenvorschlägen in eine geeignete deutsche Fassung gebracht werden und folglich identisch sind, übertragen die österreichischen Organisatoren die Aufgaben separat. Da es gemäß Satzung gestattet ist, je Altersgruppe fünf der Aufgaben gegen andere zu tauschen, was vor allem dann zum Einsatz kommt, wenn für Aufgaben die Voraussetzungen durch den Schullehrplan nicht gegeben sind, finden sich in der Sammlung auch Aufgaben, die nur in Deutschland und der Schweiz oder nur in Österreich im Wettbewerb gestanden haben.

Mit „Mathe mit dem Känguru“ sollen nicht nur Schülerinnen und Schüler, die sich gern mit Mathematikaufgaben beschäftigen, ein kurzweiliges Übungsbuch in die Hand bekommen. Zielgruppe sind ebenso Lehrerinnen und Lehrer, die ergänzendes Material für den Unterricht und die außerunterrichtliche Förderung suchen, sowie Eltern, Großeltern und andere Verwandte und Bekannte, die auf der Suche nach einem Buch sind, das sich zur gemeinsamen Beschäftigung mit Kindern eignet.

Am Entstehen der vorliegenden Aufgabensammlung haben viele mitgewirkt. Ganz zuerst sind das die Erfinder der Aufgaben in den vielen Teilnehmerländern. Es folgen jene, die an der Erarbeitung der deutschsprachigen Aufgabenstellungen und an der Ausarbeitung und Korrektur der Lösungshinweise mitgewirkt haben. Neben den Herausgebern waren dies Antje Noack, Ulf Hutschenreiter und Dorothea Vigerske aus Deutschland und Gerhard Plattner aus Österreich sowie Meike Akveld, Maria Cannizzo und Alfred Vogelsanger aus der Schweiz. Die Zeichnungen wurden von Carina Hübner und Monika Noack aus Deutschland beigesteuert.

Der Dank der Herausgeber gilt schließlich Frau Christine Fritzsch vom Fachbuchverlag Leipzig, die sich in bewährter Weise ideenreich und sachkundig auch für das Erscheinen des zweiten Bandes „Mathe mit dem Känguru“ eingesetzt und es durch viele wertvolle Diskussionen gefördert hat.

Berlin, Graz, Zürich, im Herbst 2008 Die Herausgeber

Inhaltsverzeichnis

1 Zahlen und Rechnen

1.1 Rechnereien zum Aufwärmen

Wie im ersten Buch „Mathe mit dem Känguru“ beginnen wir mit Aufwärmübungen und kommen dann allmählich zu Komplizierterem, ganz so, wie es auch beim Känguru-Wettbewerb selbst ist, bei dem die ersten Aufgaben meist nicht so schwer sind. Oft sind es kleine Rechenaufgaben, und in vielen von ihnen steckt in irgendeiner Weise die jeweilige Jahreszahl. Man kann nur staunen, wie unterschiedlich solche Jahreszahl-Aufgaben sein können. Und wer Vergnügen hat, solche Aufgaben zu „knacken“, der mag das gleich als Anregung nehmen, sich selbst ähnliche kleine Probleme auszudenken.

Die Aufgaben sind nicht nach der Jahreszahl, sondern – wie üblich – nach steigender Schwierigkeit sortiert.

Rechnen mit den Jahreszahlen

A 1.1 Es ist $2 \cdot 0 \cdot 0 \cdot 6 + 2006 =$

(**A**) 0 (**B**) 2006 (**C**) 2014 (**D**) 2018 (**E**) 4012

D/CH-3/4 (2) -06

A 1.2 $2007 + 1023 =$

(**A**) 3303 (**B**) 3030 (**C**) 3300 (**D**) 3003 (**E**) 4030

D/CH-3/4 (3) -07

A 1.3 $20 \cdot (0 + 6) - 20 \cdot 0 + 6 =$

(**A**) 0 (**B**) 106 (**C**) 114 (**D**) 126 (**E**) 12

D/CH-7/8 (2) -06

A 1.4 $2007 : (2 + 0 + 0 + 7) - (2 \cdot 0 \cdot 0 \cdot 7) =$

(**A**) 323 (**B**) 322 (**C**) 232 (**D**) 223 (**E**) 233

A-Ben (5), D/CH-5/6 (5) -07

A 1.5 Welche Zahl muss man in $3 \cdot 2006 = 2005 + 2007 + \square$ in das Kästchen schreiben, damit eine richtige Gleichung entsteht?

(**A**) 2005 (**B**) 2006 (**C**) 2007 (**D**) 2008 (**E**) 2009

A-Ben (1), D/CH-5/6 (1) –06

A 1.6 Bei welcher der 5 Rechenaufgaben mit den Zahlen 2, 0, 0 und 8 ist das Ergebnis am kleinsten?

(**A**) $2+0+0+8$ (**B**) $200 : 8$ (**C**) $2 \cdot 0 \cdot 0 \cdot 8$
(**D**) $200 - 8$ (**E**) $8+0+0-2$

A-Ben (1), D/CH-5/6 (1) –08

A 1.7 $200 \cdot 8 + 200 : 8 =$

(**A**) 1625 (**B**) 1650 (**C**) 1825 (**D**) 2008 (**E**) 2025

D/CH-7/8 (2) –08

A 1.8 $\dfrac{2007}{2+0+0+7} =$

(**A**) 1003 (**B**) 75 (**C**) 223 (**D**) 213 (**E**) 123

A-Cad (1) –07

A 1.9 $\dfrac{2+0+0+7-2 \cdot 0 \cdot 0 \cdot 7}{2007} =$

(**A**) $\dfrac{1}{30}$ (**B**) $\dfrac{1}{1003}$ (**C**) $\dfrac{1}{223}$ (**D**) $\dfrac{1}{72}$ (**E**) $\dfrac{1}{207}$

A-Cad (1), D/CH-7/8 (1) –07

A 1.10 Welches der folgenden Produkte ist am größten?

(**A**) $2006 \cdot 2006$ (**B**) $2005 \cdot 2007$ (**C**) $2004 \cdot 2008$
(**D**) $2003 \cdot 2009$ (**E**) $2002 \cdot 2010$

A-Stu (1), D/CH-11/13 (2) –06

A 1.11 $2007 - 20,07 = ?$

(A) 1997,83 (B) 1987,7 (C) 1888,83
(D) 1986,93 (E) 1897,93

D/CH-7/8 (6) -07

A 1.12 Was ist der Mittelwert von 2006 und 6002?

(A) 3998 (B) 4000 (C) 4002 (D) 4004 (E) 4006

A-Jun (1), D/CH-9/10 (1) -06

A 1.13 Wie viele vierstellige Zahlen mit vier voneinander verschiedenen Ziffern sind durch 2006 teilbar?

(A) keine (B) 2 (C) 3 (D) 1 (E) 4

A-Jun (2), D/CH-9/10 (2) -06

Einfache Aufgaben mit einem Text dazu

Die folgenden Aufgaben sind, was das Rechnen betrifft, ebenfalls noch nicht schwer. Allerdings muss nun die Rechenaufgabe stets erst aus dem Text erschlossen werden.

Wir haben an einigen Stellen bewusst zu einer Aufgabe eine ähnliche Variante hinzugenommen, wie sie vielleicht in der höheren Klassenstufe oder dem anderen Land gestellt wurde, um daran zu zeigen, wie sich durch kleine Veränderungen in der Aufgabenstellung weitere Aufgaben gewinnen lassen, die dazu beitragen, eine (kleine) Problemstellung von mehreren Seiten anzugehen.

A 1.14 Welche Zahl erhält man in der dunklen Wolke?

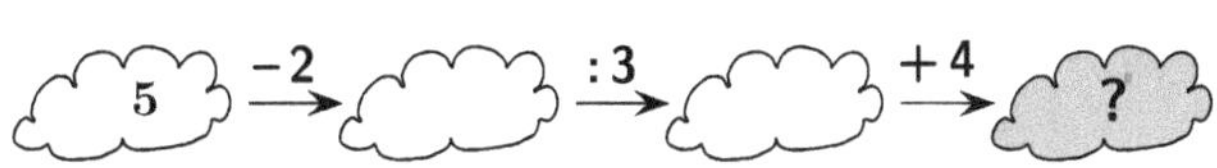

(A) 1 (B) 3 (C) 5 (D) 7 (E) 9

A-Eco (8) -07

A 1.15 Welche Zahl muss in das erste Viereck geschrieben werden, damit nach den angegebenen Rechnungen schließlich 5 das Ergebnis ist?

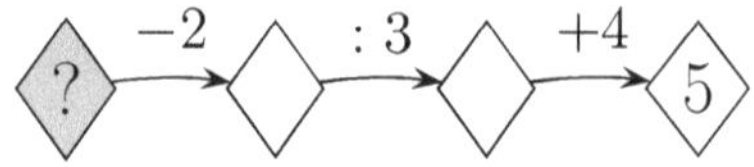

(**A**) 0 (**B**) 5 (**C**) 7 (**D**) 10 (**E**) 12

A-Eco (8), D/CH-3/4 (7) -07

A 1.16 Am Weg durch unseren kleinen Stadtpark stehen rechts – immer im selben Abstand voneinander - 9 Laternen. Meine kleine Nichte schafft es von einer zur nächsten mit 7 Hüpfern. Wie viele Hüpfer braucht sie von der ersten bis zur letzten Laterne?

(**A**) 72 (**B**) 81 (**C**) 49 (**D**) 63 (**E**) 56

A-Eco (9), D/CH-3/4 (6) -07

A 1.17 Das Äffchen Eveline isst täglich 4 Bananen und das Äffchen Anita täglich 3. In wie vielen Tagen isst Anita so viele Bananen wie Eveline in 6 Tagen?

(**A**) 7 (**B**) 8 (**C**) 9 (**D**) 10 (**E**) 11

A-Eco (11) -06

A 1.18 Eine Eintrittskarte für den Zoo kostet für einen Erwachsenen 4 Euro. Die Karte für ein Kind ist um 1 Euro billiger. Wie viel Euro zahlt ein Vater, der mit seinen beiden Kindern den Zoo besuchen möchte?

(**A**) 5 (**B**) 6 (**C**) 7 (**D**) 10 (**E**) 12

A-Eco (2) -08

A 1.19 Wodurch muss  ersetzt werden, damit die folgende Gleichung gilt?

 $\times$  $= 2 \times 2 \times 3 \times 3$

(**A**) 2×3 (**B**) 3 (**C**) 2 (**D**) 2×2 (**E**) 3×3

A-Ben (2) -08

A 1.20 Wie oft steht die 5 in der Rechnung $5+5+\cdots+5$, wenn $125=5^3$ das Ergebnis ist?

(**A**) 125-mal (**B**) 3-mal (**C**) 25-mal (**D**) 100-mal (**E**) 50-mal

D/CH-5/6 (3) –07

A 1.21 Als Peter zum Heft seiner Banknachbarin rüberguckt, sieht er

$$1+1\quad 1-2=100$$

Was gehört an die vom Löschblatt verdeckte Stelle zwischen den beiden Einsen?

(**A**) 0 (**B**) 1 (**C**) + (**D**) – (**E**) 9

A-Ben (4), D/CH-5/6 (5) –08

A 1.22 Als wir in der Jugendherberge ankommen, werden uns gleich 7 Dreibett-Zimmer zugewiesen. Wie viele Zweibett-Zimmer müssen noch dazukommen, wenn alle 31 Klassenfahrt-Teilnehmer unterkommen sollen?

(**A**) 2 (**B**) 3 (**C**) 4 (**D**) 5 (**E**) 6

A-Eco (15), D/CH-3/4 (14) –08

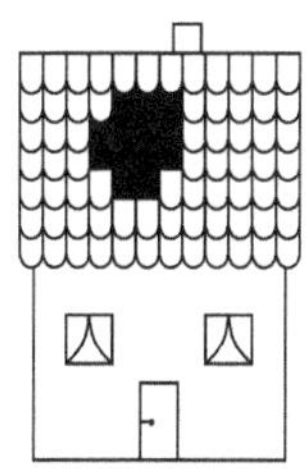

A 1.23 Der Sturm hat ein Loch in unser Dach gerissen. Vor dem Sturm waren auf der Vorderseite des Hauses in jeder der 7 Reihen 12 Dachziegel. Wie viele Dachziegel sind nun noch auf der Vorderseite vorhanden?

(**A**) 70 (**B**) 71 (**C**) 75 (**D**) 81 (**E**) 84

A-Eco (9), D/CH-3/4 (9) –08

A 1.24 Franziska denkt sich eine Zahl zwischen 1 und 9 und schreibt sie auf, dann schreibt sie eine Ziffer rechts daneben, wodurch eine 2-stellige Zahl entsteht. Sie addiert 19 und erhält 72. Welche Zahl hat sie zuerst aufgeschrieben?

(**A**) 2 (**B**) 5 (**C**) 6 (**D**) 7 (**E**) 9

A-Eco (15), D/CH-3/4 (14) –07

A 1.25 Als Kati ihre Spaghetti mit Tomatensoße fast aufgegessen und keinen rechten Hunger mehr hat, zählt sie noch 13 Spaghetti auf ihrem Teller. Sie beginnt, die Spaghetti hintereinander zu legen und fragt sich, wie lang die Schlange aus allen 13 Spaghetti wäre, wenn sie alle je 25 cm lang wären. Das wären

(**A**) 6,5 m (**B**) 2,5 m (**C**) 12,5 m (**D**) 7,25 m (**E**) 3,25 m

A-Eco (14), D/CH-3/4 (9) –07

A 1.26 In dem Straßenabschnitt der Schulstraße, der von der Kirsch- bis zur Apfelallee reicht, tragen die Häuser auf der linken Straßenseite die ungeraden Nummern von 1 bis 19; die Häuser auf der rechten Straßenseite tragen die geraden Hausnummern von 2 bis 16. Wie viele Häuser befinden sich zwischen Kirsch- und Apfelallee in der Schulstraße?

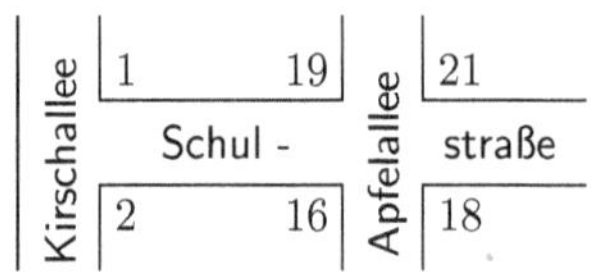

(**A**) 19 (**B**) 18 (**C**) 17 (**D**) 16 (**E**) 15

A-Eco (9), D/CH-3/4 (10) –06

A 1.27 Die kernigen Kängurus aus Canberra brauchen nur 6 Sekunden, wenn sie hintereinander 4 Riesensprünge machen. Wie viele Sekunden brauchen sie, wenn sie hintereinander 10 solche Riesensprünge machen?

(**A**) 10 (**B**) 12 (**C**) 15 (**D**) 18 (**E**) 20

D/CH-5/6 (4) –07

A 1.28 Damit wir im Rechnen sicherer und schneller werden, spielt unsere Mathelehrerin mit uns ein Spiel: Sie zeichnet irgendein „Netz“ an die Tafel; an die Linien zwischen den Knotenpunkten schreibt sie Zahlen. Wir müssen diese Zahlen blitzschnell addieren und *den* Weg vom Start zum Ziel finden, bei dem die Summe der Zahlen, die auf dem Weg liegen, am kleinsten ist. Welches ist in dem rechts abgebildeten Netz die kleinste Summe?

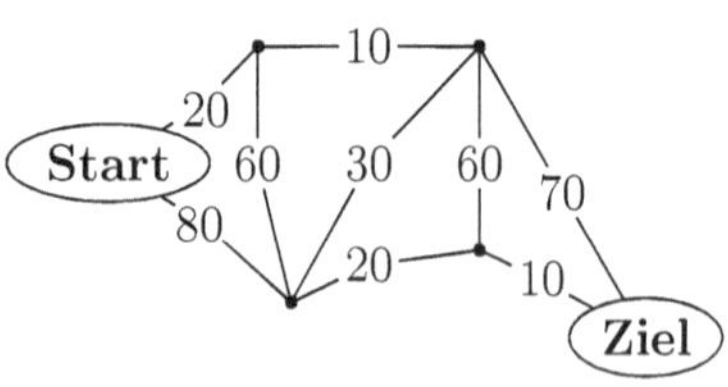

(**A**) 90 (**B**) 100 (**C**) 110 (**D**) 120 (**E**) 130

A-Eco (21), D/CH-3/4 (18) –06

A 1.29 Ivo spielt „Darts“, ein Spiel, bei dem man Pfeile auf eine Zielscheibe werfen muss. Zum Anfang bekommt er 10 Pfeile. Jedesmal, wenn er die Mitte trifft, bekommt er noch 2 Pfeile dazu. Er wirft insgesamt 20 Pfeile. Wie oft hat er die Mitte getroffen?

(**A**) fünfmal (**B**) sechsmal (**C**) achtmal (**D**) zehnmal (**E**) viermal

D/CH-3/4 (5) -06

A 1.30 Gabriel schreibt seinem Vater aus den Ferien in einer SMS: „Bei uns sind 37 °C im Schatten“, und der Vater schreibt zurück: „Würdest du uns 10 °C abgeben können, hätten wir beide dieselbe Temperatur.“ Wie warm ist es bei Gabriels Vater?

(**A**) 10 °C (**B**) 17 °C (**C**) 22 °C (**D**) 27 °C (**E**) 32 °C

D/CH-7/8 (7) -08

A 1.31 Anna, Ben und Clea haben zusammen 30 Kaugummis. Gäbe Ben der Clea 5, Clea der Anna 4 und Anna dem Ben 2 Kaugummis, so hätten alle drei gleich viele. Wie viele Kaugummis hat Anna?

(**A**) 8 (**B**) 9 (**C**) 11 (**D**) 13 (**E**) 15

A-Jun (5), D/CH-9/10 (2) -07

A 1.32 Meine drei Brüder besitzen zusammen 57 „Herr der Ringe“-Sammelkarten. Beim Tausch gibt Matti 7 seiner Karten an Nico, Nico gibt 4 seiner Karten an Ole und Ole 6 der seinen an Matti. Nun hat jeder gleich viele. Wie viele Karten hatte Ole zu Beginn?

(**A**) 13 (**B**) 17 (**C**) 18 (**D**) 21 (**E**) 23

A-Stu (2), D/CH-11/13 (2) -07

A 1.33 Der starke Hans wird losgeschickt, die nach dem Einschlag bereitliegenden Bäume für den Transport in Stücke zu sägen. Insgesamt 72-mal setzt er die Säge an und sägt einen Stamm durch, dann liegen 87 Stücke Holz bereit und er fragt sich, wie viele Bäume er zersägt hat?

(**A**) 12 (**B**) 14 (**C**) 15 (**D**) 17 (**E**) 18

D/CH-7/8 (11) -06

A 1.34 Laras Leidenschaft ist das Multiplizieren mit 3, Merlin addiert am liebsten 2 und Nick subtrahiert von jeder Zahl am liebsten 1. Ich gebe die Zahl 3 vor. In welcher Reihenfolge müssen die drei Freunde je einmal ihre Lieblingsrechnerei durchführen, damit 14 herauskommt?

(**A**) Nick – Merlin – Lara (**B**) Lara – Nick – Merlin
(**C**) Merlin – Nick – Lara (**D**) Lara – Merlin – Nick
(**E**) Merlin – Lara – Nick

A-Eco (11) und Ben (3); D/CH-3/4 (12) und 5/6 (13) –08

A 1.35 Mit welchem Exponenten muss man 4^4 potenzieren, um 8^8 zu erhalten?

(**A**) 3 (**B**) 4 (**C**) 7 (**D**) 8 (**E**) 16

A-Jun (16), D/CH-9/10 (15) –07

A 1.36 Die Zahl $-10^{(10^{-5})}$ ist

(**A**) eine sehr große Zahl (**B**) eine Zahl nahe 1
(**C**) eine Zahl nahe -1 (**D**) eine negative Zahl nahe 0
(**E**) eine sehr große negative Zahl

D/CH-11/13 (14) –06

Rechnen mit Brüchen

A 1.37 Wie viel ist die Hälfte von einem Drittel von einem Viertel von 24?

(**A**) 12 (**B**) 8 (**C**) 6 (**D**) 3 (**E**) 1

D/CH-5/6 (2) –08

A 1.38 Bei welcher der folgenden Dreiergruppen von Zahlen ist der Abstand der mittleren Zahl zur kleineren gleich dem der mittleren zur größeren?

(**A**) 7,2; 7,6; 8,2 (**B**) $\frac{1}{3}$; $\frac{1}{4}$; $\frac{1}{5}$ (**C**) 12; 21; 32
(**D**) $\frac{1}{2}$; $\frac{1}{3}$; $\frac{1}{6}$ (**E**) 1,3; 0,7; 0,3

A-Ben (21), D/CH-5/6 (15) –06

A 1.39 Die Hälfte von einem Zehntel ist gleich

(A) $\frac{1}{5}$ (B) $\frac{2}{100}$ (C) $\frac{1}{20}$ (D) $\frac{1}{25}$ (E) $\frac{1}{50}$

A-Ben (9) u. Cad (7), D/CH-5/6 (4) -06

A 1.40 Welche der Differenzen zweier Brüche ist am kleinsten?

(A) $\frac{1}{2}-\frac{1}{3}$ (B) $\frac{1}{3}-\frac{1}{4}$ (C) $\frac{1}{4}-\frac{1}{5}$ (D) $\frac{1}{5}-\frac{1}{6}$ (E) $\frac{1}{6}-\frac{1}{7}$

D/CH-7/8 (4) -08

A 1.41 Für ein Theaterspiel, das unsere Klasse aufführen will, habe ich eine Fahne zu nähen (s. Bild). Sie besteht aus drei gleich breiten Streifen, die in zwei, drei bzw. vier jeweils gleich große Teile geteilt sind. In welchem Größenverhältnis stehen die Flächeninhalte der beiden Stoffsorten (dunkel zu hell) zueinander?

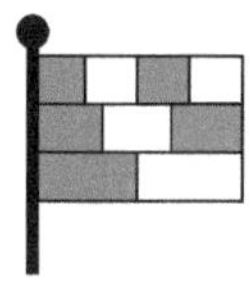

(A) 1 : 1 (B) 2 : 1 (C) 3 : 2 (D) 4 : 3 (E) 5 : 4

A-Jun (7), D/CH-9/10 (7) -06

A 1.42 In der Piratenschule übt sich jeder künftige Pirat im Nähen schwarz-weißer Fahnen. Im ersten Test ist eine Fahne zu nähen, bei der drei Fünftel der Fläche schwarz sein müssen. Wie viele der abgebildeten Fahnen sind gelungen?

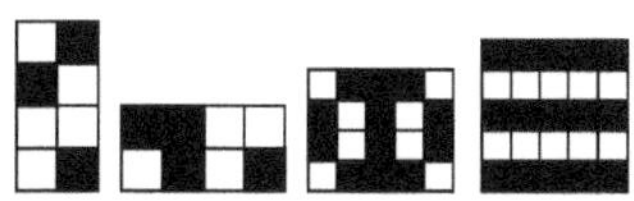

(A) keine (B) eine (C) zwei (D) drei (E) alle vier

A-Ben (7), D/CH-5/6 (24) -08

A 1.43 Die Verkaufsanalyse eines Bioladens ergab, dass 1/3 der Kunden die Tomatensorte „Gartenperle“ bevorzugt, während 2/3 die Sorte „Tafelfreude“ vorzieht. Nach einer Werbekampagne für „Gartenperle“ wechselte 1/4 der „Tafelfreude“-Kunden zu „Gartenperle“, jedoch niemand andersherum. Was trifft nun zu (Gartenperle = G, Tafelfreude = T)?

(A) 5/12 wählen G, 7/12 T. (B) 7/12 wählen G, 5/12 T.
(C) 1/4 wählen G, 3/4 T. (D) 1/2 wählen G, 1/2 T.
(E) 1/3 wählen G, 2/3 T.

A-Cad (15), D/CH-7/8 (14) -07

A 1.44 Onkel Dieter, seines Zeichens passionierter Angler, rudert mit mir durch den Kanal zu seinem Lieblingsangelplatz. „Siehst du“, sagt er, als wir einen Seitenarm passieren, „hier fließt ein Drittel des Wassers weg. Und wenig später, nach der Kurve dort, noch einmal ein Viertel von dem, was dort noch fließt. Nun frag ich dich“, setzt er fort und guckt mich an, „wie viel von der ursprünglichen Wassermenge ist für uns beide schließlich noch übrig im Kanal?“

(A) $\frac{1}{3}$ (B) $\frac{2}{5}$ (C) $\frac{1}{6}$ (D) $\frac{1}{2}$ (E) $\frac{3}{5}$

A-Stu (5), D/CH-9/10 (10) -08

Etwas für den Alltag – Rechnen mit Euro und Cent

A 1.45 Auf dem Bauernmarkt sind Gewürzgurken im Angebot; für 25 Cent gibt es 150 g. Wie viel Gramm bekomme ich für 1 €?

(A) 250 g (B) 350 g (C) 525 g (D) 600 g (E) 750 g

D/CH-5/6 (2) -06

A 1.46 David geht mit einem 5-€-Schein zum Bäcker. Er soll 8 Brötchen, das Stück zu 40 Cent, einkaufen. Für den Rest darf er seine Lieblingskekse, das Stück zu 25 Cent, mitbringen. Wie viele Kekse kann er vom Restgeld höchstens kaufen?

(A) 3 (B) 4 (C) 5 (D) 6 (E) 7

A-Eco (11), D/CH-3/4 (12) -07

A 1.47 Zum Einkaufen gibt mir mein Onkel einen 5-€-Schein, eine 1-€- und eine 2-€-Münze. Welchen der Beträge könnte ich nicht ohne zu wechseln bezahlen?

(A) 8 € (B) 7 € (C) 6 € (D) 5 € (E) 4 €

A-Eco (8), D/CH-3/4 (6) -06

A 1.48 Jan kauft seiner kleinen Schwester zum Geburtstag 5 verschiedenfarbige Aquarellstifte, alle zum selben Preis. Dazu kauft er ihr noch für 1,50 € tolle Drachensticker. Er bezahlt mit einem 10-€-Schein, bekommt 3 € zurück und überlegt, ob er vom Restgeld noch Aquarellstifte kaufen soll. Wie viele könnte er davon höchstens noch kaufen?

(A) 0 (B) 2 (C) 3 (D) 5 (E) 6

D/CH-5/6 (9) -06

A 1.49 Beim Einkauf für die Schuldisco stellen wir fest, dass es für die Chips, die wir besorgen sollen und die pro Packung 1,20 € kosten, einen Mengenrabatt gibt. An jeder Packung ist ein Coupon, drei Coupons kann man gegen eine Packung Chips tauschen. Wie viele Chipspackungen bekommen wir maximal für 18 €?

(A) 15 (B) 19 (C) 21 (D) 22 (E) 24

D/CH-9/10 (8) -06

A 1.50 Die Einnahmen unseres Schulchors bei Konzerten würden in diesem Schuljahr exakt ausreichen, um entweder eine neue Gitarre oder 5 gleiche Mundharmonikas für unser Mundharmonikaquintett zu kaufen. Die Chorleiterin sagt, dass die Gitarre schon 60 € mehr kostet als 3 Mundharmonikas. Wie hoch ist der Preis der Gitarre?

(A) 90 € (B) 96 € (C) 100 € (D) 120 € (E) 150 €

D/CH-5/6 (23) -06

A 1.51 Piet und Hagen zählen das Restgeld vom Einkauf. Piet hat neun 2-Cent-Münzen, Hagen acht 5-Cent-Münzen. Wie viele Münzen müssen insgesamt mindestens den Besitzer wechseln, wenn Piet und Hagen das Geld zu gleichen Teilen behalten dürfen?

(A) 2 (B) 3 (C) 5
(D) 7 (E) das ist nicht möglich

A-Cad (10), D/CH-7/8 (12) -08

Rechnen mit dem Alter

A 1.52 Ein Vater, 33 Jahre alt, hat zwei Töchter. Die Töchter sind 10 bzw. 11 Jahre alt. Wie viele Jahre vergehen, bis die beiden Mädchen zusammen genauso alt sind wie ihr Vater?

(A) 12 (B) 11 (C) 10 (D) 20 (E) 21

D/CH-3/4 (15) -07

A 1.53 Elsa feierte am 1. Januar 2000 ihren 4. Geburtstag. Sie ist ein Jahr und einen Tag älter als Lisa. Wann feierte Lisa ihren 4. Geburtstag?

(**A**) am 31. Dezember 2001 (**B**) am 31. Dezember 2000
(**C**) am 2. Januar 1999 (**D**) am 2. Januar 2001
(**E**) am 31. Dezember 1999

A-Eco (13), D/CH-3/4 (11) –07

A 1.54 Jimmy ist ein knappes Jahr älter als Jonny, nämlich nur genau einen Tag weniger als ein ganzes Jahr. Welches Geburtsdatum hat Jonny, wenn Jimmy am Neujahrstag des Jahres 2001 geboren wurde ?

(**A**) 31.12.2003 (**B**) 2.1.2003 (**C**) 31.12.2002 (**D**) 2.1.2001 (**E**) 31.12.2001

A-Ben (7), D/CH-5/6 (7) –07

A 1.55 Agnes ist jetzt 10 Jahre alt; ihr Vater Horst viermal so alt wie sie. Wie alt wird Horst sein, wenn Agnes doppelt so alt ist wie jetzt?

(**A**) 48 (**B**) 50 (**C**) 56 (**D**) 60 (**E**) 80

A-Ben (19), D/CH-5/6 (11) –07

A 1.56 Die Zwillinge Johann und Marie stellen eines Tages erschüttert fest, dass sie zusammen mit ihrer Mutter 60 Jahre alt sind. Die Mutter schmunzelt und fragt: „Wisst ihr auch, wie alt wir drei zusammen in 20 Jahren sein werden?"

(**A**) 80 (**B**) 120 (**C**) 140
(**D**) 150 (**E**) das lässt sich nicht ausrechnen

D/CH-5/6 (5) –06

A 1.57 Heute kann ich sagen: In zwei Jahren wird mein Bruder Jan doppelt so alt sein, wie er vor zwei Jahren war. Außerdem wird meine Schwester Tina in drei Jahren dreimal so alt sein wie sie vor drei Jahren war. Was stimmt?

(**A**) Jan ist ein Jahr älter als Tina. (**B**) Tina ist ein Jahr älter als Jan.
(**C**) Tina und Jan sind gleich alt. (**D**) Jan ist zwei Jahre älter als Tina.
(**E**) Tina ist zwei Jahre älter als Jan.

A-Ben (18) –08

Maximales/Minimales

A 1.58 Ich habe sechs Kärtchen mit Zahlen vor mir liegen. Welches ist die größte zehnstellige Zahl, die ich durch geschicktes Hintereinanderlegen der Kärtchen zusammenstellen kann?

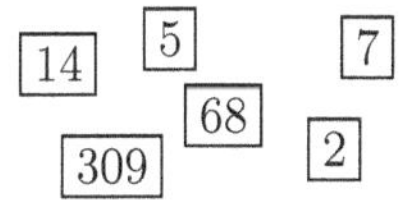

(**A**) 9876543210 (**B**) 7685903412 (**C**) 5143097682
(**D**) 7568143092 (**E**) 7685309214

A-Ben (2), D/CH-3/4 (11) und 5/6 (3) –06

A 1.59 Springt der Zirkusfloh Fred mit dem rechten Bein ab, schafft er es 20 cm weit, mit dem linken Bein bringt er es auf 40 cm. Hüpft Fred mit beiden Beinen, kommt er sogar 70 cm weit, und das jedes Mal, selbst wenn er viele Male hintereinander springt. Mit welcher minimalen Anzahl von Sprüngen könnte Fred eine Länge von exakt 100 m bewältigen?

(**A**) 100 (**B**) 121 (**C**) 125 (**D**) 144 (**E**) 155

A-Cad (18), D/CH-7/8 (21) –06

A 1.60 Auf dem Tisch liegen 9 rote und 13 grüne Filzstifte. Jeder zweite Stift ist mit einem Kängurubild verziert. Welches ist die kleinstmögliche Zahl grüner Stifte mit Kängurubild?

(**A**) 0 (**B**) 1 (**C**) 2 (**D**) 3 (**E**) 4

A-Cad (5), D/CH-7/8 (11) –08

A 1.61 Stell dir vor, du hast die Summe der Ziffern des Quadrates einer Zahl auszurechnen, die größer ist als 2007. Welches ist der kleinstmögliche Wert dieser Summe?

(**A**) 1 (**B**) 2 (**C**) 13 (**D**) 27 (**E**) 32

D/CH-7/8 (21) –07

A 1.62 Es sei $x < -1$. Welche der folgenden Zahlen ist dann am größten?

(**A**) $x + 1$ (**B**) $2x$ (**C**) $-2x$ (**D**) $6x + 2$ (**E**) $x - 2$

A-Cad (12), D/CH-7/8 (10) –07

A 1.63 Es seien a und b reelle Zahlen, beide größer als 1. Welcher Bruch ist der größte?

(A) $\frac{a}{b-1}$ (B) $\frac{a}{b+1}$ (C) $\frac{2a}{2b+1}$ (D) $\frac{2a}{2b-1}$ (E) $\frac{3a}{3b+1}$

A-Stud (21), D/CH-11/13 (23) -06

1.2 Natürliche Zahlen – Primzahlen, Teilbarkeit und mehr

Mathematische Aufgaben, in denen eine ganzzahlige Lösung gesucht wird, spielen in der Mathematik an den Schulen natürlich eine besonders große Rolle. Schließlich sind Zählen und Bestimmung von Anzahlen Dinge, die sich ganz selbstverständlich in unserem Leben finden. Die Beschäftigung mit Zahlen macht dann allerdings besonders viel Spaß, viele hübsche Knobeleien gibt es – und ein paar solche Känguru-Aufgaben folgen nun, allerdings haben es manche ganz schön in sich.

Das schaffen schon die Jüngeren

A 1.64 Der „Zahlenblume" dürfen Blätter ausgerupft werden, aber nur solche, auf denen Zahlen stehen, die – wie zum Beispiel die Zahl 14 – beim Teilen durch 6 den Rest 2 lassen. Welches ist die Summe all der Zahlen, die auf Blättern stehen, die ausgerupft werden dürfen?

(A) 46 (B) 66 (C) 84 (D) 86 (E) 114

A-Eco (15), D/CH-3/4 (13) -06

A 1.65 Wie viele zweistellige gerade Zahlen, die kleiner als 33 sind, sind durch die Summe ihrer Ziffern ohne Rest teilbar?

(A) 2 (B) 10 (C) 4 (D) 6 (E) 5

D/CH-5/6 (10) -06

A 1.66 Die Multiplikationsaufgabe $81 \cdot 7 = 623$ stimmt nicht. Aber durch Ändern einer einzigen Ziffer wird sie zu einer richtigen Aufgabe. Welche Ziffer ist das?

(A) 3 (B) 2 (C) 6 (D) 7 (E) 1

D/CH-5/6 (12) -06

A 1.67 Eines Tages ringt sich der Großvater durch, seine Sammlung von Matchboxautos aufzulösen und alle Autos seinen Enkeln zu schenken. Er stellt fest, dass er jedem der 6 Enkelkinder dieselbe Anzahl schenken kann, ohne dass etwas übrig bleibt. Wie viele Autos könnten in der großväterlichen Sammlung sein?

(**A**) 27 (**B**) 34 (**C**) 56 (**D**) 77 (**E**) 84

D/CH-3/4 (4) –07

A 1.68 Auf wie viele Nullen endet das Produkt der ersten 2006 Primzahlen?

(**A**) 0 (**B**) 5 (**C**) 1 (**D**) 26 (**E**) 9

D/CH-7/8 (17) –06

A 1.69 Wenn das Produkt zweier natürlicher Zahlen gleich 72 ist, dann ist die Summe dieser beiden Zahlen gewiss *nicht*

(**A**) 73 (**B**) 22 (**C**) 27 (**D**) 17 (**E**) 24

D/CH-5/6 (27) –06

A 1.70 Zum Osterfest hatte der Großvater drei Sorten Ostereier gekauft, die unterschiedlich eingewickelt sind, 24 in karierte, 42 in gestreifte und 36 in rotgetupfte Folie. Die Anzahlen hat er gut gewählt, denn wenn er mit all diesen Eiern die größtmögliche Zahl gleicher Osternester bastelt, dann kann er jedem Enkel das gleiche Nest verstecken. Wie viele Enkel hat er?

(**A**) 4 (**B**) 6 (**C**) 8 (**D**) 10 (**E**) 12

A-Cad (11), D/CH-7/8 (6) –08

A 1.71 Hier ist ein Stück einer Multiplikationstafel.

×	4	3
5	20	15
7	28	21

Genauso ist die zweite Tafel aufgebaut, leider fehlen ein paar Zahlen.

×		
	35	63
	30	?

Welche Zahl gehört an die Stelle des Fragezeichens?

(**A**) 54 (**B**) 56 (**C**) 65 (**D**) 36 (**E**) 42

A-Ben (8), D/CH-5/6 (14) –08

Jetzt wird es schwieriger

A 1.72 Wie viele 3-stellige Zahlen gibt es, deren 3 Ziffern untereinander und von 0 verschieden sind, und bei denen das Produkt ihrer 3 Ziffern eine durch 81 teilbare Zahl ist?

(**A**) 0 (**B**) 1 (**C**) 3 (**D**) 6 (**E**) 9

D/CH-7/8 (23) -06

A 1.73 Es sei n eine durch 2, 5 und 15 teilbare Zahl. Welche der in (**A**) bis (**E**) aufgeführten Zahlen ist dann auch durch 2, 5 und 15 teilbar?

(**A**) $n+2$ (**B**) $n+10$ (**C**) $n+15$ (**D**) $n+20$ (**E**) $n+30$

D/CH-7/8 (23) -08

A 1.74 Was ist die erste Ziffer der kleinsten natürlichen Zahl mit der Ziffernsumme (Quersumme) 2006?

(**A**) 1 (**B**) 3 (**C**) 5 (**D**) 6 (**E**) 8

A-Cad (25) -06

A 1.75 Teilt Silja die Zahl 1001 durch eine einstellige natürliche Zahl, so erhält sie 5 als Rest. Welchen Rest erhält sie, wenn sie 2006 durch dieselbe einstellige Zahl teilt?

(**A**) 2 (**B**) 3 (**C**) 4 (**D**) 5 (**E**) 6

A-Stu (13), D/CH-11/13 (13) -06

A 1.76 Der englische Mathematiker August de Morgan hat einst behauptet, dass er im Jahr x^2 genau x Jahre alt war. Er ist im Jahr 1871 gestorben. In welchem Jahr wurde er geboren?

(**A**) 1789 (**B**) 1799 (**C**) 1806
(**D**) 1812 (**E**) eine andere Antwort

A-Cad (21) -08

A 1.77 Welche der folgenden Zahlen lässt sich *nicht* in der Form $x + \sqrt{x}$ schreiben, wobei x eine ganze Zahl bezeichnet?

(**A**) 870 (**B**) 110 (**C**) 90 (**D**) 60 (**E**) 30

A-Stu (21), D/CH-11/13 (21) –07

A 1.78 Stell dir vor, das Produkt von zwei natürlichen Zahlen ist gleich $2^5 \cdot 3^2 \cdot 5 \cdot 7^3$. Dann *kann* für die *Summe* der beiden Zahlen gelten

(**A**) sie ist durch 3 teilbar
(**B**) sie ist durch 5 teilbar
(**C**) sie ist durch 49 teilbar
(**D**) sie ist durch 8 teilbar
(**E**) sie ist durch 10 teilbar

A-Cad (28), D/CH-7/8 (28) –06

A 1.79 Wir bezeichnen drei paarweise verschiedene Primzahlen als „cool", wenn ihr Produkt fünfmal so groß wie ihre Summe ist. Wie viele Dreiergruppen von coolen Primzahlen gibt es?

(**A**) 0 (**B**) 1 (**C**) 2 (**D**) 4 (**E**) 6

A-Cad (28) –08

A 1.80 Der größte gemeinsame Teiler der beiden natürlichen Zahlen m und n ist 12 und ihr kleinstes gemeinsames Vielfaches ist eine Quadratzahl. Wie viele der folgenden fünf Zahlen $m \cdot n$, $\frac{n}{3}$; $\frac{m}{3}$; $\frac{n}{4}$; $\frac{m}{4}$ sind dann Quadratzahlen?

(**A**) keine
(**B**) eine
(**C**) zwei
(**D**) drei
(**E**) das hängt von m und n ab

D/CH-7/8 (29) –08

A 1.81 Eine positive ganze Zahl n besitzt 2 Teiler und ihre Nachfolgerin $(n + 1)$ 3 Teiler. Wie viele Teiler muss dann die Zahl $(n + 2)$ besitzen?

(**A**) 2
(**B**) 3
(**C**) 4
(**D**) 5
(**E**) das hängt von der Zahl ab

A-Cad (27) –07

A 1.82 Nora möchte in die beiden Leerstellen von 2___8 zwei Ziffern schreiben und dabei eine Zahl erhalten, die durch 3 teilbar ist. Wie viele Möglichkeiten gibt es dafür?

(**A**) 29 (**B**) 30 (**C**) 19 (**D**) 20 (**E**) 33

A-Stu (10), D/CH-11/13 (10) -08

A 1.83 Gegeben sind die sieben Zahlen $-9; 0; -5; 5; -4; -1; -3$. Ich bilde aus sechs dieser Zahlen Paare, so dass die drei Summen, die ich aus den beiden Zahlen eines jeden Paares bilden kann, gleich sind. Welche Zahl bleibt übrig?

(**A**) 5 (**B**) 0 (**C**) -3 (**D**) -4 (**E**) -5

A-Stu (11), D/CH-11/13 (11) -08

A 1.84 Die Kantenlängen eines Quaders bilden, in Zentimeter gemessen, eine geometrische Folge ganzer Zahlen mit dem Quotienten $q = 2$. Welche der folgenden Maßzahlen kann das Volumen des Quaders angeben?

(**A**) 120 (**B**) 188 (**C**) 216 (**D**) 350 (**E**) 500

A-Stu (21) -08

A 1.85 Die Zahl $3^{32} - 1$ hat genau zwei Teiler, die größer als 75 und kleiner als 85 sind. Wie lautet das Produkt dieser beiden Teiler?

(**A**) 5852 (**B**) 6560 (**C**) 6804 (**D**) 6888 (**E**) 6972

A-Stu (29) -08

1.3 Kleine Rechengeschichten

A 1.86 6 Kängurus verspeisen 6 Sack Gras in 6 Minuten. Wie viele Kängurus verspeisen 100 Sack Gras in 100 Minuten, wenn alle beteiligten Kängurus stets gleichhungrig sind?

(**A**) 99 (**B**) 60 (**C**) 6 (**D**) 10 (**E**) 600

A-Cad (6), D/CH-7/8 (1) -08

A 1.87 Wenn ein Comic und mein Lieblingsmathebuch zusammen 4 cm dick sind und wenn zwei Exemplare meines Lieblingsmathebuchs und drei derselben Comics zusammen 9 cm dick sind, wie dick ist dann ein solcher Comic?

(**A**) 0,5 cm (**B**) 1 cm (**C**) 1,5 cm (**D**) 2 cm (**E**) 3 cm

D/CH-5/6 (6) –06

A 1.88 Beim Würfelspiel habe ich neulich sechsmal hintereinander gewürfelt. Dabei hatte ich jedes Mal eine andere Augenzahl. Die beiden ersten Würfe ergaben zusammen 9 Augen, der dritte und der vierte Wurf zusammen 8 Augen. Welches waren die Augenzahlen meiner beiden letzten Würfe?

(**A**) 5 und 2 (**B**) 6 und 1 (**C**) 3 und 1 (**D**) 4 und 2 (**E**) 4 und 3

A-Eco (13), D/CH-3/4 (14) –06

A 1.89 Wie viele Kronen kostet ein Ball?

 = 500 Kronen 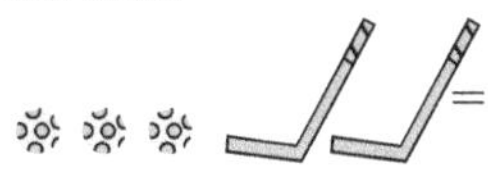 = 1200 Kronen

(**A**) 100 (**B**) 200 (**C**) 300 (**D**) 400 (**E**) 500

A-Ben (4) und Cad (5) –06

A 1.90 Die Summe der Ziffern einer 3-stelligen Zahl ist 12. Die Einerziffer ist um 4 größer als die Zehnerziffer und sogar um 5 größer als die Hunderterziffer. Diese Zahl ist

(**A**) 615 (**B**) 237 (**C**) 372 (**D**) 327 (**E**) 126

D/CH-5/6 (6) –08

A 1.91 Auf dem Tisch stehen 5 Kerzen, jede 14 cm lang. Jede Kerze brennt pro Minute 1 mm herunter. Um 20:00 Uhr wird die erste Kerze angezündet, eine Minute später die nächste, nach einer weiteren Minute die dritte usw. Wann genau erlischt die letzte Kerze?

(**A**) 20:16 Uhr (**B**) 21:44 Uhr (**C**) 22:05 Uhr (**D**) 22:24 Uhr (**E**) 22:25 Uhr

D/CH-5/6 (25) –06

A 1.92 Schreiben wir eine 2-stellige Zahl zweimal nebeneinander, so entsteht eine 4-stellige Zahl. Wievielmal so groß wie die 2-stellige Zahl ist diese 4-stellige Zahl?

(**A**) 100-mal (**B**) 1000-mal (**C**) 11-mal (**D**) 101-mal (**E**) 1001-mal

A-Ben (20), D/CH-5/6 (12) -07

A 1.93 Abdrahim addiert das größte und das kleinste zweiziffrige Vielfache von 3, Zoe die größte und die kleinste zweiziffrigen Zahl, die jeweils nicht Vielfache von 3 ist. Um wie viel ist Abdrahims Summe größer als die von Zoe?

(**A**) 2 (**B**) 3 (**C**) 4 (**D**) 5 (**E**) 6

A-Ben (22) -06

A 1.94 Welche Zahl ist gemeinsam mit den Zahlen 2, 3 und 4 in die (2×2)-Tabelle einzutragen, damit die Summe der beiden Zahlen in der ersten Spalte 9 und die in der zweiten Spalte 6 beträgt?

9	6

(**A**) 6 (**B**) 3 (**C**) 5 (**D**) 8 (**E**) 7

A-Ben (6), D/CH-5/6 (7) -08

A 1.95 Fanni ist noch dabei, Schneebälle zu formen, da beginnt ihr Vater schon die Schneeballschlacht. Während sich die beiden wild bewerfen, kann Fanni noch 5 weitere Bälle formen. Als sie 14 Bälle verschossen hat, gibt ihr Vater auf. Da hat sie noch 7 Schneebälle übrig. Wie viele hatte Fanni schon vor der Schneeballschlacht für sich bereitgelegt?

(**A**) 21 (**B**) 19 (**C**) 16 (**D**) 12 (**E**) 10

A-Ben (9), D/CH-5/6 (16) -08

A 1.96 In unserer kleinen Schulbibliothek mit insgesamt 180 Büchern haben wir Abenteuer-, Märchen- und Sachbücher. Pablo, in dieser Woche der Bibliothekar, hat gezählt, dass 18 Abenteuer-, 24 Sach- und 12 Märchenbücher ausgeliehen worden sind. Vergnügt stellt er fest, dass er nun von jeder Sorte dieselbe Anzahl in der Bibliothek hat. Wie viele der 180 Bücher sind Sachbücher?

(**A**) 72 (**B**) 56 (**C**) 63 (**D**) 48 (**E**) 66

A-Ben (12), D/CH-5/6 (22) -07

A 1.97 Onkel Willy bemerkt, dass er jeden Winter 5 kg zunimmt. Im Sommer schwimmt und radelt er stets und nimmt beglückt 4 kg wieder ab, im Frühling und Herbst verändert sich sein Gewicht nicht. Wenn Onkel Willy am 10. April 2008 77 kg wiegt, wie viel wog er dann im Herbst 2000?

(**A**) 65 kg (**B**) 66 kg (**C**) 73 kg (**D**) 77 kg (**E**) 88 kg

A-Eco (18), D/CH-5/6 (18) –08

A 1.98 Als Mirakulix einen Schlaftrunk für die Römer mixt, gießt er die Flüssigkeit in eine Flasche, die 1/3 l fasst, mit dem Trunk jedoch nur zu drei Viertel gefüllt ist. Aus dieser Flasche füllt er 20 cl für spätere Zeiten in ein anderes Gefäß um. Wie viel Schlaftrunk ist in der Flasche verblieben? (1 l = 100 cl)

(**A**) 5 cl (**B**) 7,5 cl (**C**) 12 cl
(**D**) 20 cl (**E**) nichts, die Flasche ist leer

A-Cad (13), D/CH-7/8 (8) –06

A 1.99 Bei einer Umfrage unter 2006 mathebegeisterten Schülerinnen und Schülern stellt sich heraus, dass 1655 von ihnen am Känguruwettbewerb teilgenommen haben und 1342 an der Mathematikolympiade; 36 waren bei keinem der beiden Wettbewerbe dabei. Wie viele nahmen sowohl am Känguruwettbewerb als auch an der Mathematikolympiade teil?

(**A**) 347 (**B**) 313 (**C**) 2997 (**D**) 927 (**E**) 1027

A-Cad (11), D/CH-7/8 (6) –06

A 1.100 Wie viele Ziffern kann man aus der 1000-ziffrigen Zahl 20082008 . . . 008 höchstens löschen, wenn man eine Zahl mit Ziffernsumme 2008 erhalten möchte?

(**A**) 260 (**B**) 510 (**C**) 130 (**D**) 1020 (**E**) 746

A-Ben (24), D/CH-9/10 (17) –08

A 1.101 Seit ihrer Hochzeit pflanzen meine Eltern alljährlich zum Frühlingsbeginn einen Baum. Irgendwann stellen sie fest, dass die drei Tannen, die sie im 5., 6. und 7. Jahr ihrer Ehe gepflanzt haben, zusammen 42 Jahre alt sind. Wie alt sind demnach die drei erstgepflanzten Bäume zusammen?

(**A**) 46 (**B**) 51 (**C**) 54 (**D**) 60 (**E**) 63

A-Jun (18), D/CH-9/10 (12) –08

A 1.102 In Karls Schule wollen aus den drei 5. Klassen insgesamt 89 Kinder am Känguruwettbewerb teilnehmen. Der Direktor der Schule interessiert sich dafür, wie viele Jungen dabei sind. Er erfährt, dass es in der 5a zwei Mädchen mehr als Jungen, in der 5b zwei Jungen mehr als Mädchen und in der 5c sieben Mädchen weniger als Jungen sind, die teilnehmen. Wie viele Jungen nehmen aus den drei Klassen insgesamt teil?

(**A**) 48 (**B**) 82 (**C**) 41 (**D**) 34 (**E**) 55

D/CH-5/6 (17) -06

A 1.103 Kurt denkt sich irgendeine natürliche Zahl und sagt sie Lea. Lea multipliziert diese Zahl entweder mit 5 oder mit 6. Nina zählt zu Leas Resultat entweder 5 oder 6 hinzu, ganz nach ihrer Laune. Patrick zieht von Ninas Resultat nun 5 oder 6 ab, wie er will. Das Ergebnis ist 73. Welche Zahl hatte sich Kurt ausgedacht?

(**A**) 9 (**B**) 12 (**C**) 14 (**D**) 16 (**E**) 19

D/CH-5/6 (28) -07

A 1.104 Vera übt mit ihrem kleinen Bruder rechnen; er addiert 10 aufeinander folgende Zahlen und erhält das Ergebnis 2006. Vera merkt aber, dass er nur 9 der Zahlen addiert hatte. Welche Zahl hatte er vergessen?

(**A**) 209 (**B**) 218 (**C**) 219 (**D**) 229 (**E**) 230

A-Stu (27), D/CH-11/13 (29) -06

Mit Zeit und Geschwindigkeit

A 1.105 Elli hat auf ihrer Geschichten-CD drei spannende Erzählungen. Sie stoppt, dass die erste 6 Minuten und 25 Sekunden, die zweite 13 Minuten und 26 Sekunden und die dritte 10 Minuten und 13 Sekunden dauert. Wie lange dauern alle drei zusammen?

(**A**) 28 min 30 s (**B**) 29 min 3 s (**C**) 30 min 4 s
(**D**) 30 min 6 s (**E**) 31 min 13 s

A-Eco (16), D/CH-3/4 (4) -08

A 1.106 Morgen fahre ich in die Ferien. Um pünktlich am Zug zu sein, muss ich morgen schon um 4 Uhr in der Früh aufstehen. Mir bleiben nur noch sechseinhalb Stunden zum Schlafen. Wie spät ist es?

(**A**) 20.30 Uhr (**B**) 21.30 Uhr (**C**) 22.30 Uhr (**D**) 23.30 Uhr (**E**) 0.30 Uhr

A-Eco (8), D/CH-3/4 (11) -08

A 1.107 Wie oft erscheinen im Laufe eines Tages, also zwischen 00:00 und 23:59, alle vier Ziffern der Jahreszahl 2006 in irgendeiner Reihenfolge gleichzeitig auf dem Display einer Digitaluhr, die nur Stunden und Minuten anzeigt?

(**A**) zweimal (**B**) fünfmal (**C**) siebenmal
(**D**) einmal (**E**) dreimal

D/CH-9/10 (4) -06

A 1.108 Die Uhr meiner Großmutter Ida geht pro Stunde 1 Minute vor, die meines Großvaters Udo eine halbe Minute pro Stunde nach. Als ich neulich bei den Großeltern zu Besuch war, habe ich beim Abschied beide Uhren genau gestellt und versprochen, wiederzukommen, wenn die Zeitdifferenz der beiden Uhren genau 3 Stunden beträgt. Wie lange müssen die Großeltern auf mich warten?

(**A**) 36 h (**B**) 5 Tage
(**C**) 2 Tage und einen halben (**D**) 6 Tage und 10 h
(**E**) 150 h

A-Jun (8), D/CH-9/10 (6) -06

A 1.109 Anna radelt gemütlich mit der Tante an den Badesee. Ihr Fahrradcomputer zeigt an, dass sie stets dieselbe Geschwindigkeit fahren. „Wären wir mit 10 km/h mehr losgefahren, würden wir den Badesee in der halben Zeit erreichen“, überlegt sie, „und würde ich mit meinem Bruder mit 20 km/h mehr zum See rasen, wäre ich dort in … “

(**A**) einem Zehntel der Zeit (**B**) einem Viertel der Zeit
(**C**) einem Drittel der Zeit (**D**) in zwei Dritteln der Zeit
(**E**) in drei Siebenteln der Zeit

A-Cad (27), D/CH-7/8 (22) -06

A 1.110 Max lässt seine Brieftaube um 7:30 Uhr mit einer wichtigen Nachricht zu Moritz losfliegen. Die Brieftaube, von der wir wissen, dass sie so schnell ist, dass sie bis zum 4 km entfernten Haus von Max' Freundin genau 5 Minuten braucht, lässt die Nachricht um 9:10 Uhr bei Moritz aus ihrem Schnabel fallen. Wie weit wohnen Max und Moritz auseinander?

(**A**) 20 km (**B**) 40 km (**C**) 50 km (**D**) 60 km (**E**) 80 km

D/CH-5/6 (16) -07

A 1.111 Bei Fernzügen wird oft im Infodisplay die Geschwindigkeit angezeigt. Als mein Freund und ich neulich auf derselben Strecke in entgegengesetzte Richtungen fuhren, teilten wir uns bei der Begegnung unserer Züge die Augenblicksgeschwindigkeiten per Handy mit, es waren 72 km/h bzw. 90 km/h. Mein Freund stoppte sogar noch die Zeit, die es brauchte, bis sein Zug an meinem vorbeigefahren war: genau 3 Sekunden. Wie lang war der Zug, in dem ich fuhr?

(**A**) 90 m (**B**) 0,135 km (**C**) 0,162 km (**D**) 72 m (**E**) 1,216 km

A-Stu (5), D/CH-11/13 (4) -06

A 1.112 Es ist 21 Uhr, und ich fahre mit einer konstanten Geschwindigkeit von 100 km/h. Behalte ich diese Geschwindigkeit bei, reicht das Benzin nur für 80 km. Die nächste Tankstelle ist 100 km entfernt. Der Benzinverbrauch pro Kilometer ist proportional zur Geschwindigkeit. Um welche Zeit kann ich die Tankstelle frühestmöglich erreichen, wenn ich mit konstanter Geschwindigkeit fahren will?

(**A**) um 22:12 (**B**) um 22:15 (**C**) um 22:20 (**D**) um 22:25 (**E**) um 22:30

A-Jun (18), D/CH-9/10 (21) -07

A 1.113 Heinz bucht einen Flug von Zürich nach Singapore und erhält von seinem Reisebüro folgende Übersicht:

Abflug (Ortszeit)			Ankunft (Ortszeit)		
12. März	17:00	Zürich	13. März	11:00	Singapore
6. April	23:00	Singapore	7. April	06:00	Zürich

Die Flugzeit für Hin- und Rückflug ist dieselbe. Wenn er den Sommerzeitbeginn in der Schweiz am 25.03.07 beachtet (Vorstellen der Uhren um 1 h), kann Heinz ausrechnen, wie lange der Flug von Zürich nach Singapore dauert. Er sind

(**A**) 11 h 30 min (**B**) 12 h 20 min (**C**) 12 h 40 min
(**D**) 13 h (**E**) 12 h

D/CH-9/10 (18) -07

Prozente unter der Lupe

A 1.114 Welcher der folgenden Werte ist der größte?

(**A**) 73 % von 37 (**B**) 64 % von 46 (**C**) 55 % von 55
(**D**) 46 % von 64 (**E**) 37 % von 73

D/CH-9/10 (5) -06

A 1.115 Welche der unter (**A**) bis (**E**) aufgeschriebenen Zahlen vergrößert sich beim Quadrieren um 500 %?

(**A**) 5 (**B**) 6 (**C**) 8 (**D**) 10 (**E**) 15

A-Cad (20), D/CH-7/8 (16) -06

A 1.116 Betrachte alle natürlichen Zahlen $1,\ 2,\ 3, \ldots, 9999, 10\,000$. Wie viel Prozent dieser Zahlen sind Quadratzahlen?

(**A**) 1 % (**B**) 10 % (**C**) 1,5 % (**D**) 2 % (**E**) 1,2 %

A-Cad (18), D/CH-7/8 (16) -07

A 1.117 Zwei Busse verkehren auf einem Rundkurs im Abstand von 25 Minuten. Wie viele Busse müssen unterwegs sein, wenn der Abstand um 60 % verringert werden soll?

(**A**) 1 (**B**) 2 (**C**) 3 (**D**) 4 (**E**) 5

A-Cad (14), D/CH-7/8 (19) -08

A 1.118 Seit jeher züchtet die Frühlingsfee Schmetterlinge. Dies Jahr – so versichert sie ihrer Freundin – schlüpfen mindestens 80 % der Schmetterlingspuppen. Bei dem Wetter! Es sind auch schon aus 10 der Puppen prächtige Falter geschlüpft. Als sie jedoch 5 vertrocknete Puppen findet, ist ihr klar, dass sie die 80 % nur noch erreichen kann, wenn alle übrigen Puppen zu Schmetterlingen werden. Wie viele Schmetterlingspuppen hatte sie insgesamt?

(**A**) 20 (**B**) 25 (**C**) 30 (**D**) 35 (**E**) 40

A-Stu (7), D/CH-11/13 (10) -07

A 1.119 Im Schulchor waren letztes Jahr 20 Sänger mehr aus der Oberstufe als aus den unteren Klassen. Dieses Jahr haben wir 10 % mehr Chormitglieder als im vergangenen Jahr. Dabei hat sich die Anzahl der Sänger aus den unteren Klassen um 20 %, die aus der Oberstufe um 5 % erhöht. Die Anzahl der Mitglieder des Schulchors beträgt dieses Jahr

(**A**) 89 (**B**) 66 (**C**) 54 (**D**) 72 (**E**) 59

A-Stu (18), D/CH-11/13 (18) –06

A 1.120 Um wie viel Prozent ist B größer als A, wenn A um 20 % kleiner ist als B?

(**A**) um 22,5 % (**B**) um 27,5 % (**C**) um 20 % (**D**) um 25 % (**E**) um 30 %

D/CH-9/10 (4) –07

A 1.121 Unsere Schülerzeitung hat zur Zeit 64 Abonnenten. Kristin aus unserer Klasse ist neue Chefin der Zeitung und sehr aktiv. Sie hat sich vorgenommen, in den kommenden Monaten die Abonnentenzahl pro Monat um 25 % zu steigern. Wie viele Abonnenten hat die Zeitung in einem Vierteljahr, falls ihr dies gelingt?

(**A**) 182 (**B**) 142 (**C**) 125 (**D**) 96 (**E**) 80

A-Jun (10), D/CH-9/10 (10) –07

A 1.122 Bei einer Bilanzrechnung zeigt sich: Der Ertrag β ist um 5 % kleiner als der Ertrag γ und um 10 % größer als der Ertrag α. Dann ist γ um x größer als α, und es ist x

(**A**) ca. 50 % (**B**) gleich 7,5 % (**C**) ca. 2 %
(**D**) gleich 25 % (**E**) knapp 16 %

D/CH-11/13 (12) –07

2 Gleichungen, Ungleichungen und Funktionen

2.1 Lineare Gleichungen

Bei den ersten Aufgaben dieses zweiten Kapitels ist es sicher oft möglich, sie zu lösen, ohne eine Gleichung oder Ungleichung aufzustellen, einfach so durch Hintereinanderrechnen. Andererseits ist es im ersten Kapitel auch möglich statt des Hintereinanderrechnens Gleichungen aufzustellen. Eine strikte Grenze gibt es nicht. Wer die Aufgaben mit Schülerinnen und Schülern löst, sollte die getroffene Vorsortierung nicht als die einzig mögliche ansehen. Das trifft ebenso für die Zuordnung der Aufgaben zu Klassenstufen zu, in denen sie im Känguru-Wettbewerb gestellt waren. Viele der für die älteren Schülerinnen und Schüler gestellten Aufgaben lassen sich mit kleiner Hilfestellung durchaus von wesentlich jüngeren anpacken und mit Erfolg bearbeiten.

A 2.1 Großmutter Luisa spricht zu ihren Enkelsöhnen: „Backe ich 2 Eierkuchen für jeden von euch, bleibt Teig für 3 weitere Eierkuchen übrig. Um 3 Eierkuchen für jeden von euch zu backen, habe ich leider nicht genug Teig. Es würden 2 Eierkuchen fehlen.“ Wie viele Enkelsöhne hat Großmutter Luisa?

(**A**) 5 (**B**) 3 (**C**) 6 (**D**) 2 (**E**) 4

A-Cad (9), D/CH-7/8 (4) -06

A 2.2 Als Aschenputtel die Erbsen aus der Asche lesen musste, halfen ihr die Tauben. Besonders fleißig war die erste Taube, die blitzschnell ein Viertel der Erbsen rauspickte, ehe sie fortflog. Die nächsten 3 Tauben pickten gemeinsam die Hälfte der restlichen Erbsen heraus und flogen fort. Schließlich kamen noch 48 Tauben, und jede pickte 5 Erbsen aus der Asche, dann war die Arbeit getan. Wie viele Erbsen waren zu Beginn in der Asche?

(**A**) 880 (**B**) 660 (**C**) 640 (**D**) 600 (**E**) 480

D/CH-5/6 (26) -07

A 2.3 Teilt Berit ihr Alter durch 5, bleibt der Rest 3. Berits Freund Yakob ist doppelt so alt wie Berit. Teilt er sein Alter durch 5, bleibt als Rest

(**A**) 0 (**B**) 1 (**C**) 2 (**D**) 3 (**E**) 4

D/CH-5/6 (9) -08

A 2.4 Mein Urgroßvater Franz erzählte mir, dass er ebenso viele Schwestern wie Brüder habe. „Meine Lieblingsschwester Rabea allerdings hatte doppelt so viele Brüder wie Schwestern“, fügte er verschmitzt hinzu. Wie viele Kinder hatte meine Ururgroßmutter, die Mutter meines Urgroßvaters Franz?

(**A**) 3 (**B**) 4 (**C**) 5 (**D**) 6 (**E**) 7

A-Eco (21), D/CH-3/4 (18) -08

A 2.5 Als Carla hungrig aus der Schule kommt, hat ihre Mutter gerade den 25. Pfannkuchen von der Pfanne genommen. Die Mutter bäckt weiter, aber Carla schnappt die Pfannkuchen schneller weg, als sie backen kann. In der Zeit, die die Mutter für zwei frische Pfannkuchen braucht, verschwinden drei in Carlas Mund. Nach dem 12. Pfannkuchen gibt Carla auf, gerade als der Teig verbraucht ist und ihre Mutter den letzten Pfannkuchen fertig hat. Wie viele Pfannkuchen bleiben für den Rest der Familie übrig?

(**A**) 23 (**B**) 21 (**C**) 20 (**D**) 19 (**E**) 13

D/CH-3/4 (20) -08

A 2.6 Für das Nüssesammeln in ihrem Garten schenkt die Großmutter den drei beteiligten Enkeln Adrian, Florian und Fabian je die gleiche Summe Geldes zum Dank. Adrian, der nur kurzzeitig mitgemacht hat, gibt dem Hauptakteur Fabian 2/3 seines Geldes. Die Beträge, die Adrian und Fabian nun haben, verhalten sich dann zueinander wie

(**A**) 1 : 2 (**B**) 1 : 3 (**C**) 2 : 3 (**D**) 1 : 5 (**E**) 3 : 2

A-Jun (9), D/CH-9/10 (8) -07

A 2.7 Die Familie Kernig, bestehend aus Frau Kernig, Herrn Kernig und einigen Kindern, hat das beeindruckende Durchschnittsalter von 18 Jahren. Lässt man den 38-jährigen Herrn Kernig bei der Berechnung aus, so sinkt das Durchschnittsalter der verbleibenden Personen auf gerade einmal 14 Jahre. Wie viele Kinder hat Familie Kernig?

(**A**) 4 (**B**) 5 (**C**) 6
(**D**) 7 (**E**) nicht eindeutig zu bestimmen

A-Jun (24), D/CH-9/10 (21) -06

A 2.8 In einer Versuchsreihe mit den Messwerten m_1, m_2, m_3, m_4 und m_5 bemerkt Anna, dass die Differenz zwischen den aufeinander folgenden Werten stets dieselbe ist. Nachher kann sie sich aber nur noch an die Werte $m_2 = 5,5$ und $m_5 = 10$ erinnern. Daraus kann sie gleichwohl den gesuchten Messwert m_1 noch berechnen; es ist $m_1 =$

(A) 0,5 (B) 2 (C) 2,5 (D) 4 (E) 4,5

A-Stu (7), D/CH-11/13 (5) -06

A 2.9 Die Summe von 5 aufeinanderfolgenden ganzen Zahlen ist gleich der Summe der drei anschließenden aufeinanderfolgenden ganzen Zahlen. Dann ist die größte der 8 Zahlen

(A) 4 (B) 8 (C) 9 (D) 11 (E) 12

D/CH-9/10 (14) -07

A 2.10 Elisa, Alex und Grit sparen für ein Zelt. Grit hat schon 40 % des Geldes zusammen, Elisa immerhin 40 % dessen, was nun noch dazukommen muss. Kurzentschlossen gibt Alex 45 € dazu, und nun reicht es genau aus, um das Zelt zu kaufen. Wie viel kostet es?

(A) 75 € (B) 80 € (C) 85 € (D) 96 € (E) 125 €

A-Cad (16), D/CH-7/8 (18) -06

A 2.11 Eine taktlose Person fragt Lady Agnes, wie alt sie sei. Hoheitsvoll antwortet diese: „Sollte ich genau 100 Jahre alt werden, so ist mein augenblickliches Alter – angegeben in Jahren – vier Drittel der Hälfte der bis zu jenen 100 Jahren verbleibenden Jahre.“ Wie alt ist die Lady?

(A) 40 (B) 44 (C) 48 (D) 64 (E) 72

A-Jun (14), D/CH-9/10 (14) -06

A 2.12 Beim ersten Deutschtest in diesem Jahr habe ich nur einen von fünf Punkten erreicht. Gesetzt den Fall, ich arbeite so gut, dass ich alle kommenden Tests mit der maximalen Punktzahl 5 bestehe. Wie viele Tests müssten noch stattfinden, damit ich am Ende vier Fünftel aller erreichbaren Punkte habe?

(A) 3 (B) 4 (C) 5 (D) 6 (E) 7

A-Jun (10), D/CH-9/10 (9) -08

A 2.13 Sammy Schneck fordert Susi Schnecke zu einem Rennen heraus. Er schafft als Wettkampfleistung über die Gesamtdistanz 1,8 m/h, Susi schafft 60 cm/h weniger. Als Gentleschneck räumt er Susi ein, 1 h 40 min vor ihm loszukriechen. Das Rennen endet an einer Hausmauer, die beide exakt zeitgleich erreichen. Über welche Distanz wurde das Rennen ausgetragen?

(**A**) 0,9 m (**B**) 3 m (**C**) 2,5 m (**D**) 6 m (**E**) 4,5 m

D/CH-9/10 (13) –07

A 2.14 Svenja und Mimi machen eine Bergwanderung. Am Fuß des Berges sind für den Weg bis zum Gipfel 2 h 55 min angegeben. Sie brechen um 8 Uhr auf und machen nach einer Stunde eine Rast von 15 min. Auf dem Wegweiser am Rastplatz ist als Wanderzeit bis zum Gipfel nur noch 1 h 15 min angegeben, Svenja und Mimi waren also schneller als der Richtwert. Wann sind die beiden auf dem Gipfel, wenn sie ihr Tempo beibehalten?

(**A**) um 10:00 Uhr (**B**) um 10:15 Uhr (**C**) um 10:30 Uhr
(**D**) um 11:10 Uhr (**E**) um 11:20 Uhr

A-Cad (27), D/CH-7/8 (30) –08

A 2.15 Ein Wanderer ist insgesamt 2 Stunden unterwegs. Zuerst wandert er auf einem ebenen Wegabschnitt, dann muss er hochsteigen. Nach der Umkehr geht es andersherum, erst abwärtssteigen, dann folgt der ebene Weg. Stolz teilt er mit, dass er auf dem ebenen Abschnitt mit 4 km/h unterwegs war und dass er mit immerhin 3 km/h aufwärts und mit 6 km/h abwärts gewandert ist. Aber wie lang war seine Tour?

(**A**) nicht ermittelbar (**B**) 6 km (**C**) 7,5 km
(**D**) 8 km (**E**) 13 km

A-Cad (24), D/CH-7/8 (28) –07

A 2.16 Die letzte Ziffer einer 3-stelligen Zahl ist 2. Setzen wir die 2 von der letzten an die erste Stelle, so wird die Zahl dabei um 36 kleiner. Dann ist die Summe der Ziffern der ursprünglichen Zahl gleich

(**A**) 8 (**B**) 10 (**C**) 17 (**D**) 7 (**E**) 13

A-Cad (22), D/CH-7/8 (25) –06

A 2.17 Zum geistigen Aufwärmen beginnt der Unterricht bisweilen mit Rechnen. Einmal war eine gegebene 4-stellige Zahl zu jener 4-stelligen Zahl zu addieren, die entsteht, wenn die 1. Ziffer der gegebenen Zahl „nach hinten“, d. h. an die Einerstelle, gesetzt wird. Wir kriegten bei der schnellen Rechnerei 5 verschiedene Ergebnisse. Eines davon war richtig. Welches?

(A) 4587 (B) 4597 (C) 5587 (D) 4497 (E) 4577

D/CH-9/10 (24) -07

A 2.18 Wenn man 36 zu 37 addiert, erhält man 73, die Addition von 36 hat also ein Vertauschen der beiden Ziffern der Zahl 37 bewirkt. Wie viele 2-stellige Zahlen gibt es, für die die Zahl, die beim Vertauschen der beiden Ziffern entsteht, die Summe aus dieser gewählten Zahl und 36 ist?

(A) 11 (B) 10 (C) 8 (D) 6 (E) 5

D/CH-7/8 (23) -07

2.2 Gleichungssysteme

A 2.19 In der STAR-1-Rakete sind Angehörige verschiedener Alienstämme durch das Weltall unterwegs. Es gibt grüne, violette und blaue Aliens; die grünen haben zwei, die violetten drei, und die blauen fünf Tentakel. In der STAR-1 sind genauso viele grüne wie violette Aliens, von den blauen jedoch 10 mehr als grüne. Bei der abendlichen Tentakelkontrolle werden insgesamt 250 Tentakel gezählt. Wie viele blaue Aliens reisen in der STAR-1?

(A) 30 (B) 15 (C) 36 (D) 18 (E) 44

A-Cad (17), D/CH-7/8 (19) -06

A 2.20 Die Buchstaben a, b, c, d und e stehen für 5 verschiedene *Ziffern*. Wenn nun $a + a + a = c$ und $b + b + b = d$ und $c + d = e$ gilt, dann ist $e =$

(A) 0 (B) 2 (C) 6 (D) 8 (E) 9

A-Ben (19), D/CH-5/6 (25) -08

A 2.21 Jedes der 36 Kinder im Kindergarten meines Bruders hat ein Känguru gezeichnet. Gelbe, schwarze und braune Buntstifte standen zur Auswahl, aber nur 5 Kinder haben alle drei Farben benutzt. Als ich die Zeichnungen angucke, stelle ich fest, dass auf 25 von ihnen Gelb, auf 28 Braun und auf 20 Schwarz auftaucht. Dann krieg ich raus, wie viele einfarbige Kängurus dabei sind, sagt meine Mutter. Es sind

(**A**) 2 (**B**) 4 (**C**) 5 (**D**) 7 (**E**) 9

A-Stu (14), D/CH-11/13 (6) –08

A 2.22 Die vom Sportfest übrig gebliebenen Äpfel dürfen die Helfer unter sich aufteilen, und die Zahl geht auch ohne Rest auf. „Wären wir zwei Helfer weniger gewesen, hätte jeder einen Apfel mehr bekommen können“, stellt Jana fest. „Stimmt“, meint Uli, „und bei drei Helfern weniger, hätte es sogar exakt für zwei Äpfel mehr gereicht.“ Wie viele Helfer waren es?

(**A**) 6 (**B**) 8 (**C**) 9 (**D**) 12 (**E**) 16

D/CH-7/8 (17) –08

A 2.23 Für die positiven reellen Zahlen a, b, c, d und e sollen folgende Gleichungen gelten: $ab = 2,\ bc = 3,\ cd = 4,\ de = 5$. Dann ist $\frac{e}{a} =$

(**A**) $\frac{15}{8}$ (**B**) $\frac{5}{6}$ (**C**) $\frac{3}{2}$ (**D**) $\frac{4}{5}$ (**E**) nicht lösbar

A-Jun (13), D/CH-9/10 (19) –06

A 2.24 Wie viele Paare reeller Zahlen (x, y) gibt es, für die $x + y = x \cdot y = \frac{x}{y}$ gilt?

(**A**) keines (**B**) 1 Paar (**C**) 2 Paare (**D**) 4 Paare (**E**) 8 Paare

A-Jun (21), D/CH-9/10 (20) –08

A 2.25 Gegeben sind drei Primzahlen a, b und c, für die $a > b > c$ gilt. Wenn $a + b + c = 102$ und $a - b - c = 16$, dann ist $a \cdot b \cdot c =$

(**A**) 4762 (**B**) 591 (**C**) 1026 (**D**) 4838 (**E**) 2006

A-Stu (15), D/CH-11/13 (16) –06

A 2.26 Wenn die fünf Zahlen 24, a, b, c, 80 aufeinanderfolgende Elemente einer arithmetischen Folge sind, so ist $a + b + c =$

(**A**) 52 (**B**) 104 (**C**) 156 (**D**) 208 (**E**) 260

D/CH-11/13 (16) -08

A 2.27 In der Folge $\{a_n\}$ ist *jede* Summe dreier aufeinanderfolgender Folgenglieder gleich 2008. Wenn $a_{666} = 666$ und $a_{1004} = 1004$ ist, dann ist $a_{2008} =$

(**A**) 0 (**B**) 1670 (**C**) 2008 (**D**) 1003 (**E**) 338

D/CH-9/10 (22) -08

A 2.28 Gesucht sind alle 6-stelligen Zahlen, bei denen ab der 3. Stelle von links jede Ziffer gleich der Summe der beiden vorausgehenden ist, also z. B. die 6. Ziffer gleich der Summe der 4. und 5. Ziffer. Wie viele solche Zahlen gibt es?

(**A**) keine (**B**) zwei (**C**) vier (**D**) sechs (**E**) acht

A-Jun (22), D/CH-9/10 (24) -08

2.3 Ungleichungen

A 2.29 Es sei $a < -1$. Welche der folgenden Zahlen ist am kleinsten?

(**A**) $a - 1$ (**B**) $a^2 - 1$ (**C**) $-a$ (**D**) $-a - 1$ (**E**) $-a^2 - 1$

D/CH-9/10 (6) -08

A 2.30 Für zwei reelle Zahlen x und y gilt $\frac{x}{y} > 1$. Was ist unmöglich?

(**A**) $x < y$ (**B**) $x < 0$ (**C**) $x < 1$ (**D**) $xy < 1$ (**E**) $xy < 0$

D/CH-9/10 (9) -06

A 2.31 Welchen größten Wert kann der Quotient aus einer dreistelligen Zahl und der Summe ihrer Ziffern annehmen?

(**A**) 99 (**B**) 100 (**C**) 109 (**D**) 110 (**E**) 111

D/CH-11/13 (11) -07

A 2.32 Angenommen, wir wissen, dass für die reellen Zahlen a und b die Ungleichungen $a + b > 0$ und $a + 2b < 0$ beide gelten. Welcher der folgenden Terme kann dann sowohl positive als auch negative Werte annehmen?

(**A**) a (**B**) b (**C**) $2a + b$ (**D**) $2a + 3b$ (**E**) $a + 3b$

D/CH-9/10 (13) -06

A 2.33 Zähler und Nenner eines Bruches b sind negative Zahlen, der Zähler ist um 1 größer als der Nenner. Welche der folgenden Aussagen ist dann richtig?

(**A**) $b < -1$ (**B**) $-1 < b < 0$ (**C**) $0 < b < 1$
(**D**) $b > 1$ (**E**) b kann sowohl positiv als auch negativ sein

A-Stu (17), D/CH-11/13 (14) -08

A 2.34 Bei der Mathematikolympiade sind bei uns in der Regionalrunde fünf unterschiedlich schwere Aufgaben gestellt worden. Sie wurden mit fünf unterschiedlichen Punktzahlen bewertet. Als ich meine Schwester nach ihrem Abschneiden frage, sagt sie mir, dass sie sowohl die beiden mit den höchsten als auch die beiden mit den niedrigsten Punktzahlen bewerteten Aufgaben vollständig gelöst und dafür 10 bzw. 18 Punkte erhalten hat. Wie viele Punkte gab es für die Aufgabe mit mittlerer Bewertung?

(**A**) 5 (**B**) 6 (**C**) 7 (**D**) 8 (**E**) 9

A-Stu (13), D/CH-11/13 (12) -08

A 2.35 Judith aus Goslar geht in diesem Jahr in Lausanne in der Schweiz zur Schule. Dort ist die 6 die beste Zensur. Nach dem ersten Viertel des Schuljahres ist Judiths Notendurchschnitt in Mathematik exakt 5,0. Sie verspricht ihren Eltern, sich bis zum Schuljahresende zu verbessern und schafft auch wirklich in den nächsten drei Tests je eine 6. Ihr Durchschnitt ist nun exakt 5,3. Judith will einen Durchschnitt von 5,6 (dies muss nun nicht exakt sein) erreichen, indem sie bei den verbleibenden Tests jeweils eine 6 schreibt. Dann beträgt die Anzahl der noch nötigen Sechsen

(**A**) 6 (**B**) 7 (**C**) 8 (**D**) 10 (**E**) 11

D/CH-11/13 (27) -08

A 2.36 Ich lese, dass in einer Versuchsserie zwar weniger als die Hälfte, also als 50 %, aber immerhin noch mehr als 45,0 % der Versuche gelungen sind. Wie viele *gelungene* Versuche muss diese Versuchsreihe mindestens umfassen, damit die Prozentangaben sinnvoll sind?

(A) 5 (B) 9 (C) 11 (D) 12 (E) 15

A-Cad (25), D/CH-7/8 (25) -08

2.4 Quadratische und andere nichtlineare Gleichungen

A 2.37 Wenn $4^x = 9$ und $9^y = 256$ ist, dann ist $xy =$

(A) 2006 (B) 48 (C) 36 (D) 10 (E) 4

A-Stu (8), D/CH-11/13 (6) -06

A 2.38 Gegeben ist die Gleichung $2^{x+1}+2^x = 3^{y+2}-3^y$, wobei x und y ganzzahlig sind. Dann ist x gleich

(A) 3 (B) 2 (C) 1 (D) 0 (E) -1

A-Stu (13), D/CH-11/13 (13) -07

A 2.39 Angenommen, es gilt $x^2yz^3 = 7^3$ und außerdem $xy^2 = 7^9$. Dann ist $xyz =$

(A) 7^{10} (B) 7^9 (C) 7^8 (D) 7^6 (E) 7^4

A-Stu (18), D/CH-11/13 (18) -08

A 2.40 Es sei bekannt, dass für die drei reellen Zahlen x, y, z die Gleichungen $x + y + z = 1$ und $\frac{1}{x} + \frac{1}{y} + \frac{1}{z} = 0$ gelten. Dann ist $x^2 + y^2 + z^2$ gleich

(A) 0 (B) $3\sqrt{2}$ (C) 1 (D) $3\sqrt{3}$ (E) 2

A-Stu (23), D/CH-11/13 (22) -08

A 2.41 Wie viele ganzzahlige Tripel $(x; y; z)$ sind Lösung der Gleichung $x^2 + y^2 + z^2 = 9$? *Anmerkung: Den Lösungen entsprechen im kartesischen Koordinatensystem Punkte mit ganzzahligen Koordinaten auf der Oberfläche einer Kugel mit dem Radius 3.*

(**A**) 30 (**B**) 24 (**C**) 12 (**D**) 6 (**E**) 3

D/CH-11/13 (19) –07

A 2.42 Bestimme die Anzahl der verschiedenen Werte für a so, dass die quadratische Gleichung $x^2 + ax + 2007 = 0$ zwei ganzzahlige Lösungen für x hat.

(**A**) 3 (**B**) 4 (**C**) 8 (**D**) 6 (**E**) 0

A-Stu (26), D/CH-11/13 (26) –07

A 2.43 Die Lösungen der quadratischen Gleichung $x^2 - 3x + 1 = 0$ seien a und b. Welchen Wert hat $a^3 + b^3$?

(**A**) 12 (**B**) 14 (**C**) 16 (**D**) 18 (**E**) 24

A-Jun (29), D/CH-9/10 (26) –07

A 2.44 Für wie viele Werte von b hat die quadratische Gleichung $x^2 - bx + 80 = 0$ zwei verschiedene positive gerade Zahlen als Lösungen?

(**A**) 0 (**B**) 1 (**C**) 2 (**D**) 3 (**E**) unendlich viele

D/CH-11/13 (25) –06

A 2.45 Wenn die Summe dreier Zahlen x, y und z mit $x > y > z > 0$ gleich 20 ist, dann ist

(**A**) $x \cdot y$ stets kleiner als 99
(**B**) $x \cdot y$ nie gleich 26
(**C**) $x \cdot y$ stets größer als 0,001
(**D**) $x \cdot y$ nie gleich 74
(**E**) keine der Aussagen **A)** bis **D)** richtig

A-Jun (21), D/CH-9/10 (29) und 7/8 (30) –06

2.5 Funktionen und Graphen von Funktionen

Der folgende Abschnitt richtet sich besonders an die Schülerinnen und Schüler, die sich bereits eingehender mit Funktionen und ihren Eigenschaften beschäftigt haben. Vielleicht sind die Abbildungen und die Problemstellungen aber auch für Jüngere verlockend und regen an, im Mathebuch der älteren Geschwister oder der Wikipedia nachzuschlagen. Dass es interessant ist, kann hier versprochen werden.

A 2.46 Der Schnittpunkt der beiden Geraden $y = 2x + 3$ und $y = kx - 3$ befindet sich im ersten Quadranten, und zwar unterhalb der Geraden $y = 5$. Was trifft dann für k zu?

(**A**) $k \leq 0$ (**B**) $0 < k \leq 2$ (**C**) $2 < k \leq 5$ (**D**) $5 < k \leq 8$ (**E**) $k > 8$

D/CH-9/10 (23) -06

A 2.47 $\dfrac{\sin 1^\circ}{\cos 89^\circ} =$

(**A**) 0 (**B**) $\tan 1^\circ$ (**C**) $\cot 1^\circ$ (**D**) $\dfrac{1}{89}$ (**E**) 1

A-Stu (4), D/CH-11/13 (7) -07

A 2.48 Für welche der folgenden Funktionen ist der zugehörige Graph symmetrisch bezüglich der y-Achse?

(**A**) $y = x^2 + x$ (**B**) $y = x^2 \cdot \sin x$ (**C**) $y = x \cdot \cos x$
(**D**) $y = x^3$ (**E**) $y = x \cdot \sin x$

A-Stu (11), D/CH-11/13 (11) -06

A 2.49 Der Wert der Summe $\cos 1^\circ + \cos 2^\circ + \cos 3^\circ + \cdots + \cos 358^\circ + \cos 359^\circ$ ist gleich

(**A**) 1 (**B**) π (**C**) 0 (**D**) -1 (**E**) 10

A-Stud (14), D/CH-11/13 (17) -07

A 2.50 Der maximale Wert, den $f(x) = |5 \sin x - 3|$ für $x \in \mathbb{R}$ annehmen kann, ist

(**A**) 2 (**B**) 3 (**C**) π (**D**) 5π (**E**) 8

A-Stu (7), D/CH-11/13 (7) -08

A 2.51 Welcher Graph gehört zur Funktion $y = \sqrt{|(1+x)(1-|x|)|}$?

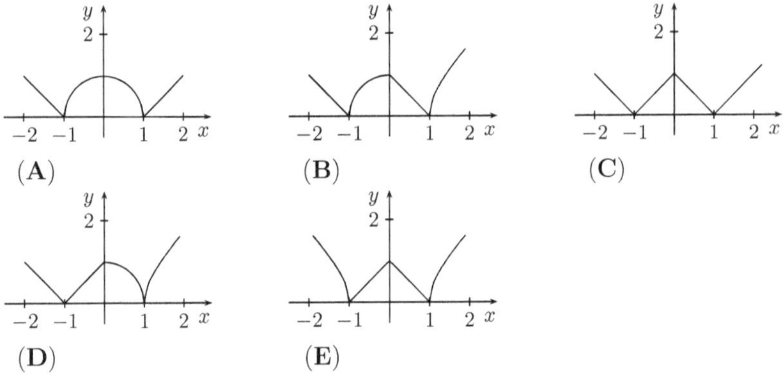

A-Stu (20), D/CH-11/13 (20) –07

A 2.52 Die Figur zeigt einen Ausschnitt des Graphen zur Funktion $f(x) = x^3 + bx^2 + cx + d$.
Dann gilt: $b \approx$

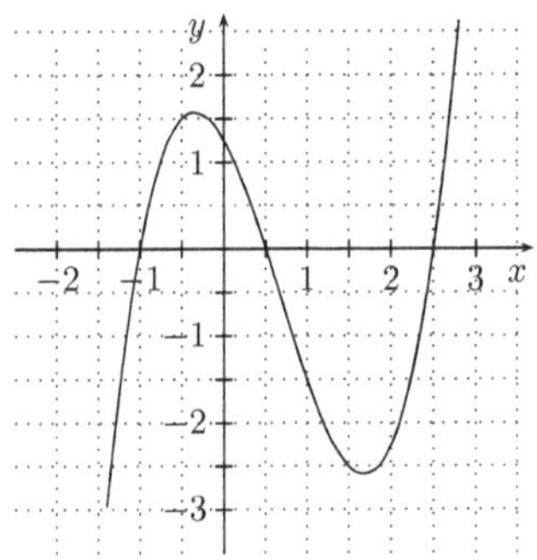

(**A**) −4 (**B**) −2 (**C**) 0
(**D**) 0,5 (**E**) 2,5

A-Stu (25), D/CH-11/13 (25) –07

A 2.53 Es gilt: $f(x) = \dfrac{2x}{3x+4}$. Wenn $f(g(x)) = x$ gelten soll, dann ist $g(x)$ gleich

(**A**) $\dfrac{4x}{2-3x}$ (**B**) $\dfrac{3x}{2x+4}$ (**C**) $\dfrac{2x+4}{4x}$ (**D**) $\dfrac{3x+4}{2x}$ (**E**) $\dfrac{3x}{2x-4}$

A-Stu (22), D/CH-11/13 (22) –07

A 2.54 Das erste Element einer Folge ist $a_1 = 0$. Für $n \geq 1$ ist $a_{n+1} = a_n + (-1)^n \cdot n$. Ist nun $a_k = 2008$, so ist $k =$

(**A**) 2008 (**B**) 2009 (**C**) 4017 (**D**) 4018 (**E**) 4019

A-Stu (24), D/CH-11/13 (29) –08

3 Kombinatorik – mit Zahlen und Figuren

Im Kapitel „Kombinatorik“ haben wir Aufgaben zusammengefasst, die im weiteren Sinne mit dem „Kombiniere...“, wie es ein Detektiv sagen würde, zu tun haben. Zwar lässt sich eine ganze Reihe dieser Aufgaben lösen, indem ausgezählt wird – Möglichkeiten von Anordnungen, nach gewissen Regeln entstehende geometrische Gebilde, Lagevarianten – aber viel spannender ist es, zu entdecken, welche Gesetzmäßigkeiten dahinterstecken und wie sich diese nutzen lassen, um einer Aufgabe effektiv zu Leibe zu rücken. Statt alle Fälle niederzuschreiben oder zu zeichnen, spüren wir den Regeln nach und finden so interessante Lösungen. Die meisten der Aufgaben dieses Kapitels können mit ein wenig Zuspruch und Hilfe auch von jüngeren Schülerinnen und Schülern gelöst werden.

3.1 Kombinatorik mit Zahlen

Gutes Kombinieren erleichtert das Zählen

A 3.1 Lisa setzt ihre drei Lieblingsstofftiere auf ihren Schreibtisch. Heute sitzt links der Hase, in der Mitte die Maus und rechts das Känguru. Auf wie viele Arten kann Lisa ihre Stofftiere hinsetzen?

(A) 2 (B) 3 (C) 4 (D) 6 (E) 9

A-Eco (16) –07

A 3.2 Ali hat für seine Schwester Ida eine Sparbüchse gebaut, mit einem Sicherheitsschloss mit 3 Knöpfen, wie bei einem Tresor. Jeden der 3 Knöpfe kann Ida in jede der 3 Stellungen ▲, ■ oder ● drehen. Ida soll festlegen, welches Zeichen die einzelnen Knöpfe fürs Öffnen zeigen sollen. Wie viele Möglichkeiten gibt es dafür?

(A) 6 (B) 9 (C) 18 (D) 27 (E) 30

D/CH-3/4 (16) –07

A 3.3 Wie viele zweistellige Zahlen gibt es, bei denen die Einer-Ziffer größer ist als die Zehner-Ziffer?

(A) 9 (B) 18 (C) 26 (D) 30 (E) 36

A-Eco (22), D/CH-3/4 (19) und 5/6 (21) –08

A 3.4 An einem quadratischen Tisch können 4 Leute sitzen (s. Bild). Beim Treff der Mathe-AG schieben wir 7 solche Tische zu einem langen rechteckigen Tisch zusammen und stellen die überflüssigen Stühle zur Seite. Wie viele Personen finden am zusammengeschobenen Tisch Platz?

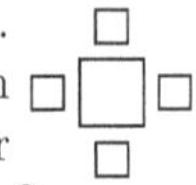

(**A**) 9 (**B**) 14 (**C**) 16 (**D**) 20 (**E**) 22

A-Eco (7), D/CH-3/4 (7) –06

A 3.5 Nach der großen Wäsche wird Till gebeten, seine zahllosen Socken – insgesamt waren 5 Paar schwarze, 10 Paar braune und 15 Paar graue in der Wäsche – zu Paaren zu sortieren, was er vertrödelt. Am Tag der Klassenfahrt fällt ihm ein, dass er Socken braucht, für jeden der 7 Tage ein Paar. Flink greift er ohne hinzusehen in die Sockenkiste. Wie viele Socken muss er jetzt mindestens herausnehmen, damit 7 Paare dabei sind?

(**A**) 37 (**B**) 19 (**C**) 21 (**D**) 41 (**E**) 40

A-Cad (26), D/CH-7/8 (13) –06

A 3.6 Wie viele Wege mit *minimaler* Schrittzahl gibt es, um eine Spielfigur von A nach B zu bewegen, wenn sich die Figur bei jedem Schritt in eines ihrer Nachbarfelder (horizontal, vertikal oder diagonal) bewegen darf?

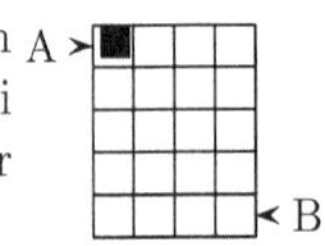

(**A**) 35 (**B**) 20 (**C**) 16 (**D**) 7 (**E**) 4

A-Jun (11), D/CH-9/10 (7) –07

A 3.7 Die nebenstehende Tafel ist mit Sternchen und Herzen zu füllen, und zwar sollen in jeder Zeile und in jeder Spalte zwei ★ und zwei ♡ zu liegen kommen. Welche Symbole müssen an die Stellen X und Y gesetzt werden?

★		★	
		★	
	X		♡
	Y		

(**A**) X = ★; Y = ★ (**B**) X = ★; Y = ♡ (**C**) X = ♡; Y = ★

(**D**) X = ♡; Y = ♡ (**E**) nicht eindeutig bestimmt

A-Jun (12), D/CH-9/10 (5) –07

A 3.8 Stell dir zwei parallele Geraden vor und auf einer dieser Geraden vier, auf der anderen zwei Punkte. Wie viele Dreiecke lassen sich zeichnen, deren Ecken mit jeweils drei dieser sechs Punkte zusammenfallen?

(**A**) 6 (**B**) 16 (**C**) 15 (**D**) 12 (**E**) 21

A-Cad (14), D/CH-7/8 (12) –07

A 3.9 Die Familien Kurz und Klein, jeweils aus Mutter, Vater und zwei Kindern bestehend, sind begeisterte Tischtennisspieler. Bei einem Turnier im Doppel tritt jedes mögliche Paar der Familie Kurz gegen jedes mögliche Paar der Familie Klein an. Wie viele Spiele hat jedes einzelne Familienmitglied zu absolvieren?

(**A**) 8 (**B**) 12 (**C**) 16 (**D**) 18 (**E**) 24

A-Jun (21), D/CH-9/10 (19) -07

A 3.10 Bert wohnt im Hochhaus, Berta schräg gegenüber, so dass sie Berts Fenster (s. Zeichnung) gut sehen kann. Sie vereinbaren, miteinander über Berts Fenster Botschaften auszutauschen. Bert will 2 der 6 Teilfenster mit 2 Lampen beleuchten. Jedem Muster, das er so erzeugt, soll eine Botschaft entsprechen. Wie viele verschiedene Botschaften sind möglich, wenn für jede stets beide Lampen angeschaltet werden sollen?

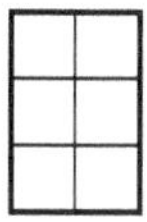

(**A**) 6 (**B**) 8 (**C**) 15 (**D**) 16 (**E**) 30

D/CH-5/6 (19) -07

A 3.11 Zeichnet man von 9 Geraden 5 waagerecht und 4 senkrecht, so bilden diese 12 Zellen; hätte man 6 waagerecht und die restlichen 3 senkrecht gezeichnet, wären nur 10 Zellen entstanden (s. Zeichnungen). Wie viele Zellen lassen sich maximal mit 15 Geraden bilden?

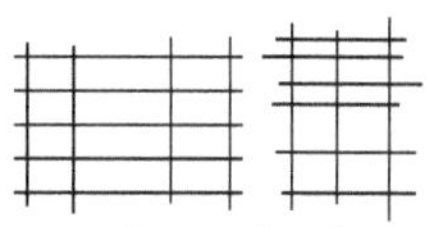

(**A**) 22 (**B**) 30 (**C**) 36 (**D**) 42 (**E**) 48

A-Cad (19), D/CH-7/8 (17) -07

A 3.12 Theodoras Taschenrechner ist kaputt. Die 1 lässt sich nicht eintippen. Wenn man auf die 1 tippt, erscheint nicht einmal eine Leerstelle. Ohne das zu bemerken, hatte ihr Banknachbar eine 6-stellige Zahl eingetippt, und auf dem Display erschien 8773. Wie viele verschiedene 6-stellige Zahlen könnte er eingegeben haben?

(**A**) 20 (**B**) 16 (**C**) 15 (**D**) 12 (**E**) 9

A-Cad (23), D/CH-7/8 (19) -07

A 3.13 In einer 21×33-Tabelle sind die Spalten mit $1, 2, \ldots, 21$, die Zeilen mit $1, 2, \ldots, 33$ beschriftet. Es werden die Zeilen, deren Nummer nicht Vielfaches von 3 ist, und die Spalten mit gerader Nummer gelöscht. Wie viele Felder bleiben übrig?

(**A**) 110 (**B**) 121 (**C**) 115,5 (**D**) 119 (**E**) 242

A-Stu (3) -08

A 3.14 Ein Zug besteht aus 5 Waggons, die mit römischen Zahlen I, II, III, IV und V nummeriert sind. Vorn fährt die Lokomotive. Auf wie viele verschiedene Weisen können die Wagen aneinander gereiht werden, wenn garantiert sein soll, dass Waggon I näher an der Lok ist als Waggon II?

(**A**) 120 (**B**) 72 (**C**) 60 (**D**) 48 (**E**) 30

A-Cad (24), D/CH-7/8 (27) –06

A 3.15 In der Hexenschule lernt Junghexe Jule im Modul „Heilkunde für Hexen“ aus den Stoffen $\mathcal{A}, \mathcal{B}, \mathcal{C}, \mathcal{D}$ und $\mathcal{E}$ Schönheits-, Heil- und Liebestränke zu mixen. Die Stoffe sind unter stetigem Rühren in einen Mischkolben zu schütten und einige Zeit durchzumengen. Die Reihenfolge des Hineinschüttens der Stoffe ist dafür verantwortlich, welches Elixier entsteht. Bei Strafe des eigenen Untergangs darf $\mathcal{D}$ dabei nie vor $\mathcal{A}$ untergemischt werden. Wie viele verschiedene Elixiere können so entstehen?

(**A**) 96 (**B**) 60 (**C**) 32 (**D**) 25 (**E**) 16

A-Jun (22), D/CH-9/10 (27) –06

A 3.16 Wie viele der 10 Punkte muss man mindestens entfernen, damit es unter den verbliebenen keine drei gibt, die Eckpunkte eines gleichseitigen Dreiecks sind?

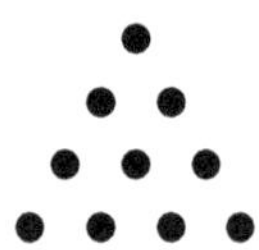

(**A**) 2 (**B**) 3 (**C**) 4 (**D**) 5 (**E**) 7

D/CH-5/6 (30) –06

A 3.17 Auf dem Weg zum Badmintontraining laufe ich jedes Mal an einem imposanten, aus lauter gleichlangen Vierkanteisenstäben geschmiedeten Zaun (s. Zeichnung) vorbei. Genau 61 Achtecke habe ich gezählt. Die Anzahl der Vierkantstäbe des Zauns beträgt dann

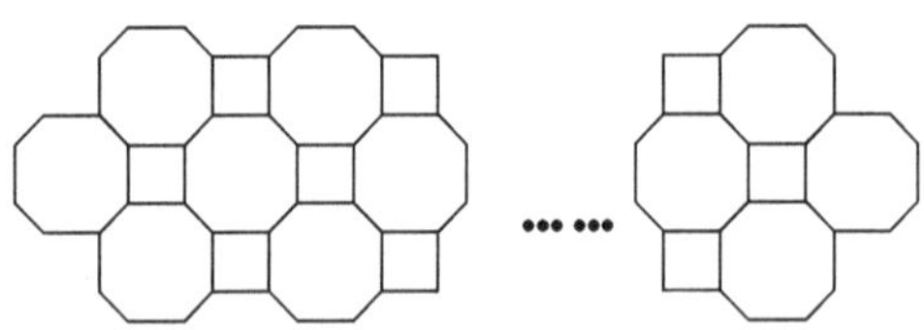

(**A**) 328 (**B**) 400 (**C**) 416 (**D**) 446 (**E**) 488

A-Stu (28), D/CH-11/13 (20) –08

A 3.18 Die Zahl 257 hat drei verschiedene Ziffern, die, wenn man sie in umgekehrter Reihenfolge anschreibt, die größere Zahl (752) bilden. Wie viele verschiedene dreiziffrige Zahlen haben diese Eigenschaft?

(**A**) 124 (**B**) 252 (**C**) 280 (**D**) 288 (**E**) 360

A-Jun (27) -06

Wachstumsgesetze gesucht

A 3.19 Die Figurenfolge rechts beginnt mit einem Quadrat, die 2. Figur besteht aus 4 Quadraten, die 3. aus 7 und die 4. aus 10 (von der 3. Figur an sind sie unterschiedlich groß). Aus wie vielen Quadraten besteht die 6. Figur?

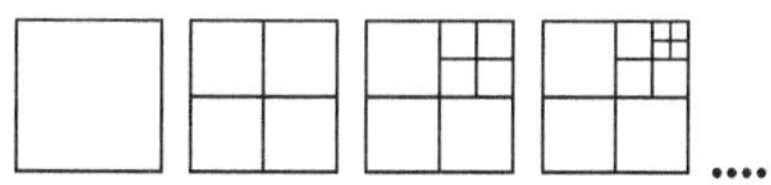

(**A**) 16 (**B**) 17 (**C**) 18 (**D**) 19 (**E**) 20

A-Eco (3), D/CH-3/4 (7) -08

A 3.20 Lisa baut ein Kartenhaus. Im Bild siehst du Häuser mit einer Schicht, mit zwei und mit drei Schichten. Wie viele Karten braucht sie, um ein Haus mit vier Schichten zu bauen?

1 Schicht 2 Karten; 2 Schichten 7 Karten; 3 Schichten 15 Karten

(**A**) 23 (**B**) 24 (**C**) 25 (**D**) 26 (**E**) 27

A-Eco (18) -06

A 3.21 Nach seiner ersten Schlossbesichtigung träumt Caspar: Er geht durch eine alte Burg, die Zimmer werden von einem zum nächsten immer größer, und auf jeder der weißen Kacheln des Kachelfußbodens liegt ein Goldstück. Im ersten Zimmer sind es 8, im zweiten 21, im dritten 40 (s. Zeichnung). Da wird er wach und fragt sich, wie viele Goldstücke er im nächstgrößeren Zimmer gefunden hätte.

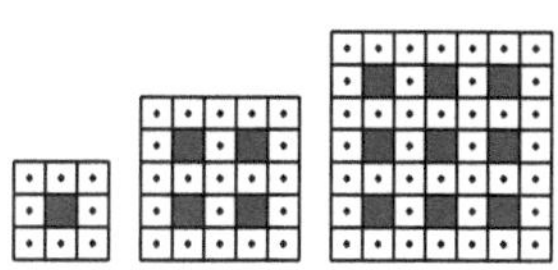

8 21 40

(**A**) 75 (**B**) 49 (**C**) 65 (**D**) 70 (**E**) 63

A-Eco (22), D/CH-3/4 (18) -07

A 3.22 Anke übt für den Wettkampf im Pfeilwerfen, bei dem die Punktzahlen von zwei Würfen zusammengezählt werden. Sie wirft zwei Pfeile und jubelt: insgesamt 8 Punkte (s. Bild). Wie viele verschiedene Gesamtergebnisse sind möglich? Beachte, dass ein Pfeil, der die Zielscheibe nicht trifft, 0 Punkte gibt.

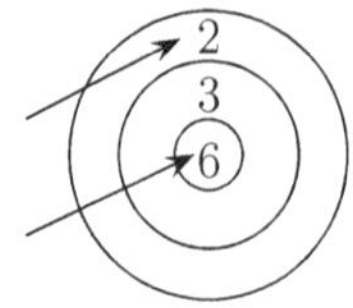

(**A**) 4 (**B**) 6 (**C**) 8 (**D**) 9 (**E**) 10

A-Eco (19) und Ben (14), D/CH-3/4 (16) und 5/6 (22) -08

A 3.23 In der Gärtnerei steckt man gleich lange Keramikziegel in die lockere Erde und trennt damit kleine dreieckige Pflanzzellen für die Anzucht von Rabattenpflanzen ab. Man beginnt in einer Ecke und lässt das Pflanzbeet Stück für Stück entstehen (s. Abb.). Nachdem die 4. Erweiterung gesteckt ist, wird Tim, der neue Lehrling, gebeten, für die 5. Erweiterung die notwendige Zahl von Keramikziegeln zu holen. Wie viele muss Tim bringen?

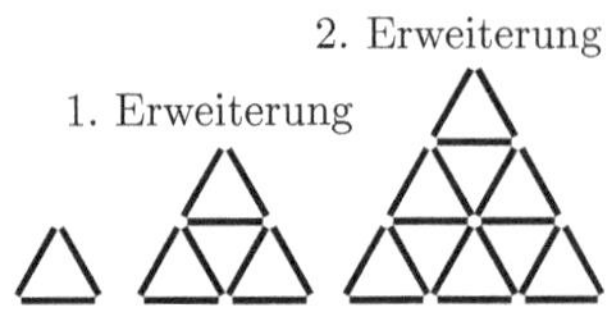

(**A**) 17 (**B**) 15 (**C**) 12 (**D**) 18 (**E**) 21

A-Ben (23), D/CH-5/6 (26) -06

A 3.24 Lina bastelt auf einem großen Brett ein Spiel. Dazu teilt sie aus gleich langen Holzstäben quadratische Felder ab. Sie beginnt in einer Ecke, klebt die Stäbe auf und lässt so das Spielbrett Stück für Stück entstehen (s. Abb.). Wie viele Holzstäbe braucht sie, nachdem sie die 6. Erweiterung fertig hat, um die 7. Erweiterung aufzukleben?

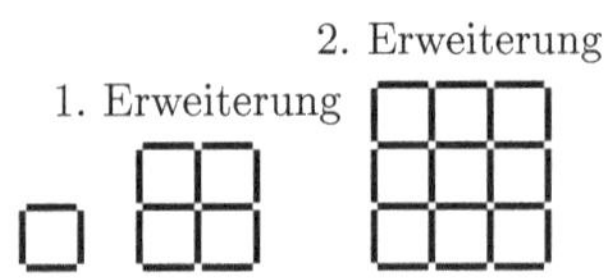

(**A**) 32 (**B**) 36 (**C**) 30 (**D**) 34 (**E**) 28

A-Cad (23), D/CH-7/8 (24) -06

A 3.25 Die rechts gezeichnete Pyramide besteht aus 4 Schichten, die komplette 1. und 3. Schicht ist grau, die komplette 2. und 4. weiß. Wie viele weiße Steine wurden insgesamt verbaut?

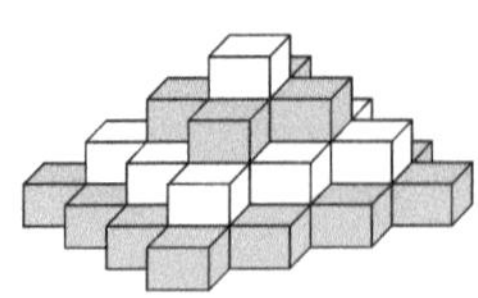

(**A**) 9 (**B**) 10 (**C**) 12 (**D**) 13 (**E**) 14

A-Ben (10), D/CH-5/6 (12) -08

Wahrscheinlichkeit

In den ersten sieben der folgenden Aufgaben taucht das Wort Wahrscheinlichkeit gar nicht auf. Dennoch haben wir sie mit unter die Überschrift Wahrscheinlichkeit gestellt, weil sich bei einer jeden die Frage nach einer Wahrscheinlichkeit stets sofort stellen und beantworten ließe. Dabei geht es in allen Fällen um die Wahrscheinlichkeit dafür, dass sich in einer Gesamtheit eine ausgezeichnete Teilgesamtheit befindet, also um die Bestimmung des Quotienten aus der Anzahl der günstigen und der möglichen Fälle. Die Schwierigkeit bei den hier aufgenommenen Aufgaben besteht oft darin, herauszufinden, was die günstigen, was die möglichen Fälle sind, bevor an die Berechnung gegangen werden kann.

A 3.26 Wirft man die Münze, dann liegt nach dem Wurf entweder Zahl oder Wappen oben. Wenn eine Münze dreimal hintereinander geworfen wird, wie viele Möglichkeiten gibt es dann für die Abfolge von Zahl und Wappen?

(**A**) 3 (**B**) 8 (**C**) 9 (**D**) 12 (**E**) 15

D/CH-5/6 (21) -07

A 3.27 Ich denke mir alle 3-stelligen Zahlen aufgeschrieben. Bei wie vielen ist das Produkt der 3 Ziffern gleich 6?

(**A**) 3 (**B**) 4 (**C**) 6 (**D**) 8 (**E**) 9

D/CH-7/8 (14) -08

A 3.28 Nach ihrem anstrengenden Lauf-Training ziehen die 5 Sportler ihre Trikots aus, werfen sie auf einen Haufen und stürzen unter die Dusche. Wie viele Möglichkeiten gibt es dafür, dass bei zufälligem Aufteilen der Trikots keiner der 5 sein eigenes zurück erhält?

(**A**) 16 (**B**) 44 (**C**) 57 (**D**) 64 (**E**) 125

A-Stu (28), D/CH-11/13 (28) -07

A 3.29 Wie viele 4-stellige Zahlen haben die Eigenschaft, dass die Ziffer, die an der Tausenderstelle steht, größer ist als jede der drei anderen Ziffern?

(**A**) 2025 (**B**) 285 (**C**) 3024 (**D**) 504 (**E**) 2970

D/CH-11/13 (25) -08

A 3.30 Aus den 9 Ziffern 1, 2,..., 9 lassen sich $9! = 1 \cdot 2 \cdot 3 \cdots 9$ verschiedene 9-stellige Zahlen bilden, die lauter verschiedene Ziffern aufweisen. Wir stellen uns vor, jede dieser Zahlen wäre auf ein Extrakärtchen geschrieben und alle Kärtchen wären in eine Kiste gelegt worden. Wie viele davon muss ich (ohne draufzuschauen) mindestens der Kiste entnehmen, um sicher zu sein, dass sich zwei darunter befinden, die mit derselben Ziffer beginnen?

(**A**) $9! - 10$ (**B**) $8!$ (**C**) 2^9 (**D**) 10 (**E**) $10 \cdot 9$

D/CH-11/13 (8) –06

A 3.31 Eine Schachtel enthält 15 Kugeln, die rot-blau (eine Halbkugel rot, die andere blau), 12 Kugeln, die blau-grün und 9, die grün-rot gefärbt sind. Wie viele Kugeln muss man mindestens – ohne hinzuschauen – ziehen, damit man sicher mindestens 7 Kugeln mit einer gemeinsamen Farbe gezogen hat?

(**A**) 7 (**B**) 8 (**C**) 8 (**D**) 10 (**E**) 11

A-Jun (19) –06

A 3.32 Wie viele nichtleere Teilmengen von $\{1, 2, 3, 4, 5, 6, 7, 8, 9, 10, 11, 12\}$ haben die Eigenschaft, dass die Summe aus dem größten und dem kleinsten Element gleich 13 ist?

(**A**) 1024 (**B**) 1365 (**C**) 1175 (**D**) 4095 (**E**) 1785

A-Stu (24), D/CH-11/13 (27) –06

A 3.33 Aus den zwölf Punkten des abgebildeten Gitters werden zufällig drei ausgewählt. Wie groß ist die Wahrscheinlichkeit, dass diese drei Punkte auf einer Geraden liegen?

(**A**) $\frac{1}{12}$ (**B**) $\frac{1}{11}$ (**C**) $\frac{1}{10}$ (**D**) $\frac{1}{16}$ (**E**) $\frac{1}{20}$

A-Stu (19), D/CH-11/13 (19) –08

A 3.34 Bei einem Roulette-Rad sind die 37 Löcher mit den Nummern 0, 1, 2, 3,..., 36 markiert. Vorausgesetzt, es handelt sich um ein faires Rad, wie groß ist dann die Wahrscheinlichkeit, dass die Roulette-Kugel in einem Loch landet, dessen Nummer eine Primzahl ist?

(**A**) $\frac{5}{18}$ (**B**) $\frac{11}{37}$ (**C**) $\frac{11}{36}$ (**D**) $\frac{12}{37}$ (**E**) $\frac{1}{3}$

A-Stu (12), D/CH-11/13 (12) –06

A 3.35 Ann, Belinda und Charles werfen nacheinander einen Würfel. Ann gewinnt, wenn sie eine 1, 2 oder 3 wirft. Belinda gewinnt, wenn sie eine 4 oder eine 5 wirft. Charles gewinnt, wenn er eine 6 wirft. Ann beginnt und gibt den Würfel an Belinda, diese gibt ihn an Charles, Charles gibt ihn an Ann usw., solange, bis jemand zum ersten Mal gewinnt. Wie groß ist die Wahrscheinlichkeit, dass der offenbar benachteiligte Charles gewinnt?

(**A**) $\frac{1}{6}$ (**B**) $\frac{3}{23}$ (**C**) $\frac{1}{11}$ (**D**) $\frac{3}{38}$ (**E**) $\frac{1}{13}$

A-Stu (23), D/CH-11/13 (23) -07

A 3.36 In einer Schachtel befinden sich je 3 rote, grüne, gelbe und blaue Karten. Die 3 Karten jeder Farbe werden mit den Zahlen 1, 2, 3 nummeriert. Es werden 3 Karten zufällig aus der Schachtel entnommen. Welches Ereignis ist das wahrscheinlichste?

(**A**) Alle 3 Karten haben dieselbe Farbe.

(**B**) Die 3 Karten haben unabhängig von ihrer Farbe die Nummern 1, 2 und 3.

(**C**) Die 3 Karten haben 3 verschiedene Farben.

(**D**) Alle Karten haben dieselbe Nummer.

(**E**) Die 4 Ereignisse (**A**) - (**D**) sind gleich wahrscheinlich.

A-Jun (27) -07

3.2 Kombinieren in der Geometrie

Anordnungs- oder Lagemöglichkeiten

A 3.37 Ich habe auf einem Stück Papier einen Punkt markiert (s. Zeichnung) und zeichne nun mit dem Lineal durch diesen Punkt drei verschiedene Linien, jede so lang, wie es auf dem Papier möglich ist. In wie viele Teile wird das Papier durch die drei Linien geteilt?

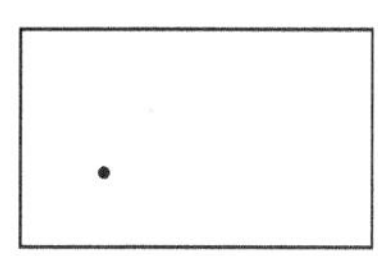

(**A**) 4 (**B**) 6 (**C**) 7 (**D**) 8 (**E**) 10

A-Eco (7), D/CH-3/4 (3) -08

A 3.38 Ich zeichne zwei parallele Geraden und markiere auf der einen 5, auf der anderen 3 Punkte. Nun verbinde ich jeden der 5 Punkte auf der einen mit jedem der 3 Punkte auf der anderen Parallelen. Wie viele Strecken muss ich zeichnen?

(**A**) 8 (**B**) 15 (**C**) 16 (**D**) 18 (**E**) 25

D/CH-5/6 (8) –07

A 3.39 Werden in einem Dreieck von 2 Eckpunkten aus je 2 Linien zu den gegenüberliegenden Seiten gezeichnet, so zerlegen diese das Dreieck in 9 Teilflächen (s. Abb.). Wie viele Teilflächen würden entstehen, wenn man von 2 Eckpunkten aus je 4 Linien zu den gegenüberliegenden Seiten zeichnen würde?

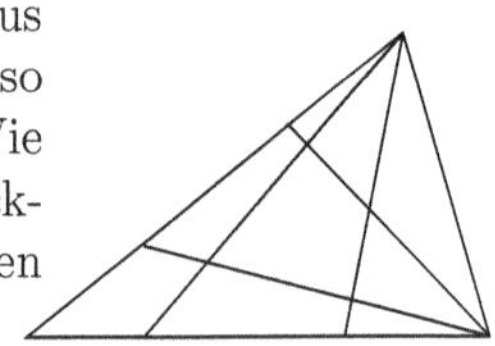

(**A**) 16 (**B**) 25 (**C**) 36 (**D**) 42 (**E**) 49

A-Jun (8), D/CH-9/10 (6) –07

A 3.40 Lukas hat einen Dreifarbenstift mit roter, blauer und grüner Mine. Er will das 3×3-Karopapier bunt ausmalen, jedes Karo mit genau einer Farbe. Dabei soll in jeder Reihe und jeder Spalte jede Farbe nur genau einmal vorkommen. Er beginnt oben links mit rot. Wie viele verschiedene Färbungen des 3×3-Karopapiers sind möglich?

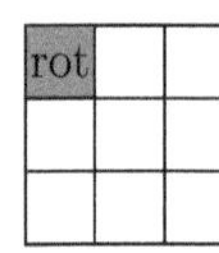

(**A**) 9 (**B**) 5 (**C**) 8 (**D**) 4 (**E**) 2

A-Eco (23), D/CH-3/4 (19) –06

A 3.41 Ich möchte das (5×6)-Kästchenpapier so entlang der Kästchenseiten zerschneiden, dass keine anderen als die beiden rechts gezeichneten Teile entstehen. Wie viele der „Kreuzteile“ kann ich erhalten?

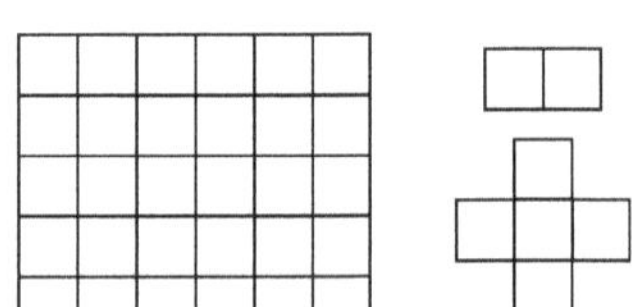

(**A**) keines (**B**) entweder 0 oder 1
(**C**) entweder 0 oder 2 (**D**) entweder 0, 1, 2 oder 3
(**E**) entweder 0, 2 oder 4

D/CH-7/8 (26) –08

A 3.42 Stell dir vor, du hättest einen $(9 \times 9 \times 9)$-Würfel aus 9^3 gleich großen kleinen Würfeln gebaut. Weil er so gut gelungen ist, fotografierst du den großen Würfel und fragst dich, wie viele der kleinen Würfel auf dem Foto höchstens zu sehen sind. Es sind

(A) 261 (B) 243 (C) 225 (D) 217 (E) 192

A-Cad (20), D/CH-7/8 (20) -08

A 3.43 Ein Würfel soll bemalt werden, und zwar jede Seite mit genau einer von sechs verschiedenen Farben. Wie viele verschiedene Würfel können dabei entstehen? (*Zwei Würfel sind verschieden, wenn sie nicht durch eine geeignete Drehung in Übereinstimmung gebracht werden können.*)

(A) 42 (B) 30 (C) 27 (D) 25 (E) 24

D/CH-9/10 (30) -06

Gitterpunkte

A 3.44 Wie viele Quadrate können gezeichnet werden, wenn die 4 Eckpunkte zu den 8 Punkten der nebenstehenden Abbildung gehören müssen?

(A) 2 (B) 3 (C) 4 (D) 5 (E) 6

A-Cad (13), D/CH-7/8 (10) -08

A 3.45 Wie viele verschiedene Wege gibt es, entlang derer sich – immer in Pfeilrichtung – die Jahreszahl 2006 lesen lässt?

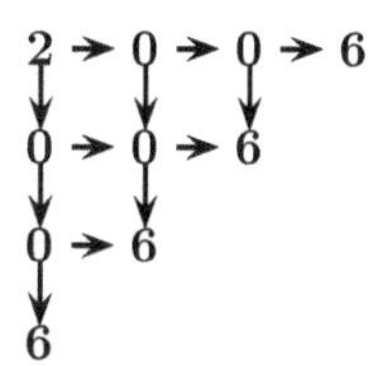

(A) 5 (B) 8 (C) 12 (D) 7 (E) 10

A-Ben (7), D/CH-5/6 (14) -06

A 3.46 Gegeben ist ein Quadrat $ABCD$. Dann ist die Anzahl der Quadrate, von deren Eckpunkten genau zwei mit Eckpunkten von $ABCD$ zusammenfallen, gleich

(A) 4 (B) 6 (C) 8 (D) 12 (E) 16

D/CH-9/10 (23) -07

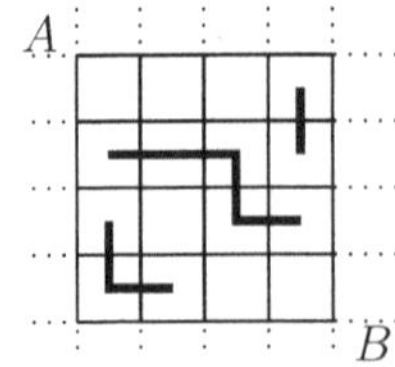

A 3.47 Auf Karopapier habe ich ein 4×4-Gitter abgeteilt und dick Hindernisse eingezeichnet. Von A nach B suche ich Wege, die auf den Gitterlinien verlaufen und dabei die Hindernisse umgehen. Wie viele kürzeste Wege gibt es?

(**A**) 6 (**B**) 8 (**C**) 9 (**D**) 11 (**E**) 12

A-Cad (21), D/CH-7/8 (20) –06

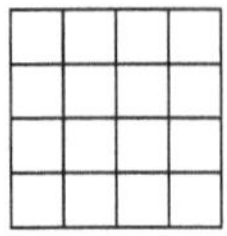

A 3.48 Ein Quadrat ist in 16 Quadrate unterteilt worden (s. Bild). Nun zeichne ich Diagonalen in einige der 16 Quadrate, aber je höchstens eine und zwar so, dass keine zwei Diagonalen einen Endpunkt gemeinsam haben. Wie viele lassen sich höchstens finden?

(**A**) 8 (**B**) 9 (**C**) 10 (**D**) 11 (**E**) 12

A-Jun (27), D/CH-9/10 (29) –08

A 3.49 Das Fußballmatch Strom gegen Repeat endet 5 : 4 für Strom. Seit dem ersten Tor ist Strom immer in Führung gelegen. Wie viele verschiedene mögliche Torfolgen gibt es mit dieser Eigenschaft?

(**A**) 17 (**B**) 13 (**C**) 20 (**D**) 14 (**E**) 9

A-Jun (30) –06

4 Geometrie

4.1 Ebene Geometrie

Hier kommt die Geometrie! Oft ist dieses Gebiet ein ans äußerste Ende des Schuljahres gedrängtes Stiefkind der Schulmathematik. Dabei eignet es sich wegen der Anschaulichkeit ganz vorzüglich, sich im Aufspüren von Lösungsideen mit Papier und Bleistift, im logischen Schließen, im Finden besonders schöner Beweise lustvoll zu üben. Also ans Werk – und viel Vergnügen dabei!

Figuren und Muster erkennen

A 4.1 Tilo hat zwei gleichseitige Dreiecke aus Pappe ausgeschnitten, um damit auf dem Tisch Bilder zu legen. Welche der abgebildeten Figuren kann nicht aus den beiden Dreiecken gelegt werden?

(A)  (B)  (C)  (D)  (E) 

A-Eco (10) und Ben (5), D/CH-3/4 (13) und 5/6 (3) -08

A 4.2 Ich falte ein quadratisches Stück Papier zweimal (s. Bild), schneide eine der vier Ecken ab und falte das Papier wieder auseinander. Wie sieht das „Deckchen" nun aus?

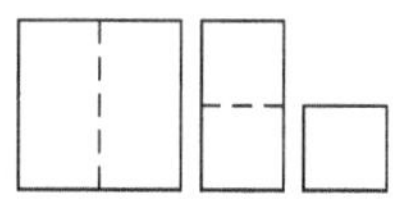

(A) 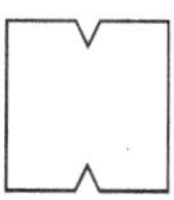 (B) 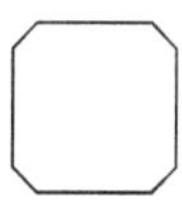 (C) 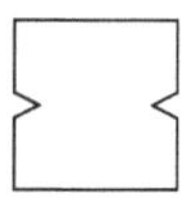

(D) 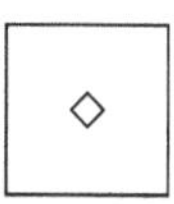 (E) alle abgebildeten Deckchen sind möglich

A-Eco (24), D/CH-3/4 (21) -07

A 4.3 Wenn man bei einem regelmäßig sechseckigen Stück Papier jede zweite Ecke in die Mitte faltet, so dass die Ecke genau auf den Mittelpunkt des Sechsecks trifft, dann ist die Faltfigur ein

(A) Quadrat (B) Dreieck (C) sechseckiger Stern (D) Zwölfeck (E) Sechseck

D/CH-5/6 (13) -06

A 4.4 Die dunkle Schnur soll zu einem Rechteck gespannt werden. Welches Rechteck ist möglich?

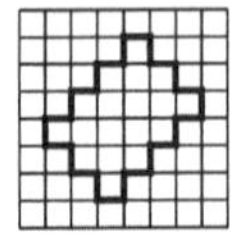

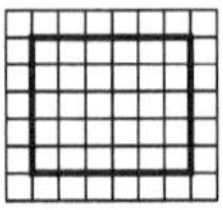
(A)

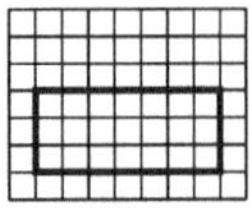
(B)

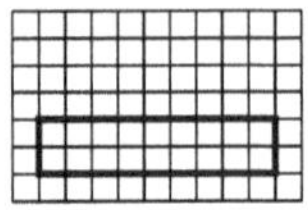
(C)

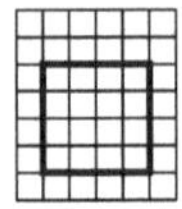
(D)

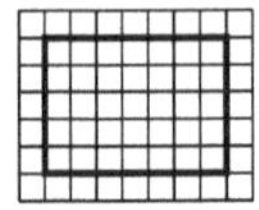
(E)

A-Eco (10) –06

A 4.5 Ein regelmäßiges Fünfeck wird durch eine Gerade in zwei Teile zerlegt. Welche der folgenden Figuren kann gewiss nicht entstehen?

(**A**) Dreieck (**B**) Parallelogramm (**C**) Trapez
(**D**) Fünfeck (**E**) Sechseck

D/CH-9/10 (20) –06

Symmetrisches und Gespiegeltes

A 4.6 Im Schaufenster eines Spielwarenladens wird für Puzzles geworben. Das Wort „PUZZLES" ist an die Schaufensterscheibe geschrieben worden. Wie sieht dies aus, wenn ich im Laden bin und von innen auf die Scheibe gucke?

(**A**)  (**B**)  (**C**) 
(**D**)  (**E**) 

D/CH-3/4 (8) –06

A 4.7 Am Neujahrstag schlüpft Paola in ihr mit der neuen Jahreszahl  besticktes T-Shirt und stellt sich im Handstand vor den großen Spiegel. Was sieht der neben ihr auf seinen Füßen stehende Bruder, wenn er in den Spiegel schaut?

(**A**)  (**B**)  (**C**) 
(**D**)  (**E**) 

A-Jun (11), D/CH-9/10 (4) –08

A 4.8 Eine Billardkugel trifft die erste Bande AD exakt unter einem Winkel von 45°. Der bärenstarke Bruno hat sie mit enormer Wucht in Bewegung gesetzt. In welches Loch wird sie fallen?

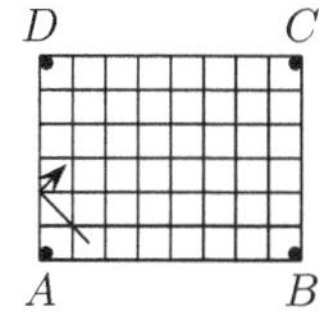

(**A**) A (**B**) B (**C**) C
(**D**) D (**E**) in keines der Löcher

A-Stu (5), D/CH-11/13 (5) -07

A 4.9 Wie viele der weißen Kästchen müssen mindestens noch geschwärzt werden, damit eine Figur entsteht, die eine Symmetrieachse besitzt?

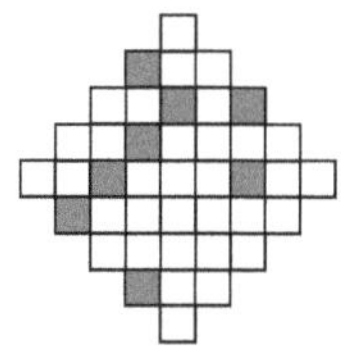

(**A**) 6 (**B**) 5 (**C**) 4 (**D**) 3 (**E**) 2

A-Cad (9), D/CH-7/8 (20) -07

Puzzelei

A 4.10 Welches Stückchen Karopapier bildet zusammen mit dem rechts gezeichneten ein Rechteck?

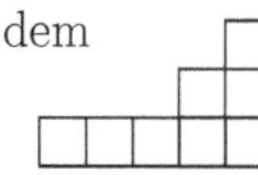

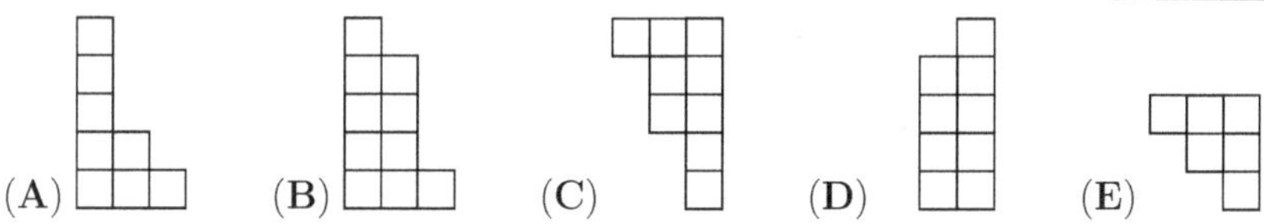

A-Eco (7), D/CH-3/4 (13) -07

A 4.11 Till möchte das rechts abgebildete Teil aus einem der unten abgebildeten Stückchen Karopapier ausschneiden. Welches muss er dazu wählen?

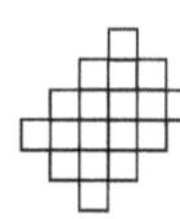

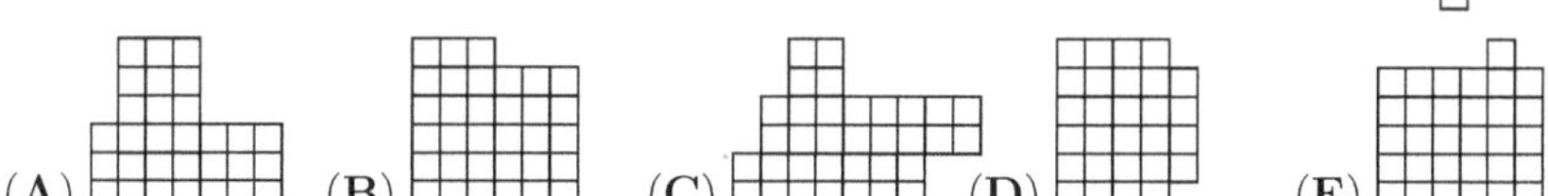

A-Eco (10), D/CH-3/4 (20) -06

A 4.12 Für das auf der rechten Seite abgebildete Puzzle wurden genau vier von den unten abgebildeten fünf Teilen benutzt. Dabei durften die Teile nur auf dem Tisch verschoben und gedreht, nicht aber hochgehoben und umgedreht werden. Welches wurde nicht verwendet?

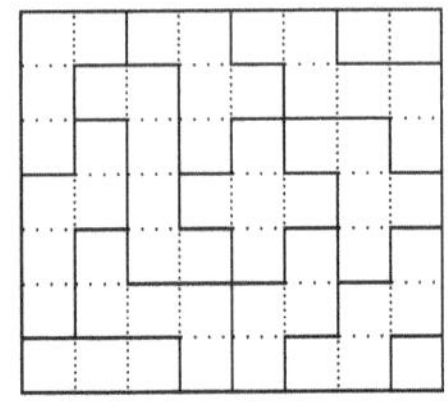

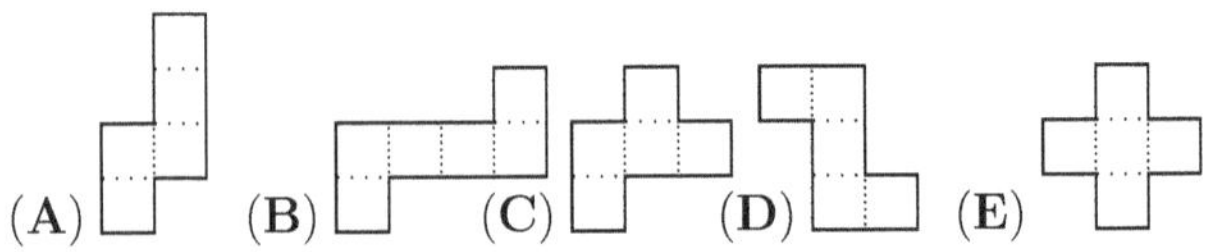

A-Eco (19), D/CH-3/4 (12) -06

A 4.13 Justina hat die 8 unten gezeichneten Puzzleteile. Sie wählt 3 dieser Teile aus und puzzelt damit das rechts gezeichnete (3×3)-Quadrat.

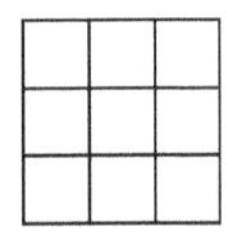

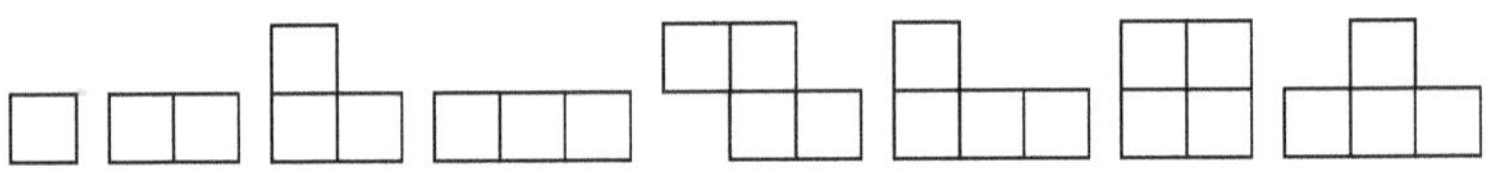

Wie viele verschiedene Möglichkeiten hat Justina, 3 von den 8 Teilen auszuwählen, mit denen sich das (3×3)-Quadrat puzzeln lässt?

(A) 4 **(B)** 5 **(C)** 6 **(D)** 7 **(E)** 8

D/CH-3/4 (21) -08

4.2 Berechnung von Längen

A 4.14 Vater Igel hat gefeiert und leckere vergorene Äpfel genascht. Nun kann er den geraden Weg zum Bau nicht finden. Er torkelt etwas, allerdings als ein Igel, der für Mathematik schwärmt, stets entlang von Quadratseiten. Wie lang ist sein „Quadrat"-Weg $ABCDEFGHIJKL$ im Vergleich zum direkten Weg AL?

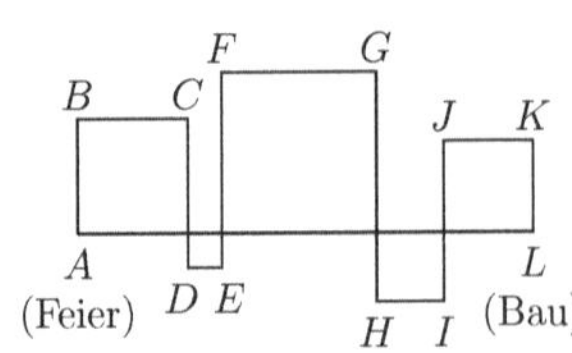

(A) das Anderthalbfache **(B)** das Zweifache **(C)** das Zweieinhalbfache
(D) das Dreifache **(E)** das Dreieinhalbfache

A-Ben (17), D/CH-5/6 (18) -07

A 4.15 Unsere Schulwandzeitung soll eine neue Überschrift bekommen. Für das „E“ habe ich elf Quadrate der Seitenlänge 2 cm ausgeschnitten, zusammengeschoben und auf Papier geklebt. Als ich mit einem Stift die äußere Linie nachziehe, frage ich mich, wie lang diese Linie ist. Es sind

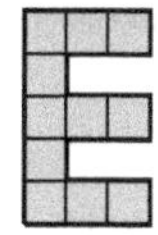

(**A**) 70 cm (**B**) 67 cm (**C**) 65 cm (**D**) 48 cm (**E**) 44 cm

D/CH-5/6 (4) –08

A 4.16 Dreieck ECD und Quadrat $ABCE$ auf der nebenstehenden Zeichnung haben denselben Umfang. Welchen Umfang hat das Fünfeck $ABCDE$?

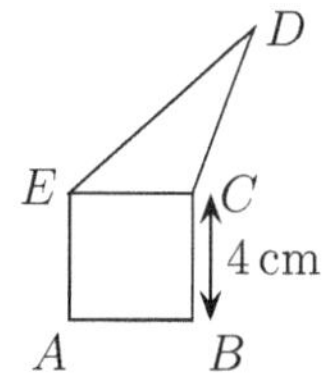

(**A**) 12 cm (**B**) 20 cm (**C**) 24 cm
(**D**) 32 cm (**E**) unbestimmt, hängt vom Dreieck ab

A-Ben (13) und Cad (8), D/CH-7/8 (5) –08

A 4.17 Ein Parallelogramm wird wie abgebildet in zwei Teile zerlegt. Welche der folgenden Aussagen ist mit Sicherheit richtig?

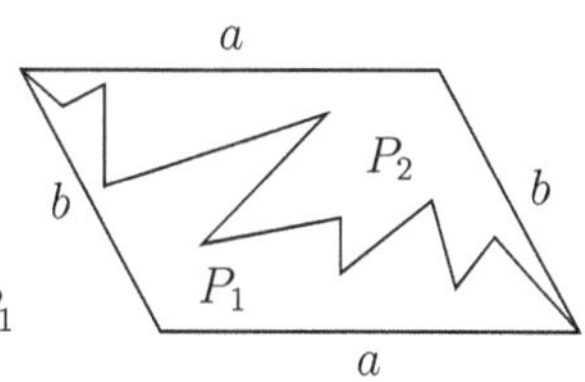

(**A**) P_2 besitzt einen größeren Umfang als P_1
(**B**) P_2 besitzt einen kleineren Umfang als P_1
(**C**) P_2 besitzt einen kleineren Flächeninhalt als P_1
(**D**) P_1 und P_2 haben den gleichen Umfang
(**E**) P_1 und P_2 haben den gleichen Flächeninhalt

A-Ben (16) –07

A 4.18 Der kürzeste von vier Streifen gleicher Breite ist 10 cm lang; jeder weitere Streifen ist um 7 cm länger als der nächstkürzere. Die Streifen werden auf unterschiedliche Weise zusammengeschoben (s. Zeichnung). Wie viele Zentimeter ist der Umfang der Figur B länger als der von Figur A?

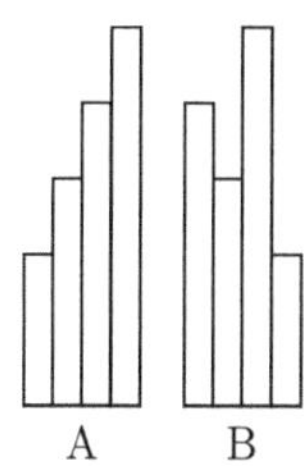

(**A**) 14 cm (**B**) 28 cm (**C**) 0 cm
(**D**) 35 cm (**E**) 20 cm

A-Ben (21), D/CH-5/6 (23) –07

A 4.19 Ein 2,20 m langes, 1,40 m breites Tischtuch soll so oft gefaltet werden, dass es in das 40 cm $\times$ 60 cm große Fach im Wäscheschrank passt. Wie oft muss man mindestens falten?

(**A**) 4-mal (**B**) 5-mal (**C**) 6-mal (**D**) 7-mal (**E**) 8-mal

D/CH-5/6 (24) –07

A 4.20 Ein Rechteck mit den Seitenlängen 3 cm und 27 cm wird durch drei Senkrechte zur längeren Seite in vier kleinere Rechtecke zerteilt. Wie lang ist die Summe der Längen der zwei Verbindungsstrecken zwischen den Mitten der beiden linken und der beiden rechten Rechtecke (s. Zeichnung)?

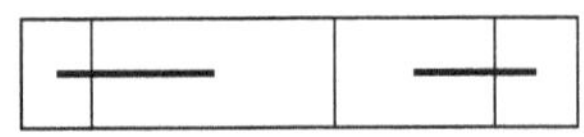

(**A**) 15 cm (**B**) 7,5 cm (**C**) 13,5 cm (**D**) 24 cm (**E**) 12 cm

A-Ben (13), D/CH-5/6 (25) –07

A 4.21 Im Park ist eine Blumenrabatte. In der Mitte sind vier Kreise aus Tulpen, die je einen Durchmesser von 1 m haben. Nach außen sind in alle vier Richtungen je in Form eines gleichseitigen Dreiecks Primeln gepflanzt (s. Bild). Für die Beetgrenze haben die Gärtner einen flachen Holzzaun gesetzt, der in der Zeichnung dick gemalt ist. Wie lang ist dieser Zaun?

(**A**) 15 m (**B**) 9 m (**C**) 8 m (**D**) 20 m (**E**) 16 m

A-Ben (11), D/CH-5/6 (19) –06

A 4.22 In welcher Reihenfolge liegen die Punkte B, C und D auf der 2 m langen Strecke $\overline{AE}$, wenn $\overline{AB} = \overline{CE} = 110$ cm beträgt und $\overline{AD} = \frac{7}{10}$ der Gesamtlänge von $\overline{AE}$ ist?

(**A**) BDC (**B**) DCB (**C**) DBC (**D**) BCD (**E**) CBD

A-Ben (18), D/CH-5/6 (16) –06

A 4.23 Der Durchmesser AB des abgebildeten Kreises ist 10 cm lang. Wie groß ist der Umfang der inneren Figur, die aus 6 schrägen Strecken zusammengesetzt ist, wenn wir wissen, dass alle kleinen Rechtecke in der Zeichnung kongruent sind?

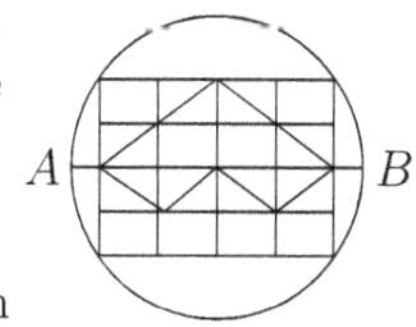

(**A**) 8 cm (**B**) 16 cm (**C**) 20 cm (**D**) 25 cm (**E**) 30 cm

A-Ben (16) –06

A 4.24 In einer kleinen Manufaktur werden Bienenwachskerzen mit kreisrundem Querschnitt hergestellt und zu je 10 Stück in einen Karton mit durchsichtigem Deckel verpackt. Das Etikett zu dieser Ware soll über die Mitten aller 10 Kerzen verlaufen (s. Zeichnung). Welche Maße muss es haben, wenn der Karton für die 10 Kerzen einen Umfang von 63 hat? (Alle Angaben in cm.)

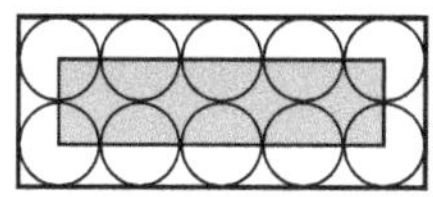

(**A**) 4×12 (**B**) $3,5 \times 14$ (**C**) $4,5 \times 18$ (**D**) $4,5 \times 22$ (**E**) $5 \times 12,5$

A-Cad (11), D/CH-7/8 (9) –07

A 4.25 Das Rechteck $ABCD$ wird von einem Kreis in den Punkten E, F, G und H geschnitten. Dabei ist $\overline{AE} = 3$, $\overline{DH} = 4$ und $\overline{HG} = 5$. Wie lang ist $\overline{EF}$?
Bemerkung: Die parallelen Sehnen HG und EF haben eine gemeinsame Mittelsenkrechte.

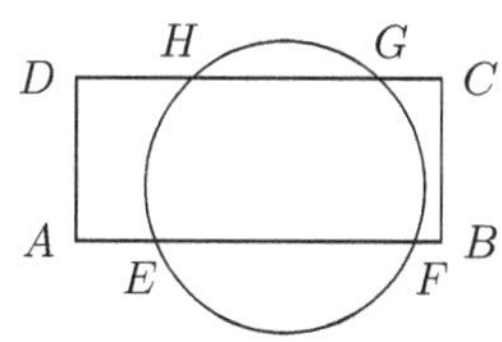

(**A**) 5,5 (**B**) 6 (**C**) 6,2 (**D**) 7 (**E**) $\frac{20}{3}$

A-Jun (15), D/CH-9/10 (18) –08

A 4.26 In der rechts abgebildeten Figur ist $\overline{AB} = 1$, $\measuredangle ABC = \measuredangle ACD = 90°$ und $\measuredangle CAB = \measuredangle DAC = \theta$. Wie lang ist $\overline{AD}$?

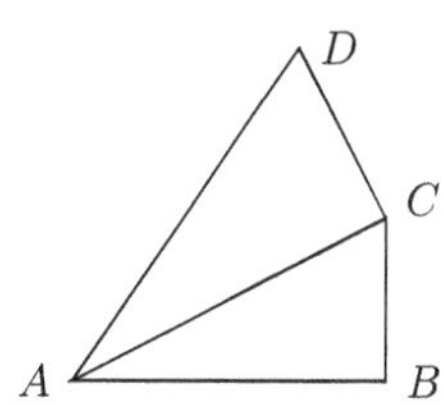

(**A**) $\cos\theta + \tan\theta$ (**B**) $\frac{1}{\cos 2\theta}$ (**C**) $\cos^2\theta$
(**D**) $\frac{1}{\cos^2\theta}$ (**E**) $\cos 2\theta$

A-Stu (10), D/CH-11/13 (10) –06

Längenberechnungen – mit umfangreicheren Vorüberlegungen

A 4.27 Heinz aus Heindorf und Kurt aus Kurtshagen haben das Grundstück ihrer Großtante geerbt. Per E-Mail einigen sie sich, das rechteckige Grundstück in zwei rechteckige Hälften zu teilen. Heinz will den Zaun um das Gesamtgrundstück bezahlen, Kurt die Hecke, die die Teile trennen soll. Als sie auf die Länge der Hecke zu sprechen kommen, nennt Heinz 200 m, Kurt jedoch nur 165 m. Wie lang muss der Zaun werden?

(**A**) 365 m (**B**) 565 m (**C**) 330 m (**D**) 730 m (**E**) 665 m

A-Cad (16) und Jun (8), D/CH-7/8 (22) und 9/10 (8) -08

A 4.28 Im Busfahrplan sind die Linien 1, 2 und 3 eingezeichnet. Linie 1 fährt alle Haltestellen ab, also ABCDEFGHA, und ist 20 km lang. Linie 2 fährt ABCDGHA mit 12 km, während Linie 3, DEFGHAD, 17 km lang ist. Die viel benutzte Innenroute ADGHA soll die Linie 4 werden. Wie lang ist diese?

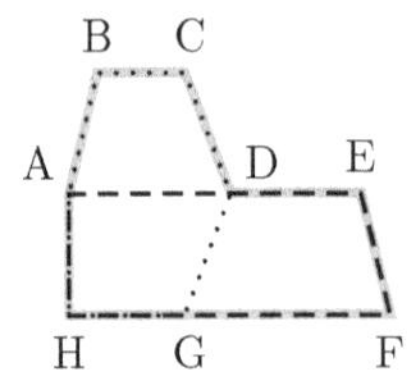

(**A**) 5 km (**B**) 7,5 km (**C**) 8 km (**D**) 9 km (**E**) 9,5 km

A-Ben (21), D/CH-5/6 (29) -08

A 4.29 An unserer schnurgeraden Dorfallee stehen eine Ulme, eine Linde, eine Kastanie und eine Birke, alle auf derselben Straßenseite. Der Abstand von Ulme zu Linde ist 39 m, von Linde zu Kastanie 33 m, von Kastanie zu Birke 42 m und von Birke zu Ulme 36 m. Wie groß ist der Abstand zwischen den am weitesten voneinander entfernten Bäumen?

(**A**) 72 m (**B**) 75 m (**C**) 78 m (**D**) 81 m (**E**) 108 m

A-Ben (17) und Cad (22), D/CH-5/6 (26) und 7/8 (15) -08

A 4.30 Ein Rechteck ist in 7 Quadrate geteilt, wobei die Seitenlänge der gepünktelten 8 cm ist. Dann ist die Seitenlänge des weißen Quadrats gleich

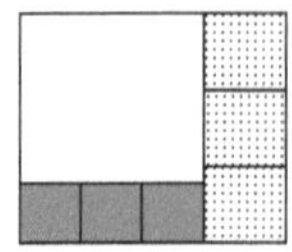

(**A**) 15 cm (**B**) 18 cm (**C**) 20 cm (**D**) 21 cm (**E**) 22 cm

A-Cad (19), D/CH-7/8 (15) -06

A 4.31 Das Rechteck, das rechts abgebildet ist, ist in sechs Quadrate geteilt, dessen kleinstes, schwarzes eine Seitenlänge von 1 cm hat. Wie lang ist die Seite des größten Quadrats?

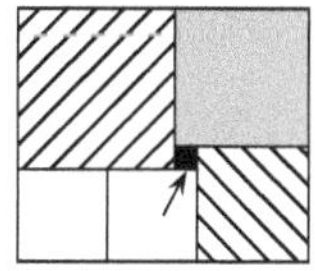

(**A**) 6 cm (**B**) 7 cm (**C**) 7,5 cm (**D**) 8 cm (**E**) 8,5 cm

A-Jun (15), D/CH-9/10 (15) –06

A 4.32 Fügen wir einem Trapez, das aus einem gleichseitigen Dreieck $\mathcal{D}$ durch Abschneiden einer Ecke entstanden ist, ein dazu kongruentes an, entsteht ein Parallelogramm. Wie groß ist der Umfang des Dreiecks $\mathcal{D}$, wenn der des Parallelogramms um 10 cm länger ist?

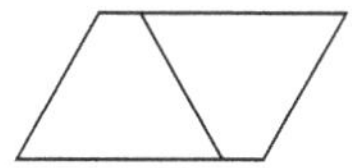

(**A**) 10 cm (**B**) 30 cm (**C**) 40 cm
(**D**) 60 cm (**E**) mit diesen Angaben nicht lösbar

A-Jun (19), D/CH-9/10 (17) –07

A 4.33 Zwei kongruente gleichseitige Dreiecke werden so übereinander geschoben, dass die Seiten zueinander parallel sind und als Figur, die beiden Dreiecken gemeinsam ist, ein Sechseck entsteht. Wenn der Umfang des Dreiecks u ist, dann ist der des Sechsecks

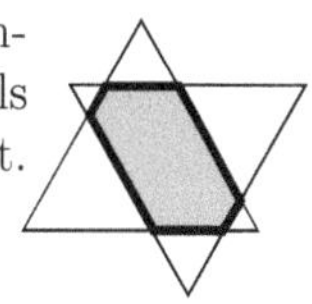

(**A**) $\frac{u}{3}$ (**B**) u (**C**) $\frac{2u}{3}$ (**D**) $\frac{u}{2}$ (**E**) $\frac{3u}{4}$

A-Jun (17), D/CH-9/10 (18) –06

A 4.34 Welcher der folgenden Terme ist gleich der Höhe h im abgebildeten rechtwinkligen Dreieck?

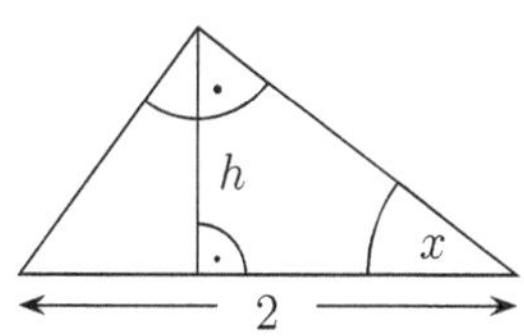

(**A**) $\cos^2 x$ (**B**) $\sin^2 x$ (**C**) $2\sin x$
(**D**) $\cos 2x$ (**E**) $2\sin x\cos x$

D/CH-11/13 (22) –06

A 4.35 Es sei M das Produkt aus dem Umfang des Dreiecks $\mathcal{D}$ und der Summe der drei Höhen dieses Dreiecks. Der Flächeninhalt von $\mathcal{D}$ sei 1. Dann ist von den folgenden Aussagen *genau eine* falsch. Welche?

(**A**) M kann größer als 100 sein (**B**) es ist stets $M > 6$
(**C**) M kann gleich 18 sein (**D**) M kann kleiner als 12 sein
(**E**) wenn das Dreieck rechtwinklig ist, so ist $M > 16$

D/CH-11/13 (30) –08

Pythagoras

A 4.36 Betrachten wir eine Schnur mit der Länge 12 m und einem Knoten im Punkt X, der von einem Ende der Schnur 3 m entfernt ist. Wie weit muss ein zweiter Knoten vom anderen Ende der Schnur entfernt sein, damit die Schnur zu einem Dreieck gespannt werden kann, das einen rechten Winkel in X, einen Eckpunkt im anderen Knoten und den dritten Eckpunkt in dem Punkt hat, an dem sich die Schnurenden treffen?

(**A**) 3 (**B**) 4 (**C**) 5
(**D**) 6 (**E**) eine andere Zahl

A-Stu (6) -07

A 4.37 Wie lang ist die Strecke $\overline{AB}$, wenn die vier Quadrate je die Seitenlänge 1 cm haben?

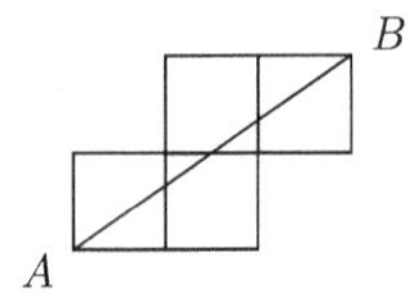

(**A**) 5 cm (**B**) $\sqrt{13}$ cm (**C**) $\sqrt{7}$ cm
(**D**) $\sqrt{5}$ cm (**E**) $(\sqrt{5}+\sqrt{2})$ cm

A-Jun (5), D/CH-9/10 (5) -08

A 4.38 Die fünf Würfel in der Zeichnung haben je die Kantenlänge 1. Wie lang ist die Strecke $\overline{AB}$?

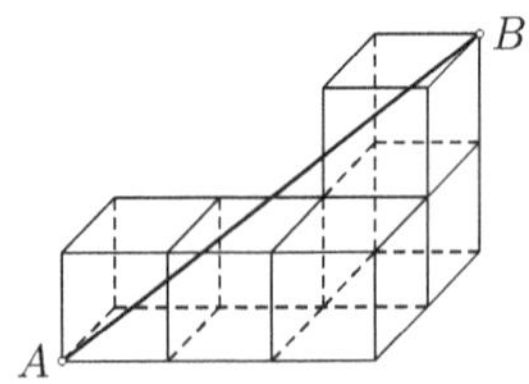

(**A**) $\sqrt{17}$ (**B**) 7 (**C**) $\sqrt{13}$ (**D**) $\sqrt{7}$ (**E**) $\sqrt{14}$

A-Stu (12), D/CH-11/13 (13) -08

A 4.39 Von 2 Quadraten der Seitenlänge 1 ist eines um 45° gegenüber dem anderen gedreht, so dass es mit einer Seite auf der Diagonale des anderen zu liegen kommt. Wie groß ist der Flächeninhalt der gemeinsamen, grau markierten Fläche?

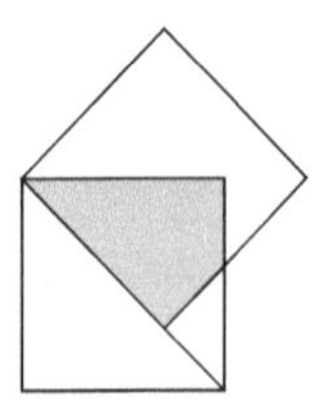

(**A**) $\sqrt{3}-\sqrt{2}$ (**B**) $\frac{\sqrt{2}}{2}$ (**C**) $\frac{\sqrt{2}+1}{2}$
(**D**) $\sqrt{2}+1$ (**E**) $\sqrt{2}-1$

A-Jun (23), D/CH-9/10 (26) -06

A 4.40 Zwei sich von außen berührende Kreise sind einem Quadrat mit Seitenlänge 1 einbeschrieben. Wie groß ist die Summe der Radien der beiden Kreise?

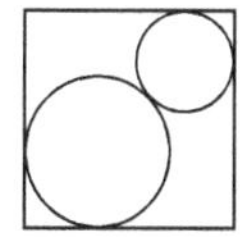

(**A**) $\frac{1}{2}$ (**B**) $\frac{1}{\sqrt{2}}$ (**C**) $\sqrt{2}-1$ (**D**) $2-\sqrt{2}$ (**E**) vom Verhältnis der Kreisradien abhängig

A-Jun (26), D/CH-9/10 (27) -07

A 4.41 Das Dreieck AFH habe die Seitenlängen 8 cm, 9 cm und $\sqrt{55}$ cm. Dann beträgt die Länge der Körperdiagonale $\overline{HB}$ des Quaders

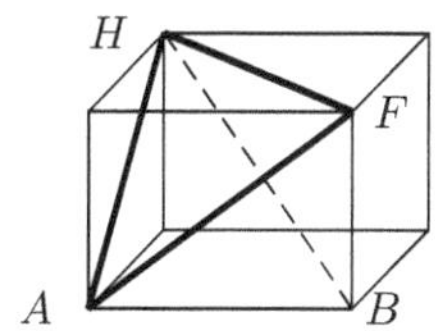

(**A**) $\sqrt{90}$ cm (**B**) 10 cm (**C**) $\sqrt{120}$ cm
(**D**) 17,5 cm (**E**) 12 cm

A-Stu (22), D/CH-11/13 (28) -06

Dreiecksungleichung

A 4.42 Ein gleichschenkliges Dreieck ist zu zeichnen, dessen beide Schenkel je 7 cm lang sind. Die Länge der dritten Seite soll ebenfalls eine ganze Zahl von Zentimetern sein. Welches ist der größtmögliche Umfang eines solchen Dreiecks?

(**A**) 21 cm (**B**) 15 cm (**C**) 27 cm (**D**) 14 cm (**E**) 26 cm

A-Cad (14), D/CH-7/8 (9) -06

A 4.43 Aus gleich langen Streichhölzern sollen Dreiecke gelegt werden, wobei jede Dreiecksseite aus einer ganzen Zahl von Streichhölzern bestehen soll. Welche Anzahl von Streichhölzern erlaubt es *nicht*, ein Streichholz-Dreieck zu legen, wenn die Streichhölzer nicht gebrochen werden dürfen?

(**A**) 7 (**B**) 6 (**C**) 5 (**D**) 4 (**E**) 3

A-Ben (12) -08

A 4.44 Wie viele verschiedene (nicht zueinander kongruente) gleichschenklige Dreiecke mit dem Flächeninhalt 1 haben eine Seite mit der Seitenlänge 2?

(**A**) unendlich viele (**B**) keines (**C**) 3 (**D**) 5 (**E**) 2

D/CH-9/10 (16) -06

A 4.45 Eine mathematisch besonders begabte Spinne webt ein Netz mit Netzstücken ganzzahliger Länge (s. Abb.). Auch die Länge x ist eine ganze Zahl. Wie lang ist x? (*Abb. ist nicht maßstabsgerecht.*)

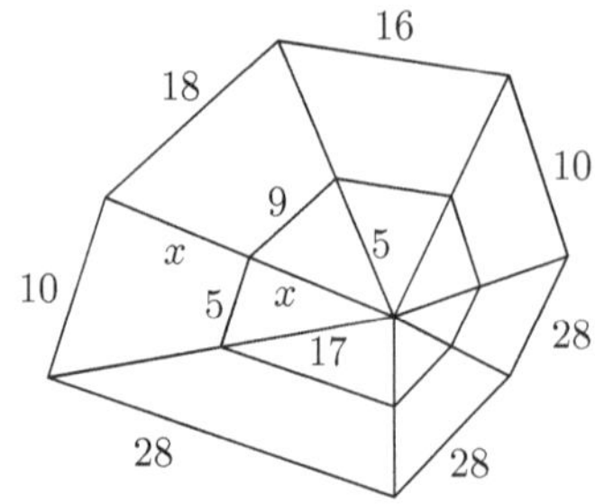

(**A**) 5 (**B**) 9 (**C**) 13 (**D**) 14 (**E**) 16

A-Stu (10), D/CH-11/13 (16) -07

A 4.46 Aus vier Holzstückchen der Länge 1 lege ich ein rechtwinkliges Dreieck, wozu ich genau eines der Hölzer geeignet in zwei Teile zerschneide. Dann ist der Flächeninhalt dieses rechtwinkligen Dreiecks gleich

(**A**) 3/4 (**B**) 1/2
(**C**) 2/3 (**D**) solch ein Dreieck gibt es nicht
(**E**) mehr als ein solches Dreieck ist möglich

D/CH-9/10 (22) -06

Koordinatengeometrie

A 4.47 In einem kartesischen x, y-Koordinatensystem sind die fünf Punkte $A = (2006; 2007)$, $B = (2007; 2006)$, $C = (-2006; -2007)$, $D = (2006; -2007)$ und $E = (2007; -2006)$ eingezeichnet. Welche der folgenden Geraden ist dann parallel zur x-Achse?

(**A**) BE (**B**) CD (**C**) AE (**D**) BD (**E**) CE

A-Cad (7), D/CH-7/8 (5) -07

A 4.48 Die Zeichnung zeigt einen Kreis mit dem Durchmesser $\overline{AB}$ und dem Punkt D auf der Kreislinie. Dann ist $d =$

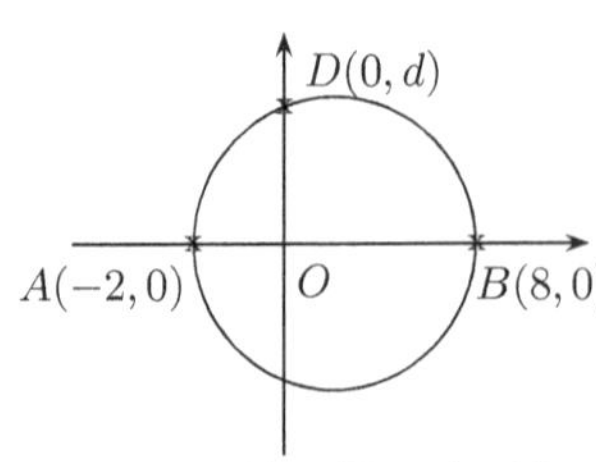

(**A**) 3 (**B**) $2\sqrt{3}$ (**C**) 4 (**D**) 5 (**E**) 6

A-Stu (8), D/CH-11/13 (8) -08

4.3 Berechnung von Winkeln

A 4.49 In welchem Bild schließen die Zeiger einen Winkel von 150° ein?

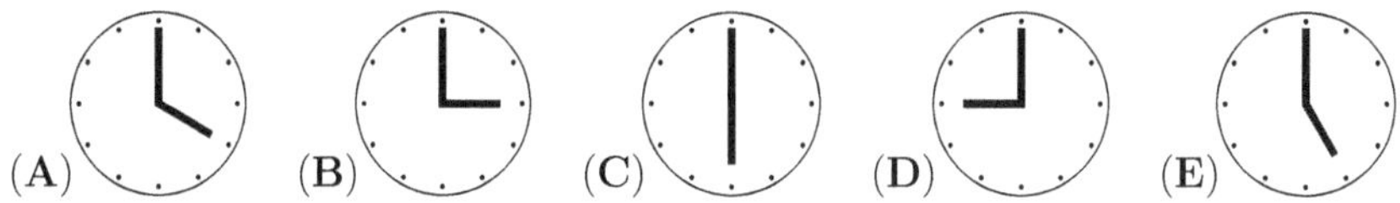

A-Ben (5) –06

A 4.50 Gegeben ist ein gleichschenkliges Dreieck ABC mit $\overline{AC} = \overline{BC}$ und einem Punkt D auf der Seite $\overline{AB}$ derart, dass $\overline{AD} = \overline{AC}$ und $\overline{DB} = \overline{DC}$ (s. Abb.). Dann ist $\measuredangle BCA =$

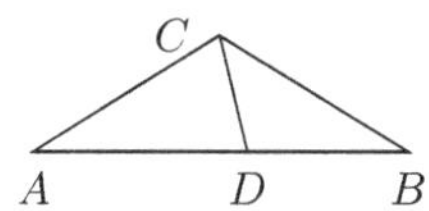

(**A**) 98° (**B**) 100° (**C**) 104° (**D**) 108° (**E**) 110°

A-Stu (6), D/CH-11/13 (5) –08

A 4.51 Die Dreiecke $\triangle ABC$ und $\triangle CDE$ seien gleichseitig und zueinander kongruent. Wie groß ist $\measuredangle EBA$, wenn $\measuredangle ECA = 70°$ ist?

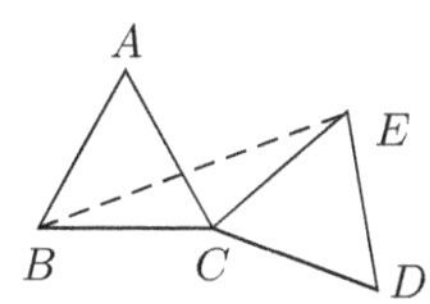

(**A**) 42, 5° (**B**) 40° (**C**) 35° (**D**) 32, 5° (**E**) 30°

A-Cad (17), D/CH-7/8 (15) –07

A 4.52 Es sei ABC ein gleichschenkliges Dreieck, in dem die Winkelhalbierende $\overline{CD}$ des Winkels bei C ebenso lang ist wie die Basis $\overline{BC}$ des Dreiecks. Dann ist $\measuredangle CDA =$

(**A**) 108° (**B**) 110° (**C**) 115°
(**D**) 120° (**E**) nicht eindeutig bestimmt

A-Cad (23), D/CH-7/8 (24) –08

A 4.53 Wie groß ist der spitze Winkel eines Rhombus (auch Raute genannt), dessen Seite gleich dem geometrischen Mittel seiner Diagonalen ist?
Hinweis: Das geometrische Mittel zweier positiver Zahlen a und b ist $\sqrt{a \cdot b}$.

(**A**) 15° (**B**) 22, 5° (**C**) 30° (**D**) 37, 5° (**E**) 45°

A-Stu (24), D/CH-11/13 (24) –07

A 4.54 Basis einer Pyramide mit der Spitze S ist das regelmäßige Fünfeck $ABCDE$, die Seitenflächen sind gleichseitige Dreiecke. Dann ist $\measuredangle ASC = ?$

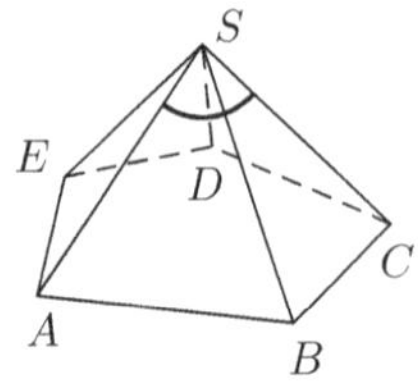

(**A**) 72° (**B**) 120° (**C**) 135° (**D**) 108° (**E**) 96°

D/CH-9/10 (28) -06

A 4.55 Im Bild sehen wir ein gleichschenkliges Dreieck mit $\overline{AB} = \overline{AC}$. Wenn PQ normal (senkrecht) zu AB steht, der Winkel $\measuredangle BPC$ gleich 120° ist und der Winkel $\measuredangle PBA$ gleich 50° ist, wie groß ist dann der Winkel $\measuredangle CBP$?

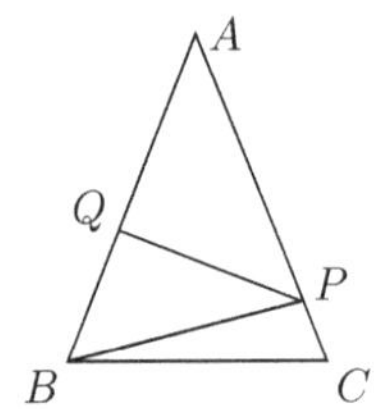

(**A**) 5° (**B**) 10° (**C**) 15° (**D**) 20° (**E**) 25°

A-Jun (20) -08

4.4 Flächeninhalte

Dreiecke, Quadrate und andere Polygone

A 4.56 Wie viele Karos beträgt die Differenz zwischen den Flächeninhalten der beiden rechts abgebildeten Figuren?

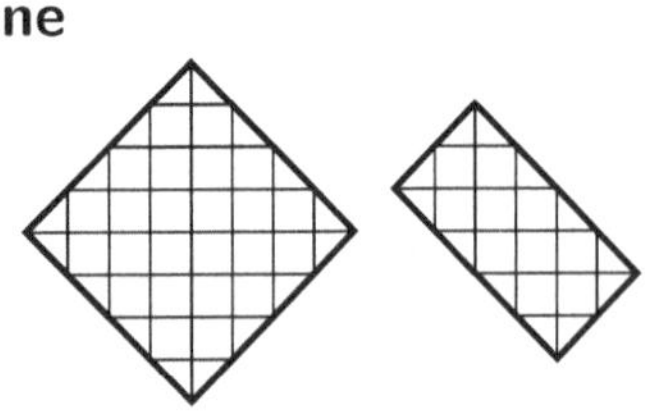

(**A**) 12 (**B**) 15 (**C**) 16 (**D**) 18 (**E**) 24

D/CH-5/6 (24) -06

A 4.57 Kalle dekoriert sein erstes Schaufenster. Kleine quadratische Mosaiksteinchen von 1 cm^2 Größe sind zu einem großen Quadrat aufzukleben, insgesamt 169 Stück. Kalle rechnet sich die Seitenlänge des großen Quadrats aus und klebt entsprechend. Aber er hat sich verrechnet. 25 Steine bleiben übrig, die er nun (um die Quadratform beizubehalten) ansetzen will, wie es die Zeichnung zeigt. Wie breit muss der Streifen sein?

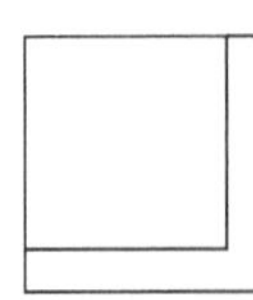

(**A**) $2\sqrt{2}$ cm (**B**) 1,5 cm (**C**) 2 cm (**D**) 1 cm (**E**) 3 cm

A-Jun (20), D/CH-9/10 (12) -06

A 4.58 Im alten Schulhaus haben wir quadratische Schiebefenster, jedes ist 95 cm × 95 cm groß. Ich habe ausprobiert, dass ich die Scheibe maximal um 80 cm nach links schieben kann, wo sie in der Wand verschwindet. Wie groß ist dann die Fläche des Teils der Fensterscheibe, der noch aus der Wand herausguckt?

(**A**) 1425 cm^2 (**B**) 1550 cm^2 (**C**) 1575 cm^2 (**D**) 1625 cm^2 (**E**) 1775 cm^2

A-Ben (14), D/CH-5/6 (6) –07

A 4.59 Es gilt $AB = 4$ cm und $BC = 1$ cm. E ist der Mittelpunkt von AB, F der Mittelpunkt von AE, G der Mittelpunkt von AD und H der Mittelpunkt von AG.

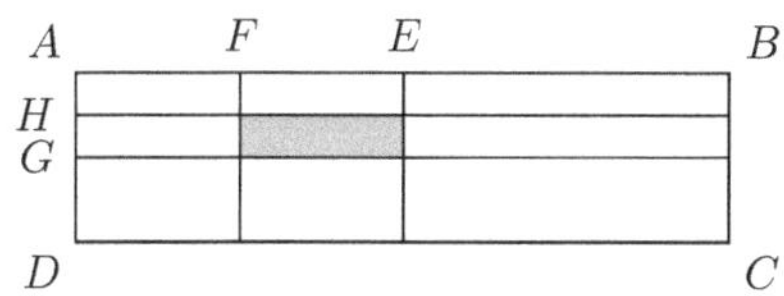

Wie groß ist die Fläche des dunklen Rechtecks?

(**A**) $\frac{1}{4}$ cm^2 (**B**) 1 cm^2 (**C**) $\frac{1}{8}$ cm^2 (**D**) $\frac{1}{2}$ cm^2 (**E**) $\frac{1}{16}$ cm^2

A-Ben (13) –06

A 4.60 Der Inhalt des Dreiecks AOC, wobei O Mittelpunkt des Kreises ist, beträgt $\sqrt{3}$. Dann beträgt der Flächeninhalt des Dreiecks ABC

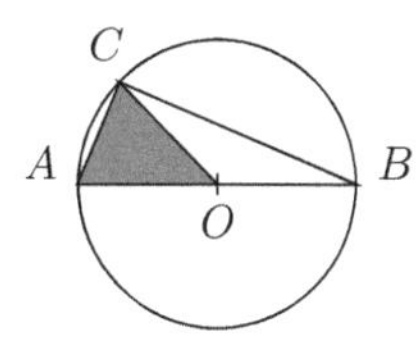

(**A**) $2\sqrt{3}$ (**B**) 2 (**C**) 5 (**D**) 4 (**E**) $4\sqrt{3}$

A-Stu (3), D/CH-11/13 (3) –07

A 4.61 Zwei Würfel sind – wie in der Abbildung dargestellt – zusammengeklebt worden. Der kleine Würfel hat die Kantenlänge 1 cm, der große 3 cm. Dann hat die Oberfläche des neuen Körpers den Flächeninhalt

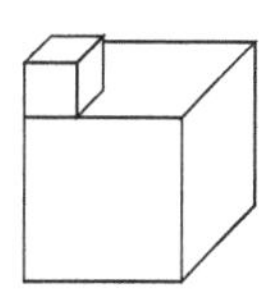

(**A**) 56 cm^2 (**B**) 58 cm^2 (**C**) 62 cm^2 (**D**) 64 cm^2 (**E**) 66 cm^2

A-Cad (12), D/CH-7/8 (7) –06

A 4.62 Ich benötige 9 kg Farbe, um die ganze Oberfläche des großen Würfels (mit der Basis) zu färben. Wie viel Farbe benötige ich, um die weiße Fläche zu färben?

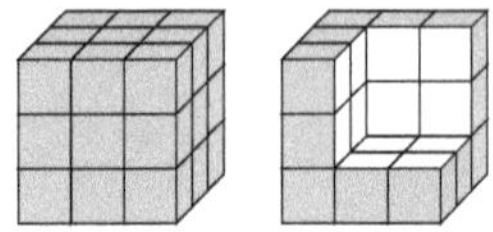

(**A**) 2 (**B**) 3 (**C**) 4,5 (**D**) 6 (**E**) 7

A-Ben (10) -06

A 4.63 Ein kleines Quadrat ist in ein großes einbeschrieben. Wie groß ist der Flächeninhalt des kleinen Quadrats, wenn die kleinen Kästchen einen Flächeninhalt von 1 cm^2 haben?

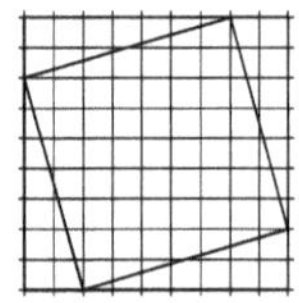

(**A**) 53 cm^2 (**B**) 49 cm^2 (**C**) 56 cm^2 (**D**) 45 cm^2 (**E**) 64 cm^2

A-Cad (8), D/CH-7/8 (11) -07

A 4.64 Wie groß ist der Flächeninhalt der schraffierten Fläche (in m^2)?

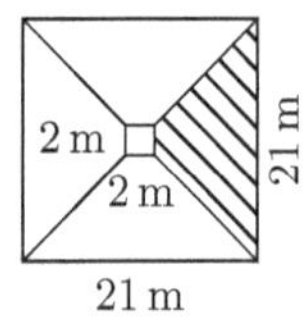

(**A**) $21 \cdot 2$ (**B**) $\dfrac{21^2 - 2^2}{2}$ (**C**) $21 \cdot 2 - 2 \cdot 2$

(**D**) $21^2 - 2^2$ (**E**) $\dfrac{(21+2)(21-2)}{2^2}$

D/CH-9/10 (10) -06

A 4.65 Die beiden regelmäßigen Sechsecke, die in das Parallelogramm eingezeichnet sind, haben denselben Flächeninhalt. Welcher Anteil der Parallelogrammfläche ist schraffiert?

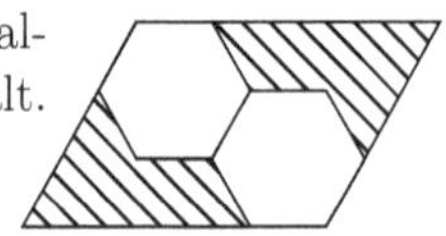

(**A**) $\dfrac{1}{2}$ (**B**) $\dfrac{1}{3}$ (**C**) $\dfrac{2}{3}$ (**D**) $\dfrac{2}{5}$ (**E**) $\dfrac{3}{8}$

A-Jun (16), D/CH-9/10 (15) -08

A 4.66 Es sei O der Mittelpunkt des Quadrates $ABCD$. Die Punkte K, L, M und N auf den Quadratseiten liegen so, dass $\overline{OL} \perp \overline{OM}$ und $\overline{OK} \perp \overline{ON}$ ist. Wie groß ist der Flächeninhalt des grauen Gebietes, wenn die Seitenlänge des Quadrats 2 ist?

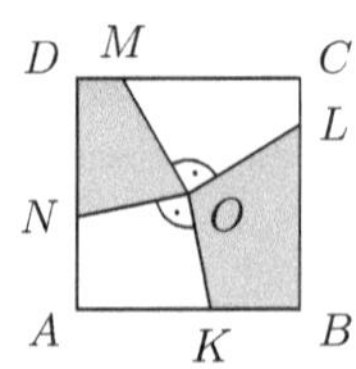

(**A**) 1 (**B**) 2 (**C**) 2,5 (**D**) 2,25 (**E**) hängt von der Lage von K und L ab

A-Cad (22), D/CH-7/8 (26) -07

A 4.67 In einem Dreieck $\triangle ABC$ ist D Mittelpunkt der Strecke AB, E Mittelpunkt der Strecke DB und F Mittelpunkt der Strecke BC. Wenn der Flächeninhalt von $\triangle ABC$ 96 cm^2 beträgt, wie groß ist dann der Flächeninhalt von $\triangle AEF$?

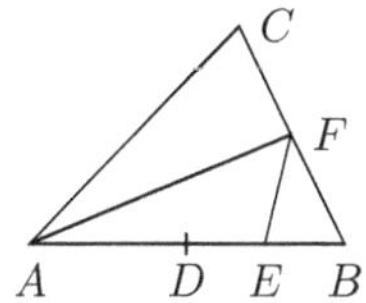

(**A**) 16 cm^2 (**B**) 48 cm^2 (**C**) 24 cm^2 (**D**) 32 cm^2 (**E**) 36 cm^2

A-Jun (14), D/CH-9/10 (12) –07

A 4.68 Es sei $ABCD$ ein Rechteck, auf dessen Seiten AB bzw. BC die Punkte M bzw. N derart liegen, dass die Flächeninhalte der grauen Flächenstücke gerade 2, 3 bzw. 20 betragen. Dann ist der Flächeninhalt der schraffierten Fläche gleich

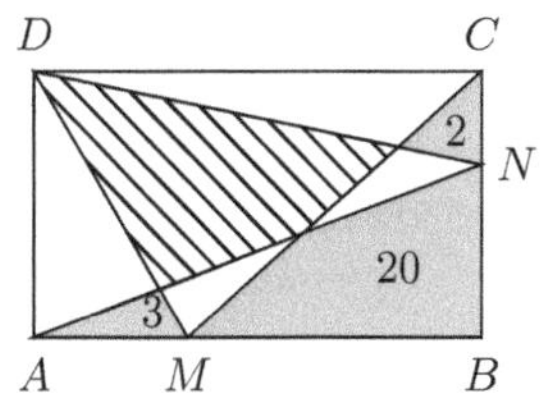

(**A**) 15 (**B**) 20 (**C**) 22,5
(**D**) 25 (**E**) zu wenig Information

A-Stu (25), D/CH-11/13 (30) –06

Kreise und Teile von Kreisen

A 4.69 Zora hat ihre Ziege mit einer 5 m langen Leine an die Ecke des 2 m$\times$3 m großen Schuppens gebunden (s. Zeichnung). Wie groß ist die Fläche, die die Ziege dort abgrasen kann? (*Die Fläche f eines Kreises mit dem Radius r ist mit $f = \pi r^2$ gegeben. – Die Größe der Ziege soll vernachlässigt werden.*)

(**A**) 10π m^2 (**B**) 20π m^2 (**C**) 22π m^2
(**D**) 40π m^2 (**E**) 88π m^2

A-Jun (17), D/CH-9/10 (16) –07

A 4.70 B, C und D zerlegen die Strecke AE in vier gleichlange Teilstrecken. AE, AD und DE sind Durchmesser von Halbkreisen. Entlang dieser Halbkreise gibt es zwei Wege von A nach E (s. Abb.). Das Verhältnis aus der Länge des oberen und der Länge des unteren Weges ist gleich

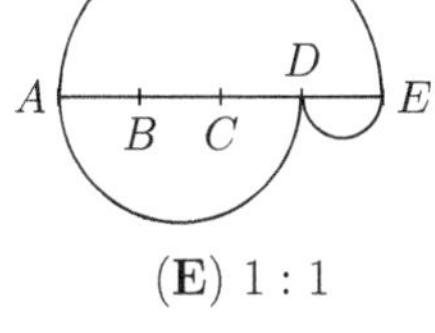

(**A**) 1 : 2 (**B**) 2 : 3 (**C**) 2 : 1 (**D**) 3 : 2 (**E**) 1 : 1

A-Stu (9), D/CH-11/13 (9) –07

A 4.71 Tom bastelt für die Kette seiner Schwester zwei Anhänger aus Ton. Er halbiert das Rohmaterial und formt aus der einen Hälfte einen Kreisring mit dem inneren Radius 1 cm und dem äußeren Radius 3 cm (s. Abb.). Die andere Hälfte des Tons formt er zu einer Kreisscheibe, die genau dieselbe Dicke wie der Kreisring hat. Der Radius dieser Kreisscheibe ist

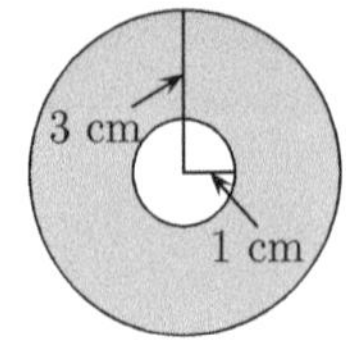

(**A**) $2\sqrt{2}$ cm (**B**) $3\sqrt{3}$ cm (**C**) $2\sqrt{5}$ cm (**D**) 3 cm (**E**) $1,5$ cm

A-Stu (6), D/CH-11/13 (7) –06

A 4.72 Eine Kreislinie wurde in vier Bögen geteilt, die die Längen 2, 5, 6 und x haben. Wie lang ist x, wenn der Bogen der Länge 2 zu einem Winkel von 30° gehört (s. Abb.)?

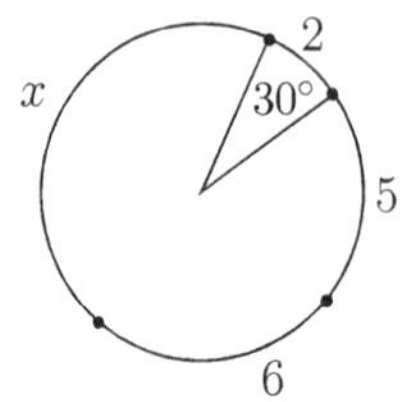

(**A**) 7 (**B**) 8 (**C**) 9 (**D**) 10 (**E**) 11

A-Jun (12), D/CH-9/10 (3) –06

A 4.73 Als Ruth sich bei Rot an der Ampel ausruht, fällt ihr Blick auf ein Halteverbotsschild. „He“, denkt sie, „das könnte einen Durchmesser von 40 cm haben, die blauen Teile könnten Viertelkreise und ihre Gesamtfläche ebenso groß wie der rote Teil des Schildes sein. Wenn das so ist, wie groß wäre dann der Radius des beim Zusammenlegen der Viertelkreise entstehenden Kreises?“

(**A**) $10\sqrt{2}$ cm (**B**) $8\sqrt{5}$ cm (**C**) $\frac{40}{3}$ cm (**D**) 24,5 cm (**E**) 20 cm

A-Stu (14), D/CH-11/13 (15) –06

A 4.74 Die Figur zeigt ein Kirchenfenster aus verschiedenfarbigem Glas. Bereiche mit dem Buchstaben r bestehen aus rotem, solche mit g aus grünem und solche mit b aus blauem Glas. Der Flächeninhalt aller grünen Bereiche beträgt 400 cm^2. Wie viel Quadratzentimeter beträgt der Inhalt aller blauen Bereiche?

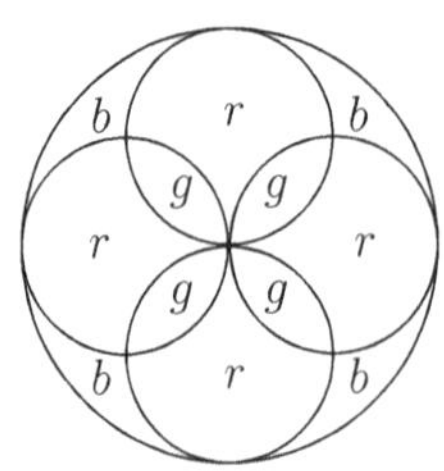

(**A**) 396 (**B**) 120π (**C**) $90\sqrt{2}\pi$ (**D**) 382 (**E**) 400

A-Stu (20), D/CH-11/13 (20) –06

A 4.75 Es ist $ABCD$ ein Quadrat der Seitenlänge 1. Um A, B, C bzw. D werden Viertelkreise mit dem Radius 1 gezeichnet, wobei als Schnittpunkte P und Q entstehen (s. Zeichnung). Wie lang ist $\overline{PQ}$?

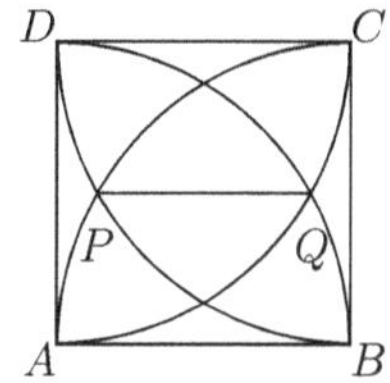

(**A**) $2-\sqrt{2}$ (**B**) $\frac{3}{4}$ (**C**) $\sqrt{5}-\sqrt{2}$

(**D**) $\frac{\sqrt{3}}{3}$ (**E**) $\sqrt{3}-1$

A-Jun (29), D/CH-11/13 (26) –08

A 4.76 In das Dreieck ABC mit $\overline{AB}=3$, $\overline{BC}=5$ und $\overline{CA}=6$ sei ein Kreis einbeschrieben (s. Abb., Zeichnung ist nicht maßstabsgerecht). Ferner sei die Strecke $\overline{DE}$ Tangente an den Kreis. Dann ist der Umfang des Dreiecks CDE gleich

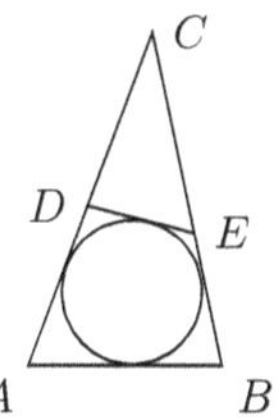

(**A**) 4 (**B**) 6 (**C**) 7 (**D**) 8 (**E**) 9

A-Stu (25), D/CH-11/13 (28) –08

A 4.77 Eine Münze mit Durchmesser 1 rollt auf einem regelmäßigen Sechseck mit Seitenlänge 1 ein einziges Mal außen herum. Wie lang ist der Weg, den der Mittelpunkt der Münze dabei zurücklegt? Alle Längenangaben sind in cm. (*Der Umfang u eines Kreises mit dem Radius r beträgt $u=2\pi r$.*)

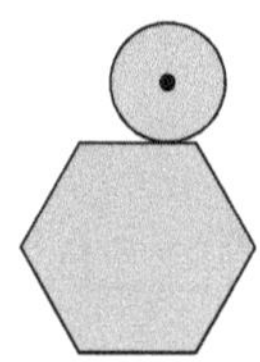

(**A**) $6+\frac{\pi}{2}$ (**B**) $12+\pi$ (**C**) $6+\pi$ (**D**) $6+2\pi$ (**E**) $12+2\pi$

A-Jun (23), D/CH-9/10 (20) –07

A 4.78 Drei Kreise, die jeder den Radius r haben, berühren einander, wie es die nebenstehende Zeichnung zeigt. Welchen Flächeninhalt hat A?

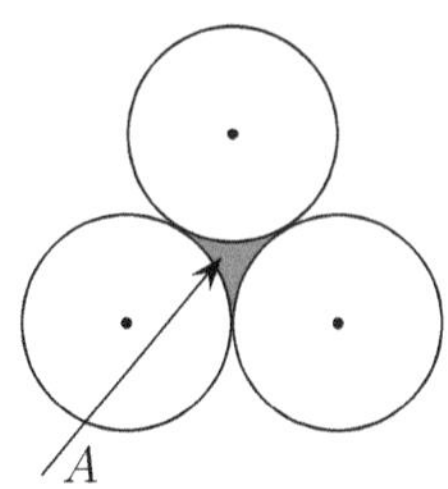

(**A**) $\left(\sqrt{3}-\frac{1}{2}\pi\right)r^2$ (**B**) $\left(\frac{1}{2}\pi-\frac{1}{2}\sqrt{3}\right)r^2$

(**C**) $\frac{1}{8}\pi r^2$ (**D**) $\left(\sqrt{3}-\frac{3}{2}\right)\pi r^2$

(**E**) $\left(\frac{1}{3}\pi-\frac{1}{2}\sqrt{3}\right)r^2$

A-Stu (15), D/CH-11/13 (15) –08

4.5 Räumliche Geometrie

A 4.79 Aus kleinen Würfeln soll ein Quader gebaut werden, wie er rechts gezeichnet ist. Wie viele kleine Würfel muss ich dem links gezeichneten, noch unfertigen „Bauwerk" hinzufügen, um den Quader zu erhalten?

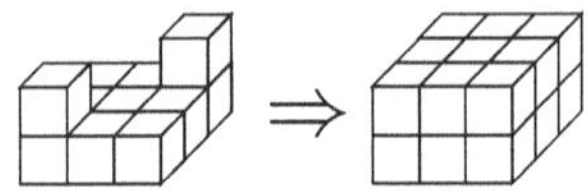

(A) 4 (B) 5 (C) 6 (D) 7 (E) 8

A-Eco (3), D/CH-3/4 (3) -06

A 4.80 Ich soll die Bausteine meiner kleinen Nichte einräumen. Sie sind 1 cm × 2 cm × 4 cm groß. Wie viele davon passen in eine 4 cm × 4 cm × 8 cm große Schachtel?

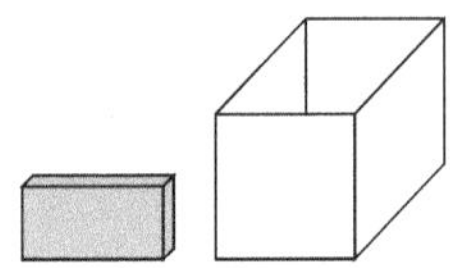

(A) 16 (B) 18 (C) 19 (D) 20 (E) 24

A-Eco (17), D/CH-3/4 (15) -08

A 4.81 Ein Würfel der Kantenlänge 10 cm besteht aus kleinen, lückenlos aufeinander geschichteten Würfeln der Kantenlänge 1 cm. Ließen sich alle kleinen Würfel – einer über dem anderen – zu einem Turm aufschichten, wie hoch wäre dieser Turm?

(A) 10 cm (B) 100 cm (C) 10 m (D) 100 m (E) 1 km

A-Ben (8), D/CH-5/6 (9) -07

A 4.82 Für die kleinen Würfel, mit denen Theo spielt, hat er einen großen Hohlwürfel, in den er sie nach dem Spielen zurücklegt. Einige hat er schon einsortiert (s. Zeichnung). Wie viele finden noch Platz?

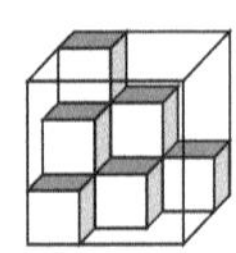

(A) 9 (B) 13 (C) 17 (D) 21 (E) 27

A-Eco (20), D/CH-3/4 (10) -07

A 4.83 Wie viele verschiedene Würfel kann man herstellen, die drei blaue und drei rote Flächen haben?

(A) 1 (B) 2 (C) 3 (D) 4 (E) 5

A-Ben (15) -06

A 4.84 Der rechts gezeichnete Baustein besteht aus 4 kleinen Würfeln, die alle die Kantenlänge 1 haben. Aus solchen Bausteinen lassen sich Quader unterschiedlicher Seitenlängen zusammensetzen. Von den folgenden Quadern lässt sich genau einer *nicht* bauen. Welcher?

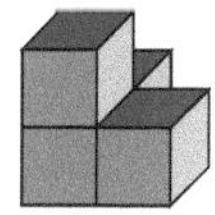

(**A**) $2 \times 2 \times 2$ (**B**) $2 \times 2 \times 3$ (**C**) $2 \times 4 \times 4$ (**D**) $4 \times 2 \times 8$ (**E**) $2 \times 4 \times 6$

D/CH-5/6 (18) –06

A 4.85 Dieser Turm wurde aus 10 Würfeln zusammengeklebt. Roman malt das ganze Objekt an, auch den Boden. Wie viele Quadrate hat er bemalt?

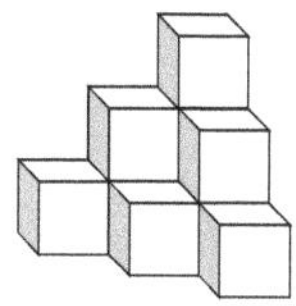

(**A**) 18 (**B**) 24 (**C**) 30 (**D**) 36 (**E**) 42

A-Eco (17) –06

A 4.86 Ein Würfel mit 3 cm Seitenlänge wird grau gestrichen und in kleinere Würfel mit der Seitenlänge 1 cm zersägt (siehe Zeichnung). Wie viele kleine Würfel haben genau zwei grau gefärbte Flächen?

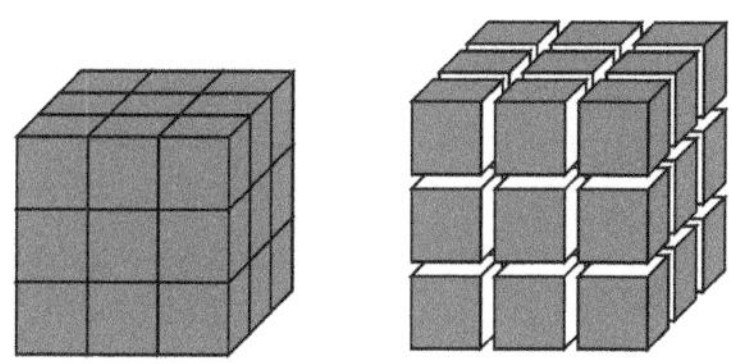

(**A**) 4 (**B**) 6 (**C**) 8 (**D**) 10 (**E**) 12

A-Eco (17) –07

A 4.87 Johann umrundet einen Tisch einmal und macht dabei 4 Fotos. Er bewegt sich vom markierten Punkt in Pfeilrichtung. In welcher Reihenfolge sind die Fotos entstanden?

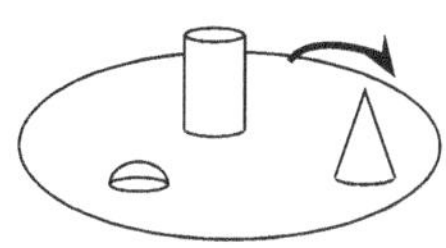

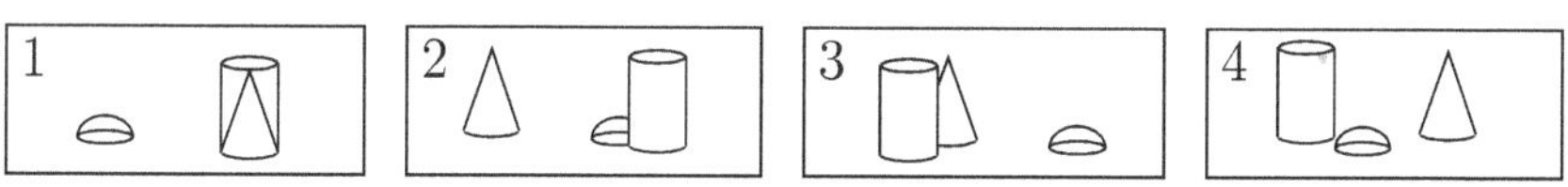

(**A**) 2 1 4 3 (**B**) 4 2 1 3 (**C**) 2 4 3 1 (**D**) 2 1 3 4 (**E**) 3 2 1 4

A-Ben (22), D/CH-5/6 (27) –08

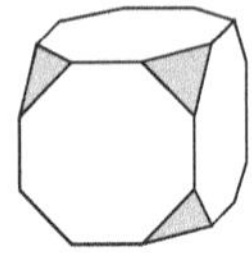

A 4.88 Bei einem Würfel sind durch ebene Schnitte alle Ecken abgeschnitten worden (s. Bild). Wie viele Ecken (bzw. wie viele Kanten) hat der Restkörper?

(**A**) 16 bzw. 24 (**B**) 18 bzw. 30 (**C**) 20 bzw. 36
(**D**) 24 bzw. 40 (**E**) 30 bzw. 48

A-Cad (9), D/CH-7/8 (8) und 9/10 (7) -08

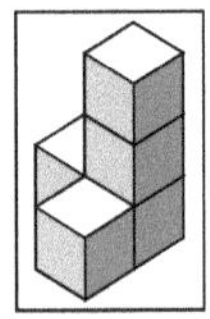

A 4.89 Welche der Figuren (**A**), ..., (**E**) lässt sich *nicht* durch Umsetzen genau eines Würfels aus der rechts abgebildeten Figur erhalten? Jede der Figuren besteht aus genau fünf Würfeln. Beachte, dass die Bauwerke aus unterschiedlichen Richtungen gezeichnet wurden.

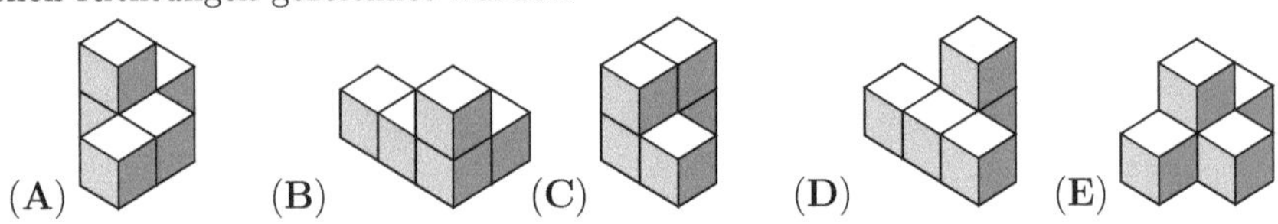

A-Eco (13) und Ben (15), D/CH-5/6 (19) und 3/4 (17) -08

A 4.90 Nachdem wir im Geometrieunterricht eine Pyramide gebaut hatten, habe ich die Anzahl der Ecken, der Kanten und der Flächen dieser Pyramide addiert. Es kam irgendeine Zahl zwischen 20 und 24 heraus. Welche?

(**A**) 20 (**B**) 21 (**C**) 22 (**D**) 23 (**E**) 24

D/CH-7/8 (25) -07

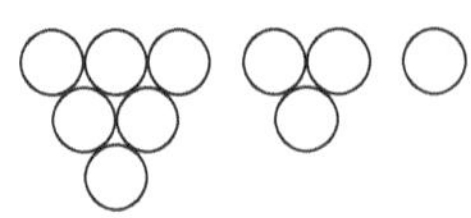

A 4.91 Als 3er-Kugelpyramide wird das Gebilde bezeichnet, das entsteht, wenn die drei rechts abgebildeten Kugelschichten übereinandergelegt werden. Analog gibt es 4er-, 5er-Kugelpyramiden usw. Ich denke mir alle außen liegenden Kugeln einer 8er-Kugelpyramide schwarz, die inneren weiß gefärbt. Dann bilden die weißen Kugeln eine

(**A**) 3er-Kugelpyramide (**B**) 4er-Kugelpyramide (**C**) 5er-Kugelpyramide
(**D**) 6er-Kugelpyramide (**E**) 7er-Kugelpyramide

A-Jun (26), D/CH-9/10 (19) -08

Körpernetze

A 4.92 Auf drei benachbarten Seitenflächen eines Würfels wurde je eine Diagonale gemäß der nebenstehenden Skizze aufgemalt. Welches der Würfelnetze passt zum abgebildeten Würfel?

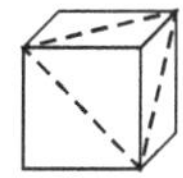

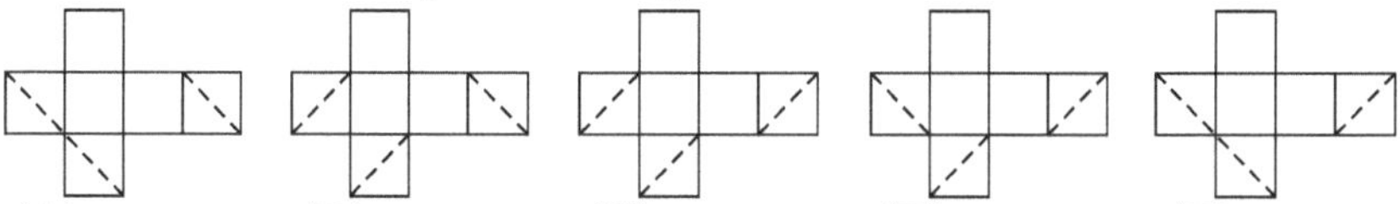

(A) (B) (C) (D) (E)

A-Ben (11), D/CH-5/6 (27) –07

A 4.93 Die 6 Seiten eines Würfels wurden unterschiedlich angestrichen. Ein Netz dieses Würfels ist in Abb. 1 gezeichnet. In Abb. 2 ist ein anderes Netz desselben Würfels dargestellt, allerdings sind bisher nur 2 der 6 Seiten angestrichen. Welche Seite gehört an die Stelle, die mit einem Fragezeichen markiert ist?

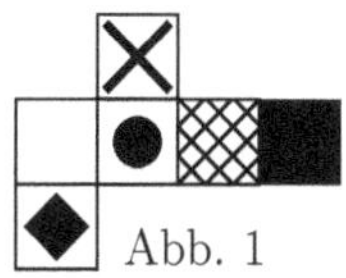

Abb. 1

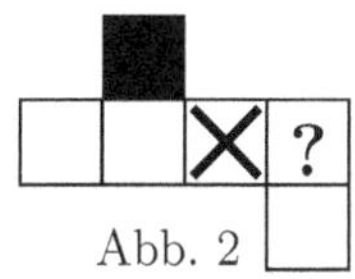

Abb. 2

(A) 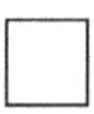 (B)  (C)  (D)  (E) es ist unbestimmt

D/CH-5/6 (28) –06

A 4.94 Welches Netz gehört zu dem rechts abgebildeten Würfel, der zwei Löcher hat?

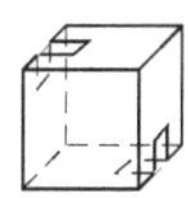

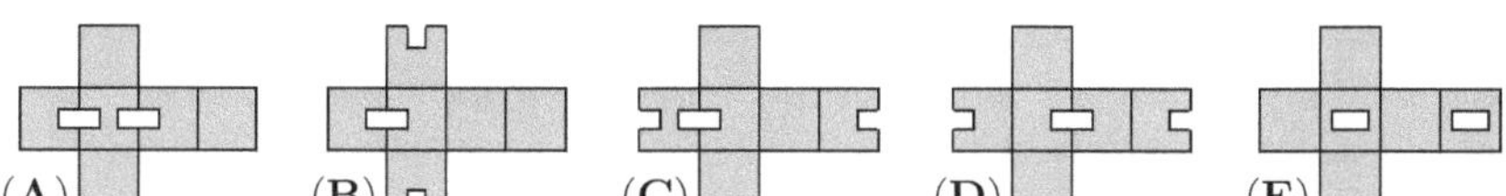

(A) (B) (C) (D) (E)

A-Ben (8), D/CH-5/6 (21) –06

A 4.95 Und welches hier?

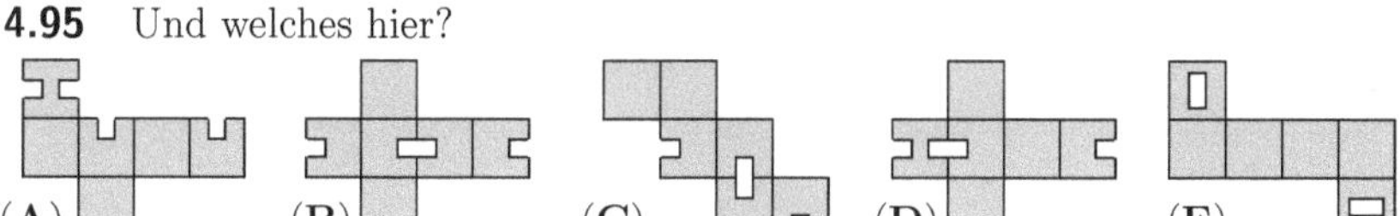

(A) (B) (C) (D) (E)

A-Cad (10), D/CH-7/8 (5) –06

A 4.96 Eine der Würfelseiten ist entlang der Diagonalen zerschnitten worden. Welche der folgenden Würfelnetze passen *nicht* zu diesem Würfel?

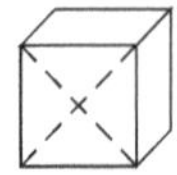

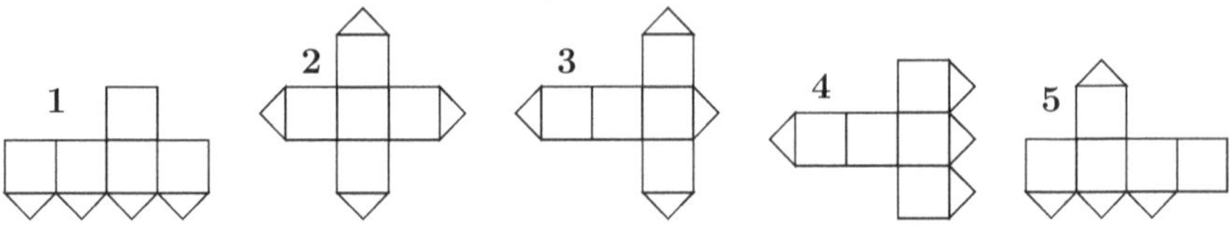

(**A**) **1** und **3** (**B**) **1** und **5** (**C**) **3** und **4**

(**D**) **3** und **5** (**E**) **2** und **4**

A-Cad (17), D/CH-7/8 (13) –08

Aufgaben mit Spielwürfeln und mit einem Oktaeder

A 4.97 Zwei Spielwürfel liegen so, dass genau fünf ihrer zwölf Seitenflächen sichtbar sind (s. Abb.). Wie groß ist die Summe der Augenzahlen auf den im Bild nicht sichtbaren Seitenflächen der beiden Würfel?
Hinweis: Bei Spielwürfeln liegt die 1 der 6, die 2 der 5 und die 3 der 4 gegenüber.

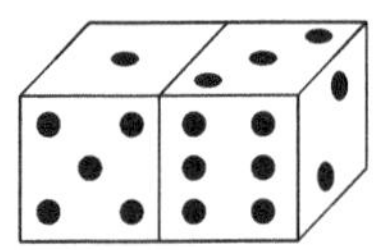

(**A**) 15 (**B**) 12 (**C**) 7 (**D**) 25 (**E**) 24

A-Cad (6), D/CH-7/8 (4) –07

A 4.98 Beim Spielwürfel liegt die 1 der 6, die 2 der 5, die 3 der 4 gegenüber. Es wurden vier gänzlich gleiche Spielwürfel so zusammengelegt, dass auf den gemeinsamen Seitenflächen – d. h. jenen, wo sich zwei Würfel berühren – die Augenzahlen übereinstimmen. In der Zeichnung sind nicht alle Augenzahlen angegeben. Welche Augenzahl steht auf der grauen Seitenfläche?

(**A**) 5 (**B**) 6 (**C**) 2 (**D**) 3 (**E**) 4

A-Ben (24), D/CH-5/6 (29) –07

A 4.99 Die vier untereinander identischen Würfel sind Spielwürfel, d. h., die Summe der Punkte auf einander gegenüberliegenden Seiten ist 7. Dann ist die Summe der Punkte auf den sechs einander berührenden Seiten gleich

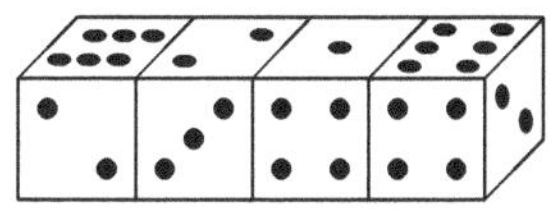

(**A**) 19 (**B**) 21 (**C**) 22 (**D**) 23 (**E**) 25

A-Cad (29), D/CH-7/8 (21) –08

A 4.100 Die vier abgebildeten Würfel sind zwar keine Spielwürfel, was bedeutet, dass die Summe der Punkte auf einander gegenüberliegenden Flächen *nicht* 7 sein muss, sie sind jedoch untereinander identisch. Dann ist die Summe der Punkte auf den sechs einander berührenden Seiten gleich

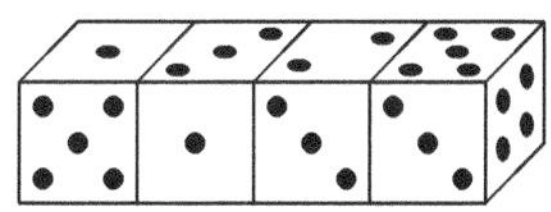

(**A**) 19 (**B**) 21 (**C**) 23 (**D**) 24 (**E**) 25

A-Stu (20), D/CH-9/10 (28) und 11/13 (24) –08

A 4.101 Das Körpernetz (s. Zeichnung) besteht aus acht gleichseitigen Dreiecken und lässt sich zu einem Oktaeder falten. Drei der Seitenflächen tragen die Zahlen 9, 3 und 5, die fünf anderen $A, \ldots, E$. Beim Oktaeder stoßen in jeder seiner sechs Ecken genau vier Seitenflächen zusammen. Nun sollen $A, \ldots, E$ so durch 2, 4, 6, 7 und 8 ersetzt werden (ohne Wiederholungen), dass die Summe der Zahlen auf solchen vier Seitenflächen, die einen gemeinsamen Eckpunkt haben, stets gleich ist. Dann ist $B + D =$

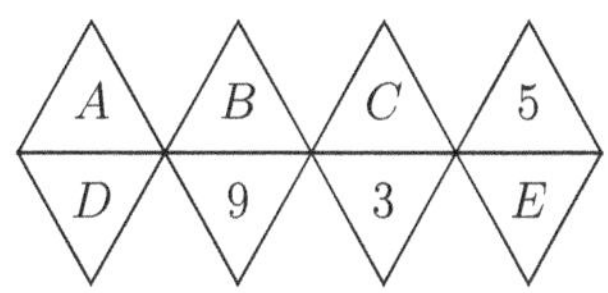

(**A**) 6 (**B**) 7 (**C**) 8 (**D**) 9 (**E**) 10

D/CH-9/10 (25) –08

5 Kryptisches, Logisches, Magisches

5.1 Logisches mit und ohne Zahlen

Mit den folgenden Aufgaben werden Fähigkeiten angesprochen, die nicht nur für die Mathematik unverzichtbar sind: logisches Schließen, strategisches Denken, Erkennen von widersprüchlichen Aussagen. Das Knobeln an diesen Aufgaben macht erfahrungsgemäß besonders viel Spaß – und ist an kein Alter gebunden.

Wo findet sich ein Widerspruch

A 5.1 Die drei alten Freundinnen Loni, Tina und Elsa sitzen gemeinsam im Park beim Stricken. „Loni, dein Strickstrumpf ist länger als die Strümpfe von Tina und Elsa zusammen", urteilt ihr gemeinsamer Freund Ernst, „und Elsas Strumpf ist länger als die Strümpfe von Tina und Loni zusammen", setzt er an Elsa gewandt fort. Was trifft nun sicher zu?

(**A**) Elsa hat den längsten Strumpf. (**B**) Loni hat den längsten Strumpf.
(**C**) Tina hat den längsten Strumpf. (**D**) Alle Strümpfe sind gleich lang.
(**E**) Was Ernst beschreibt, ist nicht möglich.

D/CH-5/6 (11) -08

A 5.2 Vor der Musikschule treffen sich ein Geiger, ein Flötist und ein Trompeter. Einer heißt Ulrich, einer Ivo und einer Alex. Der Geiger hat weder Bruder noch Schwester, er ist auch der Jüngste. Alex ist älter als der Flötist und spielt mit Ulrichs Schwester im Orchester. Dann heißen – in dieser Reihenfolge – Geiger, Flötist und Trompeter

(**A**) Alex, Ulrich, Ivo (**B**) Ulrich, Ivo, Alex (**C**) Ivo, Alex, Ulrich
(**D**) Ivo, Ulrich, Alex (**E**) Alex, Ivo, Ulrich

A-Ben (20), D/CH-5/6 (23) -08

A 5.3 Anna, Berta, Claudia und Daniela betreiben je eine andere Sportart. Sie üben sich in Karate, Fußball, Volleyball und Judo. Anna treibt einen Sport ohne Ball, Berta ist Judosportlerin. Welche der folgenden Aussagen *könnte* stimmen?

(**A**) Anna spielt Volleyball (**B**) Berta spielt Fußball
(**C**) Claudia spielt Volleyball (**D**) Daniela betreibt Karate
(**E**) Anna betreibt Judo

A-Ben (10) -07

A 5.4 Weil mein Vater so neugierig auf sein Geburtstagsgeschenk ist, beschließen wir, ihm vorab ein paar Hinweise zu geben (die folgenden Aussagen sind alle wahr):

1. Ist es blau, so auch rund.
2. Ist es quadratisch, so auch rot.
3. Es ist entweder blau oder gelb.
4. Ist es gelb, so auch quadratisch.
5. Es ist entweder quadratisch oder rund.

Daraus kann er immerhin schließen, dass

(**A**) es rot ist. (**B**) es rot und rund ist. (**C**) es gelb und rund ist.
(**D**) es blau und rund ist. (**E**) es blau und quadratisch ist.

D/CH-7/8 (26) -06

A 5.5 Beim Lösen einer Känguruaufgabe zieht Carolin die folgenden richtigen Schlüsse:

1) Wenn die Antwort (**A**) richtig ist, dann ist auch (**B**) richtig.
2) Wenn Antwort (**C**) falsch ist, dann ist auch (**B**) falsch.
3) Wenn Antwort (**B**) falsch ist, dann ist weder (**D**) noch (**E**) richtig.

Welche der Antworten ist wahr? (Dabei ist zu berücksichtigen, dass bei den Aufgaben des Känguruwettbewerbs stets nur genau eine der Antworten richtig ist.)

(**A**) Antwort (**A**) (**B**) Antwort (**B**) (**C**) Antwort (**C**)
(**D**) Antwort (**D**) (**E**) Antwort (**E**)

D/CH-9/10 (24) -06

Logische Nüsse zu knacken

A 5.6 Die Katzen Tiny und Tony fressen aus demselben Napf. Tiny beginnt am Morgen und frisst ein Drittel dessen, was im Napf ist. Dann frisst Tony die Hälfte des Restes. Nun frisst wieder Tiny, und zwar ein Drittel dessen, was noch übrig ist, dann Tony die Hälfte des Verbliebenen usw. Dies passiert insgesamt fünfmal. Am Ende des Tages hat

(**A**) Tiny mehr gefressen als Tony
(**B**) Tiny genau so viel gefressen wie Tony
(**C**) ist der Napf leer
(**D**) Tony doppelt so viel gefressen wie Tiny
(**E**) Tony dreimal so viel gefressen wie Tiny

D/CH-5/6 (22) -06

A 5.7 Im Hause der Frau Ahavzi leben viele Katzen; Isa, Olli, Ada, Lea und Trine. Zwei der Katzen haben ihr Reich im 1. Stock, die anderen drei in der 2. Etage. Leas Reich ist nicht in derselben Etage, in der es sich Ada und Trine heimisch gemacht haben. Ebenso ist Ollis Reich nicht in derselben Etage wie das von Isa und Ada. Welche beiden Katzen leben im 1. Stock?

(**A**) Trine und Ada (**B**) Lea und Isa (**C**) Olli und Lea
(**D**) Ada und Isa (**E**) Trine und Olli

A-Eco (20), D/CH-3/4 (17) -06

A 5.8 In Karlis Kindergarten-Gruppe sind 21 Kinder. Als Karlis Mutter die Kinder fragt, wer mit wem besonders befreundet sei, stellt sich heraus, dass keine zwei Mädchen mit derselben Zahl Jungs befreundet sind. Wie viele Mädchen gehören *höchstens* in Karlis Gruppe?

(**A**) 5 (**B**) 6 (**C**) 9 (**D**) 11 (**E**) 14

D/CH-7/8 (14) -06

A 5.9 Wie viele Hamster müssen mindestens in einem Käfig sein, damit die folgende Aussage zutrifft: Es gibt mindestens zwei Männchen oder mindestens zwei Weibchen, die im selben Monat geboren wurden?

(**A**) 13 (**B**) 16 (**C**) 25 (**D**) 32 (**E**) 48

D/CH-11/13 (6) -07

A 5.10 Auf dem Tisch liegen die rechts abgebildeten vier Kärtchen, auf denen je auf der einen Seite ein Buchstabe, auf der anderen eine Zahl steht. Elli vermutet, dass bei Kärtchen, die auf einer Seite einen Vokal aufweisen, auf der anderen Seite eine gerade Zahl steht. Wie viele der vier Kärtchen muss sie mindestens umdrehen, um sich davon zu überzeugen, dass sie Recht hat?

E
K
4
7

(**A**) keines (**B**) 1 (**C**) 2 (**D**) 3 (**E**) alle

A-Stu (4), D/CH-11/13 (9) -06

Logisches mit Zahlen

A 5.11 Die Osterhasen Erich, Heinrich und Fritz stärken sich für die Ostertage und knabbern zusammen 7 Möhren. Jeder Hase verputzt mindestens eine Möhre. Heinrich futtert mehr als jeder andere, der bescheidene Fritz weniger als jeder andere der drei Hasen. Wie viele Möhren sind in Erichs Bauch gewandert?

(**A**) 2 (**B**) 3 (**C**) 4 (**D**) 5 (**E**) 6

D/CH-3/4 (9) -06

A 5.12 Beim Stadtfest gibt es in diesem Jahr auch ein kleines altertümliches Karussell. Die Gondeln sind in gleichen Abständen zueinander im Kreis angeordnet und fortlaufend mit 1, 2, 3... nummeriert. Tilli und ihre Freundin Elli fahren damit und sitzen sich direkt gegenüber, Tilli sitzt in der Gondel Nr. 11, Elli in der Nr. 4. Wie viele Gondeln hat das Karussell insgesamt?

(**A**) 13 (**B**) 14 (**C**) 16 (**D**) 17 (**E**) 22

A-Eco (12), D/CH-3/4 (20) -07

A 5.13 Für ein Spiel liegen 7 Beutel bereit, in denen sich 1, 2, 3, 4, 5, 6 bzw. 7 Murmeln befinden. Theo fischt sich 3 Beutelchen heraus, öffnet sie und zählt die Murmeln. „He, ich weiß, dass die Summe deiner Murmeln eine gerade Zahl ist", sagt er zu Uta, die sich zwei der Beutel genommen hat. „Na, dann weiß ich sogar, wie viele Murmeln du insgesamt hast", erwidert Uta. Es sind

(**A**) 6 (**B**) 9 (**C**) 10 (**D**) 12 (**E**) 15

A-Ben (23), Cad (19), Jun (12) und Stu (27); D/CH-5/6 (30), 7/8 (18) und 9/10 (14) -08

A 5.14 Wie viele 3-stellige Zahlen haben die Eigenschaft, dass die Summe ihrer Ziffern um 9 größer ist als die Summe der Ziffern der durch 9 dividierten Zahl?

(**A**) 5 (**B**) 1 (**C**) 11 (**D**) 8 (**E**) 3

A-Cad (29), D/CH-7/8 (29) -07

A 5.15 Teilen wir eine 3-stellige Zahl durch die Summe ihrer Ziffern, so entsteht bei dieser Division in der Regel ein Rest. Wie groß ist der größtmögliche Rest?

(**A**) 20 (**B**) 22 (**C**) 24 (**D**) 25 (**E**) 26

D/CH-11/13 (27) -07

A 5.16 Wie viele 2008-stellige Zahlen besitzen die Eigenschaft, dass jede aus zwei aufeinanderfolgenden Ziffern dieser Zahl gebildete zweistellige Zahl durch 17 oder 23 teilbar ist?

(**A**) 5 (**B**) 6 (**C**) 7 (**D**) 9 (**E**) mehr als 9

A-Jun (30), D/CH-9/10 (30) –08

A 5.17 Die 1. Ziffer einer 4-stelligen natürlichen Zahl ist gleich der Anzahl der Nullen in dieser Zahl, die 2. gleich der Anzahl der Einsen, die 3. gleich der der Zweien und die 4. Ziffer gleich der der Dreien. Wie viele solche Zahlen gibt es?

(**A**) 0 (**B**) 2 (**C**) 3 (**D**) 4 (**E**) 5

A-Cad (26) –07

Aufgaben beim Wägen

A 5.18 Das Windspiel habe ich selbst gebastelt; es befindet sich im Gleichgewicht. Gleiche Figuren wiegen gleich viel. Ein Quadrat wiegt 10 g. Wie schwer ist ein Kreis?

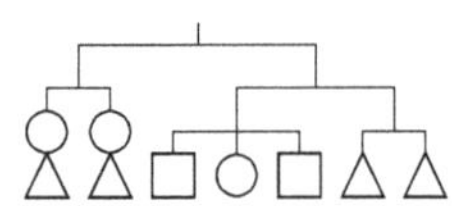

(**A**) 20 g (**B**) 15 g (**C**) 12 g (**D**) 10 g (**E**) 5 g

D/CH-5/6 (20) –06

A 5.19 Wie viele Dreiecke liegen auf der dritten Waage?

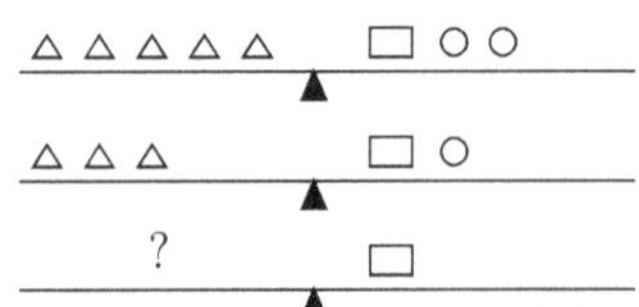

(**A**) 1 (**B**) 2 (**C**) 3 (**D**) 4 (**E**) 5

A-Eco (24) –06

A 5.20 Alex, Benno, Clara, Delia, Elise und Franz wippen auf dem Spielplatz. Alex und Benno sind zusammen leichter als Clara und Delia, Clara und Elise leichter als Franz und Benno. Welche der folgenden Aussagen stimmt dann *gewiss*?

(**A**) Alex und Elise sind zusammen leichter als Franz und Delia.

(**B**) Delia und Elise sind zusammen schwerer als Clara und Franz.

(**C**) Delia und Franz sind zusammen schwerer als Alex und Clara.

(**D**) Alex und Benno sind zusammen leichter als Clara und Franz.

(**E**) Alex, Benno und Clara sind zusammen gleich mit Delia, Elise und Franz.

A-Cad (25), D/CH-7/8 (22) –07

5.2 Reihenfolgen, Wege, Aufteilungen

Richtige Reihenfolge gesucht

A 5.21 Betty zeichnet hintereinanderweg ein Strichmännchen neben dem anderen, immer in derselben Reihenfolge. Welche Figur ist dort zu erwarten, wo jetzt noch das Fragezeichen steht?

(A)  (B)  (C)  (D)  (E) 

A-Eco (1), D/CH-3/4 (1) -06

A 5.22 Janek, Jens, Jim, John und Justus stehen am Rand des Schwimmbeckens und springen dann alle, einer nach dem anderen, ins Wasser. Janek ist nach Jim gesprungen. Jens hüpfte vor Janek hinein, und zwar unmittelbar nach John. John war vor Jim im Wasser, ist aber nicht als Erster hineingesprungen. Als wievielter sprang Justus?

(A) als Erster (B) als Zweiter (C) als Dritter
(D) als Vierter (E) als Letzter

A-Eco (19), D/CH-3/4 (19) -07

A 5.23 Am ersten Sommerwochenende im Freibad tauchen wir um die Wette. Guido kann länger als Herta tauchen, aber nicht so lange wie Flora. Horst kann länger tauchen als Isolde, aber nicht so lange wie Guido. Wer kann am längsten tauchen?

(A) Flora (B) Guido (C) Herta (D) Horst (E) Isolde

A-Eco (12), D/CH-3/4 (10) -08

A 5.24 Peter wohnt 3 km, Paul 5 km vom Schwimmbad entfernt. Welche Angabe für die Entfernung zwischen Peter und Paul trifft dann *gewiss* zu?

(A) Die Entfernung beträgt 2 km. (B) Die Entfernung beträgt 8 km.
(C) Die Entfernung beträgt 4 km. (D) Die Entfernung beträgt 5 km.
(E) Jede Entfernung zwischen 2 km und 8 km ist möglich.

D/CH-5/6 (11) -06

A 5.25 Meine beeindruckend ordentliche Tante hat ihre vier Prunktassen, die silberne, die blaue, die goldene und die grüne, stets an einem unverrückbar festen Platz in ihrer Vitrine aufgereiht. Die silberne Tasse steht genau in der Mitte zwischen der blauen und der goldenen. Der Abstand zwischen der blauen und der silbernen ist exakt derselbe wie zwischen der goldenen und der grünen. Die silberne Tasse ist genau 40 cm von der grünen entfernt. Wie weit ist die blaue von der grünen Tasse entfernt?

(**A**) 40 cm (**B**) 45 cm (**C**) 60 cm (**D**) 65 cm (**E**) 70 cm

A-Eco (16), D/CH-3/4 (21) -06

A 5.26 Drei Rennfahrer (Felix, Max und Lukas) nehmen an einem Autorennen teil. In welcher Reihenfolge von oben nach unten stehen sie im Ziel?

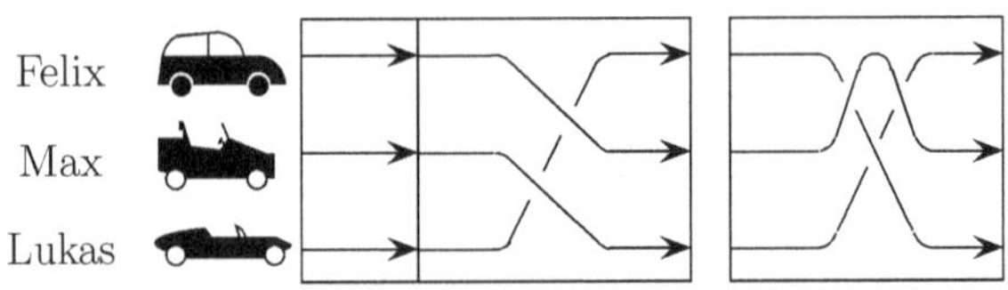

(**A**)	(**B**)	(**C**)	(**D**)	(**E**)
Felix	Max	Felix	Max	Lukas
Max	Lukas	Lukas	Felix	Max
Lukas	Felix	Max	Lukas	Felix

A-Eco (4) -07

A 5.27 Michael baut eine Rennbahn. Er bemerkt, dass die Reihenfolge der Autos am Ende nicht so wie rechts abgebildet ist. Welches Bahnstück muss er statt X in die Rennbahn bauen, damit sich die Reihenfolge so wie rechts ergibt?

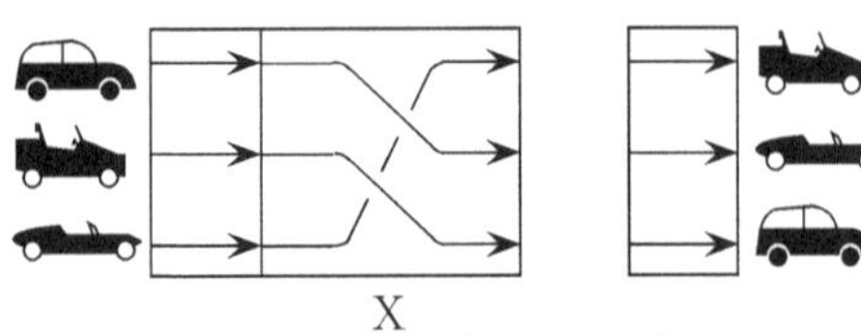

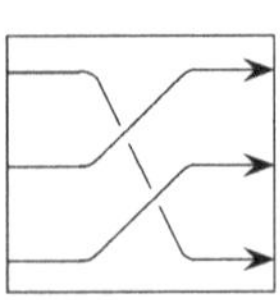
(**A**)

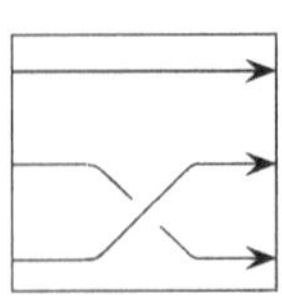
(**B**)

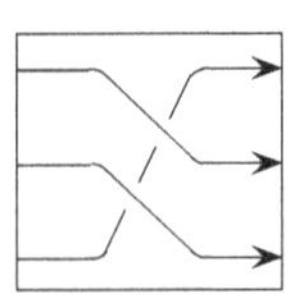
(**C**)

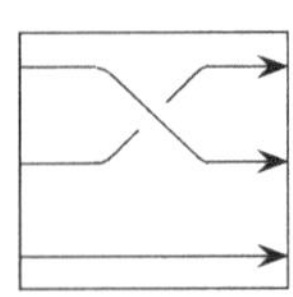
(**D**)

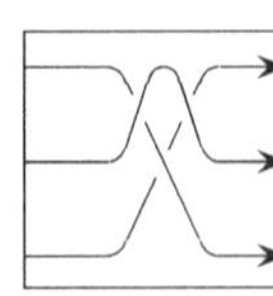
(**E**)

A-Stu (1) -07

A 5.28 Die fünf voneinander verschiedenen Punkte $A_1, \ldots, A_5$ liegen in dieser Reihenfolge auf einer Geraden, wobei die Abstände, die diese Punkte voneinander haben, unterschiedlich sein können. Auf derselben Geraden soll ein Punkt P markiert werden, der die Eigenschaft hat, dass die Summe der Abstände der fünf Punkte zu P, also $\overline{A_1P} + \overline{A_2P} + \overline{A_3P} + \overline{A_4P} + \overline{A_5P}$, minimal ist. Dann gilt für diesen Punkt P: er ist

(**A**) identisch mit A_2
(**B**) identisch mit A_3
(**C**) identisch mit A_4
(**D**) irgendein Punkt zwischen A_2 und A_4
(**E**) irgendein Punkt zwischen A_1 und A_5

A-Stu (9), D/CH-11/13 (9) -08

A 5.29 Auf einer Geraden sind einige Punkte markiert, und dies so, dass sich zu jedem der Abstände 1 cm, 2 cm, 3 cm, 4 cm, 5 cm, 6 cm, 7 cm, 8 cm und 9 cm zwei von diesen Punkten finden lassen, die genau diesen Abstand voneinander haben. Wie viele Punkte sind das mindestens?

(**A**) 4 (**B**) 5 (**C**) 6 (**D**) 7 (**E**) 8

D/CH-7/8 (28) -08

Buchstabenreihenfolgen im „Känguru"

A 5.30 Jemand hat von KANGAROO, dem englischen Wort für Känguru, fünf Buchstaben weggestrichen und die restlichen in umgekehrter Reihenfolge nebeneinander wieder hingeschrieben. Was kann so entstanden sein?

(**A**) RAGN (**B**) OGR (**C**) RNO
(**D**) RAN (**E**) ANG

D/CH-7/8 (2) -07

A 5.31 Welches ist die kleinste Anzahl von Buchstaben, die im französischen Wort KANGOUROU zu streichen sind, damit die übrig bleibenden Buchstaben alphabetisch geordnet sind?

(**A**) 1 (**B**) 2 (**C**) 3 (**D**) 4 (**E**) 5

A-Jun (6), D/CH-9/10 (2) -08

A 5.32 Der 2007-te Buchstabe in der Folge KANGAROOKANGAROOKA... ist

(**A**) K (**B**) A (**C**) N (**D**) R (**E**) O

A-Ben (18) -07

A 5.33 Die Buchstabenfolge KANGAROOKANGAROO...KANGAROO besteht 20-mal aus dem englischen Wort für Känguru. Aus dieser Folge werden alle Buchstaben mit ungerader Positionsnummer gestrichen. Bei der verbleibenden Folge werden wiederum alle mit ungerader Positionsnummer gestrichen, und dies wird so lange fortgesetzt, bis nur noch ein Buchstabe übrig bleibt. Welcher ist es?

(**A**) K (**B**) A (**C**) N (**D**) G (**E**) O

A-Jun (20), D/CH-9/10 (11) -07

A 5.34 Zum Lesenlernen hat meine kleine Schwester Ida Buchstabenkärtchen; auf der Vorder- und auf der Rückseite ist je ein Buchstabe. Als ich einmal das Wort ANAKONDA lege und alle 8 Kärtchen in derselben Reihenfolge umdrehe, ist gerade KAENGURU zu lesen. Ida dreht die Kärtchen wieder um und schiebt sie dabei durcheinander. Nun ist auf der Vorderseite NKOADNAA zu lesen. Welches könnte die zugehörige Rückseite sein?

(**A**) UNKGRAEU (**B**) AGNURUUE (**C**) ANGKRUUE
(**D**) UNGEUARK (**E**) ANGURAEK

A-Cad (29), D/CH-7/8 (29) -06

Wege, Abfolgen, Aufteilungen

A 5.35 Eine Spielfigur soll so über das Spielbrett (s. Bild) bewegt werden, dass sie auf ihrem Weg jedes Feld genau einmal betritt. Sie darf sich – wie der Turm beim Schach – nur waagerecht und senkrecht bewegen. Wo *muss* sie starten?

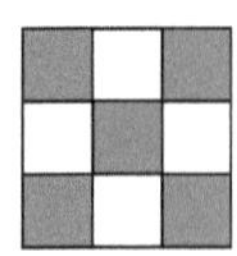

(**A**) von irgendeinem Eckfeld (**B**) jedes Feld ist möglich
(**C**) von irgendeinem grauen Feld (**D**) nur vom grauen Mittelfeld
(**E**) von irgendeinem weißen Feld

A-Ben (16), D/CH-5/6 (20) -08

A 5.36 Eine kleine Spielzeug-Elektromaus rennt stets so lange geradeaus, bis sie an ein Hindernis kommt. Dort wendet sie sich nach rechts, rennt bis zum nächsten Hindernis, wendet sich nach rechts usw. Ich habe sie bei A2 ins Spielfeld gesetzt, wo sie in Pfeilrichtung losrennt. Der Feldrand und die dunklen Kästchen sind für die Maus ein Hindernis. Wo hält sie an?

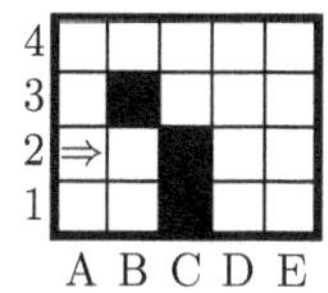

(**A**) B2 (**B**) A1 (**C**) E4
(**D**) C3 (**E**) nirgendwo

A-Cad (5), D/CH-7/8 (3) –07

A 5.37 Als wir im Keller ein 80 cm × 80 cm großes Wandstück über einem Wasserhahn fliesen wollen, finden wir noch genügend 20 cm × 20 cm große Fliesen derselben Sorte. Jede Fliese verzieren zwei Kurvenstücke, die die Mitten benachbarter Seiten der Fliesen miteinander verbinden. Legt man die Fliesen geeignet aneinander – dabei dürfen die Fliesen auch um 90° gedreht werden – ergibt sich ein längerer Kurvenzug (s. Abb.). Wie viele Kurvenstücke lassen sich maximal in dem fertigen 80 cm × 80 cm großen Stück zu einem durchgängigen Kurvenzug verbinden?

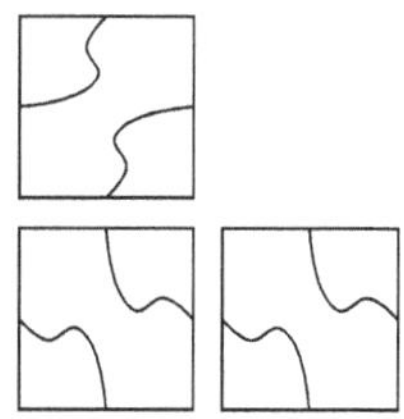

(**A**) 16 (**B**) 18 (**C**) 19 (**D**) 21 (**E**) 22

D/CH-7/8 (30) –07

A 5.38 Abb. 1 zeigt ein 4 × 4-Quadrat mit 8 weißen und 8 schwarzen Feldern. In einer Zugfolge soll dieses Quadrat in eines mit Schachbrettmuster (Abb. 2) überführt werden. Ein zulässiger Zug besteht darin, die Färbung zweier Felder zu vertauschen, die entweder in derselben Zeile oder in derselben Spalte liegen. Mit welcher kleinsten Anzahl von Zügen lässt sich die Ausgangsanordnung aus Abbildung 1 in das Schachbrettmuster überführen?

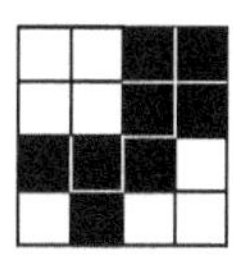
Abb. 1

Abb. 2

(**A**) mit 2 Zügen (**B**) mit 3 Zügen (**C**) mit 4 Zügen
(**D**) mit 5 Zügen (**E**) es ist nicht möglich

A-Stu (19), D/CH-11/13 (19) –06

A 5.39 Die beiden Schildkröten Alma und Fritz starten gleichzeitig zu einem Rennen über 10 m. Alma rennt in 2 Minuten einen Meter weit, verschnauft für 2 Minuten, rennt wieder einen Meter usw. Fritz ist doppelt so schnell, macht allerdings nach jedem Meter für 4 Minuten Pause, bevor er wieder einen Meter weiter rennt. Wie oft befinden sich die beiden (Start- und Zielpunkt nicht mitgerechnet) während des Rennens zur selben Zeit am selben Ort?

(**A**) viermal (**B**) dreimal (**C**) zweimal (**D**) einmal (**E**) nie

D/CH-5/6 (29) -06

A 5.40 Zusammen mit seinem Vater schenkte Marvin seiner Mutter, seiner Großmutter, der Tante und sogar seinen beiden Schwestern zu Ostern jeweils einen der in (**A**) bis (**E**) genannten Blumensträuße. Für die Mutter und die beiden Schwestern hat er gleichfarbige Sträuße ausgesucht und für die Großmutter etwas anderes als Rosen. Alle Beschenkten erhielten verschiedene Sträuße. Welchen Strauß bekam die Tante?

(**A**) gelbe Tulpen (**B**) rosa Rosen (**C**) gelbe Rosen
(**D**) rote Gerbera (**E**) gelbe Gerbera

A-Eco (4), D/CH-3/4 (6) -08

A 5.41 Nach dem Mittagsmahl verteilt mein Vater, der uns mit einem wohlschmeckenden Essen verwöhnt hat, an alle, die bisher gefaulenzt haben, je 10 Kärtchen mit den Zahlen 3, 8, 13, 18, 23, 28, 33, 48, 53, 68. Wer es schafft, mit der minimalen Anzahl von Kärtchen 100 als Summe zu erzeugen, ist vom Ab- und Aufräumen befreit. Welches ist die kleinste Anzahl?

(**A**) 2 (**B**) 3 (**C**) 4
(**D**) 5 (**E**) 100 ist als Summe unmöglich

A-Jun (13), D/CH-9/10 (21) -08

A 5.42 Die Zahlen 1, 2, 3, 4, 5, 6, 7, 8 sollen so in 2 Gruppen zu je 4 Zahlen aufgeteilt werden, dass die Summen in beiden Gruppen gleich sind. Ich habe eine Einteilung gefunden, bei der die Zahlen 1 und 3 in derselben Gruppe sind. Welche Zahl gehört noch in diese Gruppe?

(**A**) 2 (**B**) 4 (**C**) 5 (**D**) 6 (**E**) 7

D/CH-5/6 (14) -07

A 5.43 In den Ecken eines Fünfecks stehen Zahlen mit folgender Eigenschaft: Weder die Summe von zwei auf dem Fünfeck aufeinander folgenden Zahlen noch die Summe von drei auf dem Fünfeck aufeinander folgenden Zahlen ist durch 3 teilbar. Wie viele der fünf „Eckzahlen“ sind durch 3 teilbar?

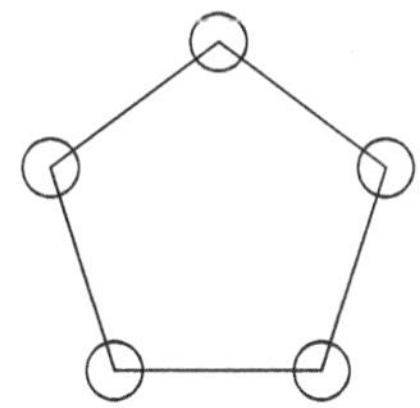

(**A**) keine (**B**) 1 (**C**) 2
(**D**) 3 (**E**) das hängt von den 5 Zahlen ab

A-Cad (28), D/CH-7/8 (27) -07

A 5.44 Eine Anzahl Geraden seien so in die Ebene gezeichnet, dass sich an den Schnittpunkten dieser Geraden alle folgenden Winkel finden lassen: 10°, 20°, 30°, 40°, 50°, 60°, 70°, 80°, 90°. Wie viele Geraden mussten dazu mindestens gezeichnet werden?

(**A**) 4 (**B**) 5 (**C**) 6 (**D**) 7 (**E**) 8

D/CH-11/13 (17) -08

5.3 Kryptisches und Aufgaben von Lügnern

Kryptogramme

A 5.45 Die drei Herzchen in der Subtraktionsaufgabe

$$4\heartsuit 2\heartsuit - 13\heartsuit$$

sollen durch drei Ziffern, die untereinander verschieden sein können, ersetzt werden, und zwar so, dass die Differenz minimal wird. Wie groß ist dann die Differenz?

(**A**) 3881 (**B**) 3351 (**C**) 6720 (**D**) 2861 (**E**) 3369

D/CH-5/6 (8) -06

A 5.46 Welche Zahl muss den ★ ersetzen, damit die Gleichung $3 \cdot 12 \cdot 15 = 6 \cdot \bigstar \cdot 5$ korrekt ist?

(**A**) 18 (**B**) 20 (**C**) 24 (**D**) 27 (**E**) 30

D/CH-5/6 (15) -08

A 5.47 In der Rechenaufgabe steht jeder Buchstabe für eine Ziffer, verschiedene Buchstaben für verschiedene Ziffern. Es gibt zwei Lösungen. Welche Werte nimmt G in diesen Lösungen an?

$$\begin{array}{cccc} & K & A & N \\ + & K & A & G \\ + & K & N & G \\ \hline 2 & 0 & 0 & 6 \end{array}$$

(**A**) 1 und 9 (**B**) 2 und 8 (**C**) 3 und 9 (**D**) 4 und 7 (**E**) 5 und 8

A-Jun (16), D/CH-9/10 (17) –06

A 5.48 In der nebenstehenden Additionsaufgabe ist für jeden Buchstaben genau eine Ziffer zu setzen, zu verschiedenen Buchstaben gehören verschiedene Ziffern. Welche Ziffer muss an die Stelle von „K“ gesetzt werden?

$$\begin{array}{cccc} & & O & K \\ + & & K & O \\ \hline & W & O & W \end{array}$$

(**A**) 0 (**B**) 3 oder 8 (**C**) 9 (**D**) 5 (**E**) 1

A-Jun (7), D/CH-9/10 (3) –08

A 5.49 Verschiedene Buchstaben stehen für verschiedene Ziffern. Welches ist der kleinste und welches der größte Wert, den die Differenz 2007–(KAN – GA – ROO) annehmen kann?

(**A**) 100 bzw. 1572 (**B**) 109 bzw. 1863 (**C**) 110 bzw. 1573
(**D**) 119 bzw. 1865 (**E**) 129 bzw. 1574

A-Jun (13) bzw. Stu (9), D/CH-9/10 (9) bzw. 11/13 (8) –07

A 5.50 In der Multiplikationsaufgabe $\square\,?\,\square \times \square\square = 7632$ kommt jede Ziffer von 1 bis 9 genau einmal vor. Welche Ziffer gehört an die Stelle des Fragezeichens?

(**A**) 9 (**B**) 8 (**C**) 5 (**D**) 4 (**E**) 1

D/CH-5/6 (30) –07

A 5.51 In der Gleichung LUC + DU = ASS steht jeder Buchstabe für eine Ziffer (verschiedene Buchstaben für verschiedene Ziffern, gleiche Buchstaben für gleiche Ziffern). Welchen Wert hat AC – LD?

(**A**) 10 (**B**) 11 (**C**) 12 (**D**) 21 (**E**) 22

D/CH-5/6 (28) –08

A 5.52 In der Gleichung $\mathcal{KAE} - \mathcal{NG} = \mathcal{URU}$ sind die Buchstaben durch Ziffern zu ersetzen, und zwar sind gleiche Buchstaben durch gleiche Ziffern und verschiedene Buchstaben durch verschiedene Ziffern zu ersetzen. Welchen größtmöglichen Wert kann $\mathcal{URU}$ annehmen?

(**A**) 797 (**B**) 878 (**C**) 989 (**D**) 898 (**E**) 979

A-Cad (24), D/CH-7/8 (27) –08

A 5.53 In der nebenstehenden Multiplikationsaufgabe sind die Sternchen durch Ziffern zu ersetzen, so dass die Aufgabe korrekt ist. Dann ist die Summe der Ziffern des Produktes gleich

$$\begin{array}{r}
\underline{* * * \cdot 1 * *} \\
* * 2 \\
9\ 0 * \\
\underline{2\ 2 * *} \\
5\ 6 * * *
\end{array}$$

(**A**) 16 (**B**) 20 (**C**) 26 (**D**) 30 (**E**) 27

A-Stu (22), D/CH-11/13 (21) –08

Mit Logik der Lüge zu Leibe

A 5.54 Die kleine Koboldin Kiki spricht donnerstags und freitags stets die Wahrheit, am Dienstag stets die Unwahrheit. An den anderen Tagen der Woche spricht sie, wie es ihr gerade einfällt, mal die Wahrheit und mal lügt sie wie gedruckt. An 6 aufeinanderfolgenden Tagen nach ihrem Namen gefragt, nennt sie Kiki, Coco, Kiki, Coco, Lucy, Coco – in dieser Reihenfolge. Welchen Namen würde sie am 7. Tag nennen?

(**A**) Kiki (**B**) Coco (**C**) Lucy
(**D**) keinen der drei (**E**) irgendeinen der drei

A-Cad (26), D/CH-7/8 (9) –08

A 5.55 Wir denken uns eine von immer lügenden Schurken und immer die Wahrheit sprechenden Rittern bewohnte Insel. Eines Tages kommen 12 Inselbewohner zusammen, unter denen mindestens ein Ritter und mindestens ein Schurke ist. 2 von ihnen sagen: *Genau 2 von uns 12 sind Schurken.* 4 der Verbleibenden sagen: *Genau 4 unter uns 12 sind Schurken.* Und die verbleibenden 6 sagen: *Genau 6 unter uns 12 sind Schurken.* Wie viele dieser 12 sind tatsächlich Schurken?

(**A**) 2 (**B**) 4 (**C**) 6 (**D**) 7 (**E**) 11

A-Jun (15), D/CH-9/10 (25) –07

A 5.56 Eine ferne Insel wird von lügnerischen Lumpen (LL), die stets die Unwahrheit, und wahrheitsliebenden Weisen (wW), die stets die Wahrheit sprechen, bewohnt. Ein junger Mathematiker, dem dieses Phänomen wohlbekannt ist, strandet auf der Insel, und sein Blick fällt auf zwei am Strand weilende Schöne, eine groß, die andere klein. An näherer Bekanntschaft interessiert, fragt er die Kleine, die sein Herz am meisten bewegt, zu welcher der Gruppen sie gehört, worauf sie ihm antwortet: „Mindestens eine von uns beiden gehört zu den lügnerischen Lumpen.“ Welcher der folgenden Sätze ist dann wahr?

(**A**) Die Kleine kann diesen Satz nicht aussprechen, weil sie sonst weder zu den LL noch zu den wW gehören würde.

(**B**) Beide sind LL.

(**C**) Beide sind wW.

(**D**) Die Kleine gehört zu den LL, die Große zu den wW.

(**E**) Die Große gehört zu den LL, die Kleine zu den wW.

A-Stu (18), D/CH-11/13 (18) -07

Palindrome

A 5.57 Eine Zahl, die vorwärts und rückwärts gelesen gleich lautet, heißt Palindromzahl. Beispiele sind 116611 und 707. Wie groß ist der Unterschied zwischen der Palindromzahl 191 und der nächstgrößeren Palindromzahl?

(**A**) 10 (**B**) 101 (**C**) 21 (**D**) 210 (**E**) 11

A-Eco (18), D/CH-3/4 (17) -07

A 5.58 Was erhalte ich, wenn ich von der größten 6-stelligen Palindromzahl die kleinste 5-stellige Palindromzahl subtrahiere?

(**A**) 989998 (**B**) 989989 (**C**) 98999 (**D**) 909990 (**E**) 988888

A-Cad (10), D/CH-7/8 (8) -07

Lösungen

1 Zahlen und Rechnen

1.1 Rechnereien zum Aufwärmen

Rechnen mit den Jahreszahlen

L 1.1 (**B**) Der erste Summand ist ein Produkt, das einen Faktor 0 enthält und demzufolge selbst gleich 0 ist. Also ist die Summe gleich dem zweiten Summanden, d. h. 2006.

L 1.2 (**B**) Wer aufmerksam gerechnet hat, erhielt $2007 + 1023 = 3030$. Also ist (**B**) richtig.

L 1.3 (**D**) Es ist $20 \cdot (0 + 6) - 20 \cdot 0 + 6 = 120 - 0 + 6 = 126$.

L 1.4 (**D**) Zuerst rechnen wir Summe bzw. Produkt in den Klammern aus: $2 + 0 + 0 + 7 = 9$ ist die Summe, und das Produkt ist, da ein Faktor (sogar zwei) 0 ist, natürlich 0. Damit erhalten wir $2007 : 9 = 223$.

L 1.5 (**B**) Da $2005 + 2007 = 2 \cdot 2006$ ist, gehört 2006 in das Kästchen.

L 1.6 (**C**) Viele werden sofort erkennen, dass bei (**C**) mit 0 multipliziert wird, und dass dabei das kleinste Ergebnis entsteht. Wer rechnet, ist mit 10; 25; 0; 192 und 6 auch schnell fertig.

L 1.7 (**A**) Es ist $200 \cdot 8 = 1600$ und $200 : 8 = 25$, woraus für die Summe $1600 + 25 = 1625$ folgt.

L 1.8 (**C**) Es gilt $\dfrac{2007}{2+0+0+7} = \dfrac{2007}{9} = 223$.

L 1.9 (**C**) Wir rechnen: $\dfrac{2+0+0+7-2\cdot 0\cdot 0\cdot 7}{2007} = \dfrac{9-0}{9\cdot 223} = \dfrac{1}{223}$.

L 1.10 (**A**) Natürlich lässt sich diese Aufgabe durch Ausrechnen der zu vergleichenden Produkte lösen. Dann allerdings könnte das Nichtzulassen von Taschenrechnern mit einigem Recht als Schikane angesehen werden. Wir geben eine Lösungsmöglichkeit an, die ein wenig Mathematik nutzt. Man muss erkennen, dass die Produkte alle von derselben Struktur sind: wir können sie alle als $(2006 + x) \cdot (2006 - x)$ darstellen, wobei x die Werte 0, 1, 2, 3, und 4 annimmt. Nach dem Ausmultiplizieren der Klammern (3. binomische Formel) finden wir für die Produkte $2006^2 - x^2$, und dies ist offenbar am größten, wenn $x = 0$ ist.

L 1.11 (**D**) Bei dieser Aufgabe können wir schriftlich rechnen oder auch die Lösung durch Vergleich der Lösungsvorschläge schnell finden. Es wird eine Zahl subtrahiert, die nur wenig größer als 20 ist, also muss das Ergebnis ein bisschen kleiner als $2007 - 20 = 1987$ sein. Das trifft allein für (**D**) zu. Und wirklich ist auch $1986,93 + 20,07 = 2007$.

L 1.12 (**D**) Der Mittelwert ist: $\frac{2006 + 6002}{2} = \frac{8008}{2} = 4004$.
Um das Kreuzchen schneller zu platzieren, können wir – eingedenk der Tatsache, dass ja nur genau eine der fünf Lösungsmöglichkeiten richtig sein kann – auch einfach gucken, welches die letzte Ziffer des Mittelwertes ist. Wir finden 4 und wissen sofort, dass 4004 die einzig mögliche Lösung ist.

L 1.13 (**C**) Die 4-stelligen Vielfachen von 2006 sind 2006, 4012, 6018 und 8024. Da 2006 die 0 zweimal enthält, entfällt dieses Vielfache, und es bleiben genau 3 Zahlen übrig.

Einfache Aufgaben mit einem Text dazu

L 1.14 (**C**) Hier ist „geradeaus“ zu rechnen: $5 - 2 : 3 + 4 = 3 : 3 + 4 = 1 + 4 = 5$.

L 1.15 (**B**) Wir beginnen am Ende der langen Rechnung und kehren alle Schritte um: $5 - 4 = 1$, $1 \cdot 3 = 3$, und schließlich ist die Zahl, von der wir 2 subtrahieren müssen, um 3 zu erhalten, $3 + 2 = 5$. Also ist 5 die gesuchte Zahl. Wir machen die Probe: $(5 - 2) : 3 + 4 = 3 : 3 + 4 = 1 + 4 = 5$.

L 1.16 (**E**) Zwischen 9 Laternen gibt es genau 8 Zwischenräume. Meine Nichte muss also 8 solche Räume mit je 7 Hüpfern überbrücken. Die Anzahl ihrer Hüpfer ist $8 \cdot 7 = 56$.

L 1.17 (**B**) Eveline isst in 6 Tagen $4 \cdot 6 = 24$ Bananen. Da Anita 3 Bananen pro Tag isst, isst sie die 24 Bananen, die Eveline für 6 Tage gereicht haben, in $24 : 3 = 8$ Tagen.

L 1.18 (**D**) Für jedes Kind muss der Vater um einen Euro weniger als 4 zahlen, also 3. Zusammen zahlt er für alle drei Familienmitglieder also $4 + 3 + 3 = 10$ Euro.

L 1.19 (**A**) Jedes muss aus halb so vielen 2ern und halb so vielen 3ern wie das Produkt bestehen. Es gilt also $= 2 \cdot 3$ wegen $(2 \cdot 3) \cdot (2 \cdot 3) = 2 \cdot 2 \cdot 3 \cdot 3$.

L 1.20 (**C**) Es ist $5^3 = 5 \cdot 5 \cdot 5 = 25 \cdot 5$, also muss man 25-mal die 5 addieren.

L 1.21 (**A**) Zur teilweise verdeckten Zahl ist 1 zu addieren und 2 ist zu subtrahieren, also ist insgesamt 1 zu subtrahieren, um zu 100 zu gelangen. Und das gelingt nur, wenn ich von 101 subtrahiere.

L 1.22 (**D**) In den 7 Dreibett-Zimmern haben $7 \cdot 3 = 21$ Personen Platz. Für die restlichen $31 - 21 = 10$ Personen sind noch $10 : 2 = 5$ Zweibett-Zimmer nötig.

L 1.23 (**B**) Wir stellen fest, dass in 4 Reihen Ziegel fehlen, und zwar fehlen – da es stets 12 waren – in der obersten der vier Reihen 3 Ziegel, in den nächsten beiden je 4 und in der untersten 2 Ziegel. Insgesamt fehlen also $3 + 2 \cdot 4 + 2 = 13$. Folglich sind auf der Vorderseite noch $7 \cdot 12 - 13 = 84 - 13 = 71$ Dachziegel vorhanden.

L 1.24 (**B**) Wir wissen, dass die 2-stellige Zahl plus 19 die Zahl 72 ist. Damit ist klar, dass die 2-stellige Zahl, die Franziska nach dem Anhängen einer Ziffer an die ausgedachte Zahl erhalten hat, $72 - 19 = 53$ ist. Franziska hatte zuerst die Zahl 5 aufgeschrieben.

L 1.25 (**E**) Kati will 13 je 25 cm lange Spaghetti hintereinanderlegen; dann ist die Spaghettischlange insgesamt $13 \cdot 25 \text{ cm} = 2,5 \text{ m} + 0,75 \text{ m} = 3,25 \text{ m}$ lang.

Hier lohnt es sich auch, falsche Lösungsvarianten auszuschließen: Da die Spaghetti je 25 cm lang sind, sind bereits zehn 2,5 m lang, also ist Variante (**B**) zu kurz. Andererseits sind die 6,5 m von (**A**) viel zu lang, erst recht 12,5 m von (**C**) und 7,25 m von (**D**). Folglich ist – den Regeln des Känguruwettbewerbs entsprechend – (**E**) richtig.

L 1.26 (**B**) Auf der linken Seite der Schulstraße müssen wir die ungeraden Zahlen von 1 bis 19 zählen. Das sind insgesamt 10 (1, 3, 5, 7, 9, 11, 13, 15, 17, 19). Auf der rechten Seite fallen die geraden Zahlen von 2 bis 16 an. Das sind insgesamt 8 (2, 4, 6, 8, 10, 12, 14, 16). Also stehen in dem Abschnitt 18 Häuser.

Ein bisschen schneller sind wir fertig, wenn wir bemerken, dass von der Hausnummer 1 bis zur Hausnummer 17 alle vorhanden sind, also 17 Hausnummern, hinzu kommt die Nummer 19, und damit sind es 18 Häuser, die sich zwischen Kirsch- und Apfelallee auf der Schulstraße befinden.

L 1.27 (**C**) Da 10 Sprünge zweieinhalbmal so viele wie 4 Sprünge sind, brauchen die kernigen Kängurus also zweieinhalbmal so viel Zeit wie für 4 Sprünge, d. h. 15 Sekunden.

L 1.28 (**A**) Wer sich die Lösungsmöglichkeiten anschaut, stellt fest, dass es genügen würde, einen Weg im Zahlennetz zu finden, bei dem die Summe vom Start bis zum Ziel 90 ist, eine kleinere Zahl ist ja als Antwort nicht vorgesehen.

Am Start ist nun der Weg zu wählen, an dem die kleinste Zahl, 20, steht, denn wähle ich die 80, ist abzusehen, dass die Summe bis zum Ziel nicht mehr kleiner als 110 werden kann. Nach der 20 kommen 60 oder 10 als nächste Summanden in Frage. Bei 60 ist es wieder klar, dass die Summe nicht kleiner als 110 sein kann. Also versuchen wir es mit 10. Danach gibt es die Möglichkeiten 30, 60 und 70. Mit 60 bzw. 70 summiert es sich bis zum Ziel zu 100. Also versuchen wir die 30. Nach der 30 bietet sich die 20 an, und dann die 10 – und die Summe ist 90.

L 1.29 (**A**) Da Ivo ingesamt 20 Pfeile geworfen hat, hat er für das Treffen der Mitte $20 - 10 = 10$ Pfeile zusätzlich bekommen. Er hat also $10 : 2 = 5$-mal die Mitte getroffen.

L 1.30 (**B**) Um diese Aufgabe zu lösen, muss nicht einmal eine Gleichung aufgeschrieben werden. Wir können so überlegen: Bei Gabriel sind zur Zeit 37 °C. Nach der „Abgabe" von 10 °C wäre seine Temperatur 27 °C. Und diese Temperatur müsste um 10 °C höher sein, als sie zur Zeit bei Gabriels Vater ist. Dort herrschen demnach 17 °C.

L 1.31 (**A**) Wenn alle gleich viele hätten, hätte jeder 10 Kaugummis. Da Anna vor diesem Zustand, bei dem alle gleich viel haben, 4 Kaugummis bekommt und 2 Kaugummis weggibt, hat sie also zu Beginn $10 - 4 + 2 = 8$ Kaugummis.

L 1.32 (**D**) In der Situation, in der sie gleich viele Karten besitzen, hat jeder $57 : 3 = 19$. Da Ole im Verlauf der Tauscherei 4 Karten bekommen und 6 abgegeben hat, hatte er zu Beginn $19 - 4 + 6 = 21$.

L 1.33 (**C**) Wird ein Baum in n Stücke zersägt, so sind dafür genau $n - 1$ Schnitte erforderlich. Mit anderen Worten: die Zahl der Schnitte ist stets um genau 1 kleiner als die Zahl der Stücke, die beim Sägen entstehen. Hans hat also $87 - 72 = 15$ Bäume zersägt.

L 1.34 (**E**) Lara kann gewiss nicht als Erste dran gewesen sein, denn $3 \cdot 3$ ist nur 9, und 14 wäre einfach zu groß. Also muss zuerst addiert werden. Damit ergibt sich die Reihenfolge Merlin – Lara – Nick. Die Probe bestätigt das, denn $(3 + 2) \cdot 3 - 1 = 14$.

L 1.35 (**A**) Wir formen den Term 8^8 um, wobei wir jeden einzelnen Schritt anführen: Es ist

$$8^8 = (2 \cdot 4)^8 = 2^8 \cdot 4^8 = 2^{2 \cdot 4} \cdot 4^8 = (2^2)^4 \cdot 4^8 = 4^4 \cdot 4^8 = 4^{4+8} = 4^{12} = 4^{4 \cdot 3} = (4^4)^3.$$

L 1.36 (**C**) Zuerst bemerken wir, dass die Zahl negativ ist, womit bereits die Lösungsmöglichkeiten (**A**) und (**B**) entfallen. Der Exponent ist $10^{-5} = \dfrac{1}{100\,000}$,

also ist der Betrag der gesuchten Zahl die 100 000ste Wurzel aus 10, das ist eine Zahl, die sich fast nicht von 1 unterscheidet, dabei größer als 1 ist. Die gesuchte Zahl ist also eine, die sehr dicht bei -1 liegt.
Statt zu schätzen können wir rechnen: $-10^{\left(10^{-5}\right)} = -10^{\frac{1}{100\,000}} = -\sqrt[100\,000]{10}$, und dies ist eine negative Zahl, sehr nahe zu -1.

Rechnen mit Brüchen

L 1.37 (E) Wir fangen mit dem Viertel an: ein Viertel von 24 ist 6, davon ein Drittel ist 2 und davon die Hälfte 1.

L 1.38 (D) Eine Möglichkeit, diese Aufgabe zu lösen, ist es, die Mittelwerte aus der jeweiligen größten und kleinsten Zahl auszurechnen – eventuell genügt es auch, den Wert zu schätzen – und dann jeweils mit der in der Mitte stehenden Zahl zu vergleichen. Es ist der Mittelwert von 7,2 und 8,2: $\frac{7,2+8,2}{2} = \frac{15,4}{2} = 7,7 \neq 7,6$; $\frac{\frac{1}{3}+\frac{1}{5}}{2} = \frac{5+3}{15\cdot 2} = \frac{4}{15} \neq \frac{1}{4}$. Bei den Zahlen 12, 21 und 32 sind die Differenzen zwischen den beiden „äußeren" Zahlen und der mittleren schnell mit 9 bzw. 11 ausgerechnet, also scheidet auch (C) aus. Bei dem nächsten Zahlentripel werden wir schließlich fündig: $\frac{1}{2} - \frac{1}{3} = \frac{1}{3} - \frac{1}{6} = \frac{1}{6}$. Der Vollständigkeit halber erwähnen wir noch, dass der Mittelwert von 1,3 und 0,3 nicht 0,7, sondern 0,8 ist.

L 1.39 (C) Teile ich z. B. eine Pizza für 10 Kinder (gerecht), bekommt jedes Kind ein Zehntel. Halbiere ich nun jedes Zehntel, könnte ich 20 Kindern gleiche Teile der Pizza geben, es wären 20 Zwanzigstel. – Mathematisch schreibt man: Es ist $\frac{1}{2}$ von einem $\frac{1}{10}$ gleich dem Produkt $\frac{1}{2} \cdot \frac{1}{10} = \frac{1}{20}$.

L 1.40 (E) In jeder der 5 Differenzen ist der Zähler 1 und der Nenner das Produkt der Nenner der beiden Zahlen, deren Differenz gebildet wird. Folglich ist *die* Differenz am kleinsten, bei der das „Nennerprodukt" am größten ist; das ist $6 \cdot 7$.

L 1.41 (E) Jeder der drei Streifen der Fahne hat genau ein Drittel des Flächeninhalts der Fahne. Im oberen und unteren Streifen ist jeweils die eine Hälfte hell, die andere dunkel. Damit ist im oberen und unteren Streifen je ein Sechstel der Gesamtfahnenfläche hell, ein Sechstel dunkel. Im mittleren Streifen sind zwei Drittel von einem Drittel, also $\frac{2}{9}$ dunkel, und das restliche Neuntel ist hell. Insgesamt haben wir $2 \cdot \frac{1}{6} + \frac{2}{9} = \frac{5}{9}$ dunklen Stoff und $\frac{4}{9}$ hellen Stoff zu verarbeiten. Das Flächenverhältnis beträgt $\frac{5}{9} : \frac{4}{9} = 5 : 4$.

L 1.42 (**C**) In der ersten Fahne sind 3 von 8 Feldern schwarz, das sind zu wenige. In der zweiten Fahne sind 4 von 8 Feldern schwarz, auch das sind noch zu wenige. Erst bei den beiden rechts gezeichneten Fahnen sind tatsächlich drei Fünftel der Fläche schwarz gewählt, denn von je 5 Kästchen sind 3 schwarz.

L 1.43 (**D**) Wenn die vor der Werbekampagne auf „Tafelfreude" schwörende Zahl von $\frac{2}{3}$ der Kunden nach der Kampagne für diese Sorte um $\frac{1}{4}$ von $\frac{2}{3}$, also um $\frac{1}{4} \cdot \frac{2}{3} = \frac{2}{12} = \frac{1}{6}$ vermehrt wurde, so beträgt diese Zahl am Ende dann $\frac{1}{3} + \frac{1}{6} = \frac{1}{2}$, womit die Richtigkeit von (**D**) bewiesen ist.

L 1.44 (**D**) Nachdem wir am ersten Seitenarm vorbeigerudert sind, fließen im Kanalarm noch $\frac{2}{3}$ der Anfangsmenge. Davon bleiben nachher noch $\frac{3}{4}$. Also bleiben insgesamt $\frac{2}{3} \cdot \frac{3}{4} = \frac{1}{2}$. Nach beiden Abflüssen ist noch die Hälfte der ursprünglichen Wassermenge im Kanal.

Etwas für den Alltag – Rechnen mit Euro und Cent

L 1.45 (**D**) Da $4 \cdot 0,25$ € $= 1$ €, bekomme ich $4 \cdot 150$ g $= 600$ g.

L 1.46 (**E**) Wenn 1 Brötchen 40 Cent kostet, kosten 8 Brötchen 320 Cent bzw. 3 Euro und 20 Cent. David bleiben wegen $5,00 - 3,20 = 1,80$ genau 1 Euro und 80 Cent. Nun ist diese Summe durch 0,25 zu teilen, wobei 7 Rest 0,05 das Ergebnis ist. Viele werden hier anders vorgehen und ihre Erfahrung beim Umgang und Rechnen mit Geld nutzen: Wenn David sich überlegt, dass er für 4 seiner Lieblingskekse 1 Euro bezahlen muss, dann wird er auch schnell wissen, dass die restlichen 80 Cent für 3 Kekse ausreichen, er insgesamt also 7 kaufen kann, wobei dann noch 5 Cent übrig bleiben.

L 1.47 (**E**) Mit dem mitgegebenen Geld kann ich problemlos die Eurobeträge $8 = 5 + 2 + 1$, $7 = 5 + 2$, $6 = 5 + 1$ und $5 = 5$ bezahlen. 4 € allerdings lassen sich nicht zusammenstellen.

L 1.48 (**B**) Jan hat insgesamt 7 € ausgegeben, davon $7 - 1,50 = 5,50$ € für die Aquarellstifte. Damit hat ein Aquarellstift $5,50 : 5 = 1,10$ € gekostet. Von den restlichen 3 € könnte er noch 2 Aquarellstifte kaufen, die zusammen 2,20 € kosten würden. Drei Stifte würden 3,30 € kosten, und so viel hat Jan nicht mehr.

L 1.49 (**D**) Wir können z. B. zuerst die Gesamtsumme von 18 € zum Kauf nutzen und $18 : 1,20 = 18 : \frac{6}{5} = 15$ Chips-Packungen kaufen. An jeder der 15

Packungen hängt ein Coupon. Für die 15 Coupons bekommen wir $15 : 3 = 5$ weitere Packungen Chips. Wieder hängt an jeder Packung ein Coupon, und für 3 dieser 5 Coupons gibt es eine weitere Packung Chips, wieder mit Coupon, der zusammen mit den beiden übriggebliebenen noch für eine weitere Packung reicht. Dann sind es insgesamt $15 + 5 + 1 + 1 = 22$ Packungen.

L 1.50 (E) Einerseits wissen wir, dass eine Gitarre genau so viel kostet wie 5 Mundharmonikas, andererseits, dass eine Gitarre 60 € mehr kostet als 3 Mundharmonikas. Also kosten 5 Mundharmonikas 60 € mehr als 3 Mundharmonikas bzw. kosten 2 Mundharmonikas 60 €. Also kostet eine Mundharmonika 30 €. Damit ist der Preis der Gitarre $5 \cdot 30$ € = 150 €.

L 1.51 (C) Piet und Hagen haben zusammen $9 \cdot 2 + 8 \cdot 5 = 58$ Cent. Nach dem Münzentausch müssen sie jeder $58 : 2 = 29$ Cent haben. Da Piet nur 18 Cent hat, muss er 11 Cent dazubekommen; da aber 11 nicht durch 5 teilbar ist, geht es nur (mit möglichst geringem Münzentausch), indem er drei 5-Cent-Münzen bekommt und zwei 2-Cent-Münzen weggibt. Damit haben insgesamt $3 + 2 = 5$ Münzen den Besitzer gewechselt.

Rechnen mit dem Alter

L 1.52 (A) Die beiden Töchter sind zusammen 21 Jahre alt. Ihnen fehlen 12 Jahre zum Alter des Vaters. Also müssen 12 Jahre vergehen, in denen die Summe der Lebensalter der beiden Mädchen um 24, das Alter des Vaters um 12 wächst, damit dann beide übereinstimmen $(10 + 12) + (11 + 12) = 33 + 12$.
Bei dieser Aufgabe können die Zahlvorgaben auch gut ausprobiert werden. Man muss nur daran denken, die entsprechende Zahl von Jahren für *jedes* der Mädchen zu zählen.

L 1.53 (D) Da Lisa mehr als ein Jahr jünger als Elsa ist, ist sie 2001 geboren, und dies einen Tag nach dem Geburtstag von Elsa, d. h. am 2. Januar 2001.

L 1.54 (E) Wenn Jimmy 1 Jahr minus 1 Tag älter als Jonny ist, bedeutet dies, dass Jonny – bei der besonderen Lage des Geburtstages von Jimmy – im selben Jahr wie dieser, und zwar am letzten Tag des Jahres, dem 31.12.2001, zur Welt kam.

L 1.55 (B) Agnes ist, da sie gerade 10 Jahre alt ist, in 10 Jahren doppelt so alt wie jetzt. Ihr Vater, zur Zeit viermal so alt wie Agnes, also 40 Jahre alt, ist dann $40 + 10 = 50$.

L 1.56 (B) In 20 Jahren wird ein jeder 20 Jahre älter. Wenn Johann, Marie und Mutter jetzt 60 Jahre alt sind, dann sind sie nachher $60 + 3 \cdot 20 = 120$ Jahre alt.

L 1.57 (**C**) Bezeichne ich das derzeitige Alter meines Bruders Jan mit x, so war er vor zwei Jahren $x-2$ Jahre alt. In zwei Jahren wird er $x+2$ Jahre alt sein, und dies ist doppelt so alt, wie er vor zwei Jahren war. Es gilt somit $x+2=2(x-2)$, also $x+2=2x-4$, oder $x=6$. Jan ist also derzeit sechs Jahre alt.

Nun bezeichne ich das derzeitige Alter meiner Schwester Tina mit y. Vor drei Jahren betrug ihr Alter $y-3$ und in drei Jahren wird sie $y+3$ Jahre alt sein. Dies ist dreimal so alt wie sie vor drei Jahren war. Es gilt also $y+3=3(y-3)$, also $y+3=3y-9$. Dies formt man um zu $2y=12$ oder $y=6$. Tina ist also auch sechs Jahre alt, Tina und Jan sind folglich gleich alt.

Maximales/Minimales

L 1.58 (**E**) Wir lassen die Zahl von links nach rechts entstehen. Damit sie möglichst groß wird, muss für die 1. Ziffer das Kärtchen mit der größten 1. Ziffer gewählt werden, also das Kärtchen mit der 7. Genauso fahren wir fort, wählen aus den verbliebenen Kärtchen immer das mit der größten *Anfangs*ziffer. Das 2. Kärtchen ist dann die 68. Damit bleiben schon nach der zweiten Kärtchenwahl nur die Möglichkeiten (**B**) und (**E**). Bei beiden Varianten folgt danach die 5, dann ist Variante (**B**) nicht möglich, 903 ist ein „Zahlendreher“ von 309. Die Lösung ist 7685309214.

L 1.59 (**D**) Um eine geringe Gesamtzahl von Sprüngen zu machen, muss Fred so viel wie möglich seine weiteste Sprungsorte – die mit zwei Beinen gleichzeitig – einsetzen. Nun ist $100:0,70=1000:7=142$, Rest 6. Er kann, ohne über das 100-m-Ziel hinauszuschießen, also 142-mal mit beiden Beinen springen und langt bei 99,4 m an. Für die restlichen 60 cm hüpft er nun noch einmal mit links und einmal mit rechts. Insgesamt sind das 144 Hüpfer.

L 1.60 (**C**) Insgesamt liegen $9+13=22$ Stifte auf dem Tisch, davon sind 11 verziert. Gesetzt den Fall, dass alle 9 roten Stifte die Verzierung tragen, dann sind 2 grüne Stifte ebenfalls damit versehen, und weniger können es auch nicht sein.

L 1.61 (**A**) Da unter den Zahlen, die größer als 2007 sind, auch 10 000 ist und $10\,000^2=100\,000\,000$ mit der Quersumme 1 ist, haben wir damit die Lösung gefunden, denn eine kleinere Zahl kommt dafür nicht in Frage.

L 1.62 (**C**) Für $x<-1$ ist $x+1<0$, ist $2x<-2$, ist $6x+2<-4$, ist $x-2<-4$, während $-2x>2$ ist. Also ist (**C**) richtig.

L 1.63 (**A**) Alle Zahlen, die wir hier zu betrachten haben, sind positive Zahlen. Für sie gilt: der Bruch ist am größten, wenn der Zähler möglichst groß und der

Nenner möglichst klein ist. Da für $\frac{a}{b-1}$ und $\frac{a}{b+1}$ die Zähler übereinstimmen, hat offenbar $\frac{a}{b-1}$ den größeren Wert. Damit ist schon klar, dass die Entscheidung nur noch zwischen $\frac{a}{b-1}$ und $\frac{2a}{2b-1}$ getroffen werden muss. Erweitern wir $\frac{a}{b-1}$ mit 2, erhalten wir $\frac{2a}{2b-2}$, und sehen unmittelbar, dass dies größer als $\frac{2a}{2b-1}$ ist, also $\frac{a}{b-1}$ den größten Wert hat.

Ein Weg zum richtigen Kreuzchen ist bei dieser Aufgabe auch, konkrete Werte für a und b einzusetzen und die Brüche anschließend zu vergleichen. Wählt man dazu geeignete Zahlen, z. B. $a = b = 2$, so ist man schnell fertig, von (**A**) nach (**E**) lauten die Werte 2; $\frac{2}{3}$; $\frac{4}{5}$; $\frac{4}{3}$ und $\frac{6}{7}$, wovon offenbar 2 am größten ist.

1.2 Natürliche Zahlen – Primzahlen, Teilbarkeit und mehr

Das schaffen schon die Jüngeren

L 1.64 (**A**) Von den 6 Zahlen, die auf der Zahlenblume stehen, sind genau 2 durch 6 teilbar, nämlich 18 und 48, und 2 lassen bei Division durch 6 den Rest 4, nämlich 28 und 58. Diese dürfen nicht ausgerupft werden. Es bleiben die beiden Zahlen 8 und 38, die bei Division durch 6 den Rest 2 lassen. Deren Summe ist 46.

L 1.65 (**D**) Die geraden, zweistelligen Zahlen, die kleiner als 33 sind, sind 10, 12, 14, 16, 18, 20, 22, 24, 26, 28, 30 und 32. Davon sind 10, 12, 18, 20, 24 und 30, also 6 der 12 Zahlen, durch ihre jeweilige Quersumme 1, 3, 9, 2, 6 bzw. 3 teilbar. Es bleiben 14, 16, 22, 26, 28 und 32, die nicht durch ihre jeweilige Quersumme 5, 7, 4 usw. teilbar sind.

L 1.66 (**E**) Es fällt sofort auf, dass der Fehler bei den Einerziffern liegen muss, denn $1 \cdot 7$ endet auf 7 und nicht auf 3. Von den 3 Einerziffern kann die 3 nicht falsch sein, weil dann 1 und 7 richtig sein müssten (denn es ist ja nur eine einzige Ziffer falsch) und weil $81 \cdot 7 < 600$ ist. Die Ziffer 7 kann nicht falsch sein, da $81 \cdot 8 > 640$ und $81 \cdot 6 < 600$ ist. Also bleibt nur, dass 1 falsch ist. Die einzige Ziffer, die mit 7 multipliziert eine Zahl ergibt, die auf 3 endet, ist 9. Es ist $89 \cdot 7 = 623$, das ist die Lösung.

Man kann auch einfach 623 durch 7 teilen. Dabei stellt man dann fest, dass 623 durch 7 teilbar ist, der Quotient ist 89, also ist die 1 die falsche Ziffer.

L 1.67 (**E**) Da der Großvater 6 Enkel hat und jedes Enkelkind dieselbe Zahl von Matchboxautos bekommt, muss die Anzahl durch 6 teilbar sein. Überprüfen wir die vorgeschlagenen Antworten daraufhin, stellen wir fest, dass nur 84 durch 6 teilbar ist. 27 lässt den Rest 3 bei Division durch 6, 34 den Rest 4, 56 den Rest 2 und 77 den Rest 5.

L 1.68 (**C**) Eine Endnull entsteht genau dann, wenn eine Zwei und eine Fünf miteinander multipliziert werden. Die Anzahl der Endnullen ist gleich der Anzahl der Paare aus 2 und 5 in einem Produkt. Da im Produkt der ersten 2006 Primzahlen jede der ersten 2006 Primzahlen genau einmal auftritt, endet das Produkt auf nur eine Null.

L 1.69 (**E**) Für die Zerlegung der Zahl 72 in Faktoren gibt es mehrere Möglichkeiten. Aus der Zerlegung in Primfaktoren $72 = 2 \cdot 2 \cdot 2 \cdot 3 \cdot 3$ lassen sich die möglichen Zerlegungen in zwei Faktoren besonders schnell ablesen: Um nichts zu übersehen, schreiben wir die Zerlegungen geordnet nach wachsendem ersten Faktor auf. Es ist $72 = 1 \cdot 72$ – die Summe der Faktoren wäre dann 73. Es folgen $72 = 2 \cdot 36 = 3 \cdot 24 = 4 \cdot 18 = 6 \cdot 12 = 8 \cdot 9$, womit dies erschöpft ist. Die zugehörigen Summen der jeweiligen beiden Faktoren sind 38, 27, 22, 18 bzw. 17. Unter diesen Zahlen sind 73, 22, 27 und 17. 24 gehört nicht zu diesen Zahlen. Es ist die gesuchte.

L 1.70 (**B**) Damit der Großvater in jedes Nest dieselbe Anzahl von Eiern der jeweiligen Sorte legen kann, muss die Anzahl der Nester als gemeinsamer Faktor in allen drei Eieranzahlen stecken. Und damit er die größtmögliche Anzahl von Nestern bekommt, muss dieser Faktor der größte gemeinsame Teiler sein. Dieser größte gemeinsame Teiler ist wegen $24 = 2^3 \cdot 3; 42 = 2 \cdot 3 \cdot 7$ und $36 = 2^2 \cdot 3^2$ hier $2 \cdot 3 = 6$, und das ist auch die Anzahl der Enkel.

L 1.71 (**A**) In der zweiten Multiplikationstafel sind die Produkte 35, 63 und 30 eingetragen. Jeweils für 35 und 63 bzw. für 35 und 30 müssen wir gemeinsame Faktoren finden. Im ersten Fall ist 7 gemeinsamer Faktor, im zweiten Fall 5.

Demzufolge können wir die Tafel ergänzen zu

×	5	9
7	35	63
6	30	★

. Damit gehört an die Stelle des Sterns die Zahl $6 \cdot 9 = 54$.

Jetzt wird es schwieriger

L 1.72 (**D**) Damit das Produkt der Ziffern durch 81 teilbar ist, muss $3^4 = 81$ als Faktor in diesem Produkt vorkommen. Wenn wir 2 oder 3 Faktoren der 81 in einer 3-stelligen Zahl „unterbringen“, muss einer dieser Faktoren gewiss 9 sein. Es kann aber auch nicht mehr als einer sein, da ja die 3 Ziffern voneinander verschieden sein sollen. Folglich müssen die beiden verbleibenden Dreien auf die beiden anderen Ziffern aufgeteilt werden, mindestens eine muss mit einem Faktor multipliziert werden, um die Gleichheit zweier Ziffern auszuschließen. Als solch ein Faktor kommt jedoch nur 2 in Frage (3 nicht wegen des Ausschlusses der Gleichheit der Ziffern und 4 ist bereits zu groß). Folglich gibt es die 6 durch Permutation (Vertauschung) der Ziffern 3, 6 und 9 zu bildenden Zahlen 369, 396, 639, 693, 936 und 963.

L 1.73 (E) Wenn n durch 2, 5 und 15 teilbar ist, so ist n auch durch das kleinste gemeinsame Vielfache 30 teilbar. Weiter gilt: Wenn von zwei Summanden einer durch eine gewisse Zahl (hier 30) teilbar ist, ist es die Summe nur dann, wenn auch der andere Summand durch diese Zahl teilbar ist. Wenn also neben n auch $n+x$ durch 30 teilbar sein soll, muss x durch 30 teilbar sein. Damit ist $n+30$ die Lösung.

L 1.74 (E) Wenn die Zahl möglichst klein sein soll, muss sie möglichst wenige Stellen haben. Daher müssen die Ziffern der Zahl möglichst groß sein. Also muss die Zahl so oft wie möglich die „9“ enthalten. Es ist $2006 : 9 = 222$ Rest 8. Demzufolge beginnt die Zahl mit der 8, und es folgen 222 „9er“.

L 1.75 (A) Da 5 der Rest ist, kommen als Zahlen, durch die Silja geteilt hat, nur die einstelligen in Frage, die größer als 5 sind, also 6, 7, 8 und 9. Beginnen wir zufällig damit, die kleinste, 6, zu testen, haben wir gleich die richtige gefunden: $1001 : 6 = 166$ Rest 5. Dann ist $2006 : 6 = 334$ Rest 2. – Da wir eine Lösung gefunden haben, können wir, den Regeln des Känguruwettbewerbs gemäß, sicher sein, dass es keine weitere gibt.

Beginnen wir allerdings beim Teilen ungünstigerweise mit 9, so erhalten wir als Ergebnisse der Divisionen $2006 : 9 = 222$ Rest 8, $2006 : 8 = 250$ Rest 6 bzw. $2006 : 7 = 286$ Rest 4, was wir sämtlich verwerfen, bevor wir endlich mit 6 die Lösung haben.

L 1.76 (C) Da de Morgan ein Mensch war, dürfen wir annehmen, dass er nicht viel älter als 100 Jahre war, als er starb. Im Jahr x^2 war er noch am Leben, und die Zahl x^2 ist daher im Bereich zwischen 1771 und 1871 (oder knapp darunter) zu finden. Wir betrachten also die Quadratzahlen aus diesem Bereich. Es gilt $44^2 = 1936$, und in diesem Jahr war de Morgan schon tot. Weiterhin gilt $43^2 = 1849$ und $42^2 = 1764$. Im Jahr 1764 war er wohl noch nicht auf der Welt, also gilt $x^2 = 1849$, und somit $x = 43$. Wenn er im Jahr 1849 43 Jahre alt war, wurde er im Jahr $1849 - 43 = 1806$ geboren.

L 1.77 (**D**) Damit die Darstellung $x + \sqrt{x}$ für eine natürliche Zahl gilt, muss x Quadratzahl sein, also ist eine solche Zahl gesucht, die sich nicht als $y^2 + y = y \cdot (y + 1)$ darstellen lässt. Schauen wir uns die Primzahlzerlegungen der 5 zur Wahl stehenden Zahlen an, so finden wir, dass $870 = 2 \cdot 3 \cdot 5 \cdot 29 = 29 \cdot 30$ sich in der beschriebenen Weise darstellen lässt. Auch $110 = 2 \cdot 5 \cdot 11 = 10 \cdot 11$, $90 = 9 \cdot 10$ und $30 = 5 \cdot 6$ haben diese Eigenschaft. Allein $60 = 2^2 \cdot 3 \cdot 5$ kann nicht auf diese Weise in zwei Faktoren zerlegt werden.

L 1.78 (**A**) Beginnen wir mit der Aussage (**A**): Da 3^2 im Produkt steckt, könnte jeder der beiden Faktoren durch 3 teilbar sein und damit auch die Summe. Es ist z. B. bei der Aufteilung $2^3 \cdot 3 \cdot 5 \cdot 7^3 + 3$ die Summe offenbar durch 3 teilbar.

Wir zeigen nun noch, dass keine der anderen Aussagen zutrifft. Beginnen wir mit Aussage (**B**). Da die 5 nur in der ersten Potenz im Produkt vorkommt, gibt es genau einen Faktor, der die 5 enthält. Der andere ist nicht durch 5 teilbar, folglich auch nicht die Summe. Dass die Summe, wie in Aussage (**C**) angegeben, nicht durch 49 teilbar ist, ergibt sich daraus, dass, da die 7 nur in der 3. Potenz auftritt, nicht beide Faktoren durch 49 teilbar sein können (dazu müsste 7 mindestens in der 4. Potenz auftreten). Andererseits muss aber genau einer der Faktoren durch 49 teilbar sein. Da der andere es nicht ist, ist damit auch die Summe nicht durch 49 teilbar. Wenden wir uns nun (**D**) zu: Da die Zahl ein Produkt zweier natürlicher Zahlen a und b sein soll mit $a \cdot b = 2^5 \cdot 3^2 \cdot 5 \cdot 7^3$, kann von den beiden Zahlen höchstens eine durch 8 teilbar sein, da $8 = 2^3$ ist, der Primfaktor 2 jedoch nur in seiner 5-ten Potenz in $a \cdot b$ steckt, nicht in mindestens der Potenz 6. Andererseits muss eine der Zahlen durch 8 teilbar sein. Die Summe $a + b$ allerdings ist dann gewiss nicht durch 8 teilbar. Und was schließlich (**E**) betrifft, so kommt hier wieder zur Wirkung, dass nur genau eine der Zahlen durch 5 teilbar ist, also die Summe nicht durch 5 teilbar sein kann, damit dann aber natürlich auch nicht durch 10.

L 1.79 (**B**) Wir bezeichnen drei Primzahlen als p, q und r und untersuchen, unter welchen Umständen sie cool sein können. Nach der Angabe gilt $pqr = 5(p + q + r)$. Da die rechte Seite dieser Gleichung durch die Primzahl 5 teilbar ist, muss es auch die linke Seite sein, und eine der Primzahlen ist daher 5. Wir nehmen an, dies ist r. Dann gilt $5pq = 5(p + q + 5)$, also $pq = p + q + 5$. Angenommen $p < q$, dann gilt wegen $pq - p = q + 5$, dass $p(q-1) = q+5$ und somit $p = \frac{q+5}{q-1} = 1 + \frac{6}{q-1}$ ist. Damit p ganzzahlig sein kann, muss $q - 1$ ein Teiler von 6 sein, also entweder 1, 2, 3 oder 6. Gilt $q - 1 = 1$, so gilt $q = 2$ und $p = 7$, und wir erhalten die coolen Primzahlen 7, 2 und 5 mit $7 \cdot 2 \cdot 5 = 70 = 5 \cdot 14 = 5 \cdot (7 + 2 + 5)$. Gilt $q - 1 = 2$, so gilt $q = 3$ und $p = 4$ und p ist keine Primzahl, d. h. hier gibt es keine coolen Primzahlen. Gilt $q - 1 = 3$, so gilt $q = 4$ und q ist keine Primzahl, also auch hier gibt es keine coolen Primzahlen. Gilt schließlich $q - 1 = 6$, so gilt $q = 7$ und $p = 2$, und wir erhalten wieder die coolen Primzahlen 2, 7 und 5, wie im ersten Fall. Es gibt also nur eine einzige Dreiergruppe von coolen Primzahlen.

L 1.80 (C) Da 12 größter gemeinsamer Teiler (ggT) von m und n ist, gibt es natürliche Zahlen p und q, so dass $m = 12p$ und $n = 12q$ ist, das kleinste gemeinsame Vielfache ist dann $12pq$ und enthält nach den Voraussetzungen der Aufgabe alle Faktoren in gerader Potenz, woraus insbesondere folgt, dass *genau eine* der beiden Zahlen p und q die 3 in ungerader Potenz enthält. Daraus ergibt sich, dass $m{\cdot}n = 12{\cdot}12{\cdot}pq$ keine Quadratzahl ist, da sie ebenfalls die 3 in ungerader Potenz enthält. Von den beiden Zahlen $\frac{n}{3}$ und $\frac{m}{3}$ ist genau eine, nämlich jene, die die 3 in ungerader Potenz enthält, eine Quadratzahl. Und von $\frac{m}{4}$ und $\frac{n}{4}$ ist wiederum genau eine eine Quadratzahl, und in diesem Fall jene, die die 3 *nicht* in ungerader Potenz, sondern in gerader – was auch 0 sein darf – enthält. Insgesamt gibt es folglich zwei Quadratzahlen.

L 1.81 (A) Eine Zahl n, die genau 2 Teiler besitzt, ist eine Primzahl, da sie nur die Teiler 1 und n hat. Eine Zahl m, die genau drei Teiler besitzt, kann nur das Quadrat einer Primzahl mit $m = k^2$ sein, da m in diesem Fall genau die Teiler 1, k und $m = k^2$ besitzt. (Hat eine Zahl n zwei verschiedene Teiler p und q zwischen 1 und n, so hat sie mit 1 und n zusammen schon mindestens 4 Teiler.) Da nun $n+1 = m = k^2$ gilt, gilt auch $n = k^2-1 = (k-1)(k+1)$. Da aber n eine Primzahl ist, muss $k - 1 = 1$ folgen, also $k = 2$, und somit $m = 4$ und $n = 3$. Es gilt also zwangsläufig $n+2 = 5$, und diese Primzahl hat wiederum genau 2 Teiler, nämlich 1 und 5.

L 1.82 (E) Damit die Zahl durch 3 teilbar ist, muss die Quersumme durch 3 teilbar sein. Da $2+8$ bei Division durch 3 den Rest 1 lässt, muss die Quersumme der beiden anderen bei Division durch 3 den Rest 2 lassen. Das trifft für genau ein Drittel der Zahlen, die kleiner als 100 sind, zu, also ist 33 die Lösung. – Wem diese knappe Lösung nicht einfällt, der kann auch alle Möglichkeiten aufschreiben und auszählen.

L 1.83 (E) Da hier 3 Summen gleich sein müssen, besteht eine gute Strategie darin, alle 7 Zahlen zu summieren und sich zu fragen, welche ich weglassen kann, wenn die Restsumme durch 3 teilbar sein soll. Die Summe aller 7 Zahlen ist $-9+0-5+5-4-1-3 = -17$. Subtrahiere ich von dieser Zahl eine, die bei Division durch 3 den Rest 1 lässt, ist das Ergebnis durch 3 teilbar. Von den 7 Zahlen hat nur eine, -5, diese Eigenschaft. Nun geben wir noch die drei Paare an: Es ist $-9+5 = -1-3 = 0-4 = -4$.

L 1.84 (C) Bezeichnen wir die Kantenlängen als a, b und c mit $a < b < c$, so gilt $b = 2a$ und $c = 2b = 4a$. Das Volumen V lässt sich also als $V = a \cdot b \cdot c = 8 \cdot a^3$ berechnen. Da alle Kantenlängen ganzzahlig sind, kommt für das Volumen nur das Achtfache einer Kubikzahl in Frage. Unter den gegebenen Zahlen sind überhaupt nur 120 und 216 durch 8 teilbar, womit die anderen schon gar nicht in Frage kommen. Es gilt $120 = 8 \cdot 15$ und $216 = 8 \cdot 27$. Da 15 keine Kubikzahl ist, aber 27 wegen $27 = 3^3$ sehr wohl, kommt nur 216 cm^3 als Volumen des Quaders in Frage.

L 1.85 (**B**) Natürlich könnte man alle Teiler dieser Zahl untersuchen, um zum Ergebnis zu kommen. Einige Vorüberlegungen vereinfachen aber die Antwort wesentlich. Zunächst erkennen wir, dass die Hochzahl 32 in diesem Ausdruck selbst eine Zweierpotenz ist. Wegen der allgemeinen, auch als 3. binomische Formel bekannten Beziehung $x^2 - 1 = (x+1)(x-1)$ können wir den gegebenen Ausdruck mehrfach zerlegen:

$$\begin{aligned} 3^{32} - 1 &= (3^{16} - 1) \cdot (3^{16} + 1) \\ &= (3^8 - 1) \cdot (3^8 + 1) \cdot (3^{16} + 1) \\ &= (3^4 - 1) \cdot (3^4 + 1) \cdot (3^8 + 1) \cdot (3^{16} + 1) \end{aligned}$$

Nun ist es hilfreich zu wissen, dass $3^4 = 81$ gilt. Es ist $75 < 81 < 85$ und auch die beiden Teiler $3^4 - 1 (= 80)$ und $3^4 + 1 (= 82)$ liegen zwischen 75 und 85. Da gegeben ist, dass es nur zwei derartige Teiler im betrachteten Bereich gibt, sind es diese beiden Zahlen. Ihr Produkt ist $3^8 - 1 = 6560$.

1.3 Kleine Rechengeschichten

L 1.86 (**C**) Wir setzen bei dieser nicht ganz ernsten Aufgabe voraus, dass sich die Kängurus im Appetit völlig gleich verhalten. Wenn 6 Kängurus 6 Sack Gras in 6 Minuten verspeisen, so schaffen diese 6 Kängurus pro Minute also einen Sack Gras. Für 100 Sack Gras sind folglich 100 Minuten vonnöten – die 6 gleichhungrigen Kängurus schaffen es ganz allein.

L 1.87 (**B**) Hier könnte man z. B. folgendermaßen rechnen: Wenn ein Comic und ein Mathebuch zusammen 4 cm dick sind, so sind zwei Comics und zwei Mathebücher $2 \cdot 4 = 8$ cm dick, also bleibt von den 9 cm, die drei Comics und zwei Mathebücher dick sind, genau 1 cm für den (dritten) Comic übrig.

L 1.88 (**C**) Die Gesamtzahl der gewürfelten Augen beträgt nach dem 4. Würfeln $9 + 8 = 17$. Insgesamt, da ich ja jedesmal eine andere Augenzahl geworfen habe, werden $1 + 2 + 3 + 4 + 5 + 6 = 21$ Augen gewürfelt. Beim 5. und 6. Wurf habe ich also als Summe $21 - 17 = 4$ Augen gewürfelt. Da die 4 sich beim Würfeln als Summe nur auf die Weise $4 = 2 + 2$, die ja ausscheidet, oder $4 = 3 + 1$ erzielen lässt, muss ich eine 1 und eine 3 gewürfelt haben.

Eine andere Lösungsmöglichkeit ist die folgende: Beim 1. und 2. Wurf habe ich zusammen 9 Augen gewürfelt. Um diese 9 Augen zu bekommen, gibt es nur zwei

Möglichkeiten; eine 6 und eine 3 oder eine 4 und eine 5 (Vertauschungen spielen keine Rolle). Beim 3. und 4. Wurf war die Summe der Augen 8, und um diese 8 als Summe zu bekommen, gibt es auch wieder nur zwei Möglichkeiten; 3 und 5 oder 2 und 6. Wäre bei den ersten beiden Würfen 6 und 3 gewürfelt worden, könnte in den nächsten beiden Würfen die 8 nicht als Summe entstehen, da im einen Fall die 3, im anderen die 6 vonnöten wäre. Folglich müssen die ersten beiden Würfe 4 und 5 gewesen sein, woraus folgt, dass der dritte und vierte Wurf 2 und 6 waren. Nun ist klar, was übrig bleibt, nämlich 3 und 1.

L 1.89 (**B**) Ein Ball und ein Schläger kosten zusammen 500 Kronen, also kosten 2 Bälle und 2 Schläger zusammen 1000 Kronen. Wenn 3 Bälle und 2 Schläger 1200 Kronen kosten, dann muss ein Ball $1200 - 1000 = 200$ Kronen kosten.

L 1.90 (**B**) Schnell stellen wir fest, dass bei 4 der 5 Zahlen die Quersumme, also die Summe der Ziffern, 12 ist – (**E**) entfällt. Nun untersuchen wir die Differenz von Einer- und Zehnerziffer. Sie ist bei (**A**) und (**B**) wie gefordert 4. Untersuchen wir jetzt die Differenz von Einer- und Hunderterziffer, so stellt sich heraus, dass nur bei 237 die Hunderterziffer um 5 kleiner ist als die Einerziffer.
Ebenso schnell ist die Lösung zu finden, wenn wir gucken, bei welchen Zahlen wir die große Zifferndifferenz 5 zwischen Hunderter- und Einerziffer antreffen. Das sind 237 und 126 – aber nur 237 hat die geforderte Quersumme 12.

L 1.91 (**D**) Es sind 14 cm gleich 140 mm. Da die Kerzen pro Minute je 1 mm herunterbrennen, verlischt eine jede nach genau 140 Minuten. Die fünfte Kerze wird um 20:04 Uhr angezündet, verlischt also 2 Stunden und 20 Minuten danach, d. h. um 22:24 Uhr.

L 1.92 (**D**) Wer mag, kann bei dieser Aufgabe mit Beispielzahlen rechnen, also z. B. als 2-stellige Zahl die 23 wählen. Die zugehörige 4-stellige Zahl ist dann 2323, und das Ergebnis der Division $2323 : 23$ mit 101 schnell gefunden. (Dasselbe Ergebnis gibt es natürlich auch mit der einfachsten 2-stelligen Beispielzahl 10.)
Die Lösung lässt sich auch allgemein in ähnlicher Weise leicht herleiten: Ist z die Ausgangszahl, so ist $100\,z + z$ die vierstellige Zahl. Da $100\,z + z = 101\,z$ ist, so ist die vierstellige Zahl 101-mal so groß wie die Ausgangszahl.

L 1.93 (**B**) Es ist 12 die kleinste und 99 die größte zweiziffrige oder 2-stellige Zahl, die ein Vielfaches von 3 ist, und die Summe ist $12 + 99 = 111$. 10 ist die kleinste, 98 die größte zweiziffrige Zahl, die *kein* Vielfaches von 3 ist, und $10 + 98 = 108$. Da $111 - 108 = 3$ ist, ist (**B**) richtig.

L 1.94 (**A**) Damit die drei Zahlen in das (2×2)-Feld eingeordnet werden können, müssen wir zwei solche unter ihnen finden, deren Summe 9 oder 6 ist. Wir sehen

schnell, dass 9 zu groß ist, um Summe aus zwei der Zahlen 2, 3 oder 4 zu sein. Hingegen gilt $6 = 4 + 2$. Damit ist klar, dass in das noch zu besetzende Feld $9 - 3 = 6$ geschrieben werden muss.
Um das Kreuz an die richtige Stelle zu setzen, reicht auch folgende Überlegung aus: Da nicht nach der Anordnung der Zahlen, sondern nur nach dem Wert der vierten Zahl gefragt ist, genügt es, von der Summe *aller* Zahlen, $9 + 6 = 15$, die bereits bekannten drei Zahlen abzuziehen, $15 - 2 - 3 - 4 = 6$.

L 1.95 (C) Wir wissen, dass Fanni zu der unbekannten Zahl schon fertiger Bälle während des Tobens der Schneeballschlacht noch 5 weitere fertigbekommt. Mit 14 Bällen wirft sie nach ihrem Vater, und zurück behält sie 7. Dann ist die Gesamtzahl der von Fanni geformten Bälle $14 + 7 = 21$. Davon waren $21 - 5 = 16$ schon vor Beginn der Schneeballschlacht fertig.
Ein anderer Gedankenweg: Fanni hat sich während des Werfens mit der Fabrikation 5 neuer Bälle beschäftigt, und am Ende blieben ihr neben diesen 5 neuen noch zwei weitere Schneebälle übrig. Da sie insgesamt 14 geworfen hat, hatte sie vor Beginn der Schneeballschlacht einen Vorrat von $14 + 2 = 16$ Bällen.

L 1.96 (E) Pablo hat festgestellt, dass von den 180 Büchern insgesamt $18 + 24 + 12 = 54$ ausgeliehen sind. Es blieben also $180 - 54 = 126$ zurück. Da nun alle Sorten in derselben Anzahl übrig sind, sind genau ein Drittel davon, also $126 : 3 = 42$ Sachbücher noch da. Mit den entliehenen 24 sind das $42+24 = 66$ Sachbücher insgesamt.

L 1.97 (A) Da Onkel Willy von den 5 kg, die er im Winter zunimmt, stets nur 4 kg im Sommer wieder verliert, hat er in jedem Herbst 1 kg Körpergewicht mehr als im Herbst des Vorjahres. Sein Gewicht erhöht sich also vom Herbst 2000 bis zum Herbst 2007 um 7 kg. Im Winter 2007/2008 nimmt Onkel Willy noch einmal 5 kg zu, hat also am 10. April, dem Kängurutag 2008, 12 kg mehr als im Herbst 2000. Dann wog er damals also nur 77 kg – 12 kg = 65 kg.

L 1.98 (A) Vom Schlaftrunk hat Mirakulix $\frac{3}{4} \cdot \frac{1}{3}\ \mathrm{l} = \frac{1}{4}\ \mathrm{l} = 0{,}25\ \mathrm{l} = 25$ cl in der Flasche. Füllt er davon 20 cl für spätere Verwendungen ab, so bleiben $25-20 = 5$ cl übrig.

L 1.99 (E) Von 2006 Mathebegeisterten waren 36 – aus welchem Grund auch immer – weder beim Känguruwettbewerb noch bei der Mathematikolympiade dabei. Es nahmen also insgesamt $2006-36 = 1970$ an mindestens einem Wettbewerb teil. $1970 - 1655 = 315$ haben nicht am Känguruwettbewerb teilgenommen, sondern nur an der Mathematikolympiade. Folglich haben sich $1342 - 315 = 1027$ an beiden Wettbewerben beteiligt.

L 1.100 (E) Ganz sicher dürfen alle Nullen gelöscht werden, das sind 500. Löschen wir nun noch alle Zweien, so bleiben 250 Achten, und die aus diesen Ziffern gebildete Zahl hat die Quersumme 2000, ist also um 8 zu klein. Nehmen wir 4 Zweien hinzu, ist die Quersumme 2008, und wir haben eine 254-ziffrige Zahl, haben also $1000 - 254 = 746$ Ziffern gelöscht.

L 1.101 (C) Da die Summe der Jahresalter der im 5., 6. und 7. Jahr gepflanzten Bäume 42 ist, muss die Jahresaltersumme der im 1., 2. und 3. Jahr gepflanzten um $3 \cdot 4 = 12$ – hier geht die Altersdifferenz von 4 Jahren ein – größer sein. Insgesamt ist die gesuchte Alterssumme folglich $42 + 12 = 54$.

L 1.102 (A) Da in der 5a die Zahl der teilnehmenden Mädchen um 2 größer als die der teilnehmenden Jungen ist und dies sich in der 5b genau umgekehrt verhält, sind in 5a und 5b insgesamt genau so viele Mädchen wie Jungen beim Känguruwettbewerb dabei. Da in der noch zu berücksichtigenden 5c 7 Mädchen weniger dabei sind, trifft dies auch für die Gesamtzahl zu. Subtrahieren wir von der Gesamtzahl 89 die 7, so sind in dieser Differenz 82 genau so viele Mädchen wie Jungen, je 41. Insgesamt nehmen demnach $41 + 7 = 48$ Jungen teil.

L 1.103 (B) Um die Zahl zu finden, die Kurt sich gedacht hat, müssen wir mit dem Ergebnis der längeren Rechnung, 73, starten. Patrick hat diese Zahl genannt, nachdem er von der Zahl, die ihm Nina gesagt hatte, 5 oder 6 abgezogen hat. Also kann Nina ihm $73+5 = 78$ oder $73+6 = 79$ genannt haben. Nina ihrerseits hatte zu der Zahl, die Lea ihr genannt hat, 5 oder 6 addiert. Dann kämen als Zahlen, die Nina von Lea genannt bekommen hat, also $78 - 5 = 73$ oder $78 - 6 = 72$ oder $79 - 5 = 74$ oder $79 - 6 = 73$ in Frage. Die Zahl, die Lea weitergibt, war durch Multiplikation der Kurt'schen Zahl mit 5 oder 6 entstanden. Nun befindet sich unter den 3 voneinander verschiedenen Zahlen, die Lea an Nina weitergesagt haben könnte, keine durch 5 jedoch genau eine durch 6 teilbare Zahl. Diese muss folglich diejenige sein, die nach Multiplikation der von Kurt anfangs genannten Zahl entstanden ist. Damit ist klar, dass Kurt die Zahl $72 : 6 = 12$ genannt hat.

L 1.104 (C) Die Summe von zehn aufeinander folgenden natürlichen Zahlen $a_1, \ldots, a_{10}$ ist gleich $a_1 + a_1 + 1 + \cdots + a_1 + 9 = 10a_1 + 45$. Bezeichnen wir die unberücksichtigte Zahl mit x, so muss $2006 + x = 10a_1 + 45$ bzw. $2000 + x = 10a_1 + 39$ sein. Damit scheiden alle Lösungsmöglichkeiten, die nicht auf 9 enden, aus. Nun versuchen wir über eine Schätzung zu entscheiden, welche Zahl die richtige ist. Wir beginnen mit 209. Dann wäre die Summe der 10 Zahlen, zu denen auch 209 gehört, maximal $10 \cdot 209 + 45 = 2090 + 45 < 2006 + 209$. Mit 229 als bei der Addition unberücksichtigte Zahl wäre die Summe mindestens $10 \cdot 220 + 45 = 2245 > 2006 + 229$. Folglich ist 219 die unberücksichtigte Zahl. – Es ist $2006 + 219 = 2225$, damit ist $a_1 = (2225 - 45) : 10 = 218$.

Mit Zeit und Geschwindigkeit

L 1.105 (C) Es ist die Summe aus den Zeiten zu bilden, die die 3 Geschichten lang sind. Dabei ist zu beachten, dass eine Minute 60 Sekunden – und nicht 100 Sekunden – lang ist. Mit 25 s + 26 s + 13 s = 64 s = 1 min 4 s haben wir die Sekunden addiert und mit 6 min + 13 min + 10 min + 1 min = 30 min die Minuten. Insgesamt sind das 30 min 4 s.

L 1.106 (B) Vor Mitternacht bleiben, da ich danach nur noch 4 Stunden schlafen kann, noch zweieinhalb Stunden. Also ist es 21:30 Uhr.

L 1.107 (B) Wir listen systematisch die möglichen Uhrzeiten auf, beginnend mit der kleinsten möglichen Zahl: 00:26; 02:06; 06:02; 06:20; 20:06.

L 1.108 (B) Da die eine Uhr vor-, die andere nachgeht, summieren sich die Vor- bzw. Nachgehzeiten zu 1,5 Minuten je Stunde. Die Zeitdifferenz von 3 h rechnen wir in Minuten um; es sind 180 min. Es müssen $180 : 1,5 = 180 : \frac{3}{2} = 120$ Stunden, das sind 5 Tage, vergehen, bis die Zeitdifferenz genau drei Stunden beträgt. So lange müssen die Großeltern mich entbehren.

L 1.109 (C) Wenn das Erhöhen der Geschwindigkeit um 10 km/h dazu führte, dass Anna und die Tante in der halben Zeit anlangten, wären sie doppelt so schnell gefahren. D. h., die ursprüngliche, gemütliche Geschwindigkeit betrug 10 km/h. Dann würde die Erhöhung um 20 km/h zu rasanten 30 km/h führen, einer Verdreifachung der ursprünglichen Geschwindigkeit, also würden sie auch dreimal so schnell ankommen, mit anderen Worten, in einem Drittel der Zeit.

L 1.110 (E) Die Brieftaube ist von 7:30 Uhr bis 9:10 Uhr unterwegs, das sind 100 Minuten. Wenn die Brieftaube in 5 Minuten 4 km bewältigt, so fliegt sie in 100 Minuten die 100 : 5 = 20-fache Strecke, also $20 \cdot 4$ km = 80 km.

L 1.111 (B) Die Geschwindigkeit, mit der die beiden Züge aneinander vorüberfahren, ist die Summe der Einzelgeschwindigkeiten. Um den Weg, der bei einer Geschwindigkeit von 162 km/h in 3 s zurückgelegt wird, zu berechnen, wandeln wir in km/sec um: $\frac{162\text{ km}}{\text{h}} = \frac{162\text{ km}}{3600\text{ s}} = \frac{0,045\text{ km}}{\text{sec}}$. Da die Vorbeifahrdauer 3 s beträgt, ist die gesuchte Länge $0,045 \cdot 3 = 0,135$ km.

L 1.112 (B) Die Menge Benzin, die um 21:00 Uhr im Auto ist, sei B. Da ich mit B bei 100 km/h gerade 80 km weit kommen würde, brauchte ich die $\frac{5}{4}$-fache Menge bei dieser Geschwindigkeit. Oder ich drossle die Geschwindigkeit auf das $\frac{4}{5}$-fache der jetzigen, wodurch der Brennstoffverbrauch ebenfalls auf das $\frac{4}{5}$-fache fällt, was genau das Ausreichen von B bedeutet. Die Geschwindigkeit wäre in diesem Fall 80 km/h, und für die zu bewältigenden 100 km brauchte ich 1 h 15 min, bin also um 22:15 Uhr an der Tankstelle.

L 1.113 (**E**) Da die Flugdauer bei Hin- und Rückflug gleich ist, werden die durch die Zeitverschiebung auf dem Hinflug hinzukommenden Stunden (in Singapore ist die Sonne ja eher aufgegangen als in Zürich, die Ortszeit also um einige Stunden der von Zürich voraus) beim Rückflug wieder abgezogen. Gäbe es nicht die Änderungen durch die Sommerzeit in Zürich, wäre die Gesamtflugdauer für eine Strecke einfach die Hälfte der Summe aus den beiden Differenzen zwischen Ankunfts- und Abflugzeit. Nach „alter“ Zeit wäre es in Zürich allerdings nicht 6:00 Uhr, sondern 5:00 Uhr. Also kommen wir hier zu: 18 h + (5 + 1) h = 24 h, d. h., die Dauer eines Fluges, z. B. des Fluges Zürich-Singapore, beträgt 12 h.

Prozente unter der Lupe

L 1.114 (**C**) Wir schreiben die zum Vergleich anstehenden Werte um, wobei wir das Prozentzeichen auflösen, d. h. für a % das schreiben, wofür diese Verkürzung steht, $\frac{a}{100}$. Man kann 37 % von 73 schreiben als $\frac{37}{100} \cdot 73$ usw. Da der Nenner 100 in allen zu vergleichenden Werten auftritt, kann er für den Vergleich weggelassen werden. Da nun wegen $37 \cdot 73 = 73 \cdot 37$ der Wert von (**A**) gleich dem von (**E**) und wegen $64 \cdot 46 = 46 \cdot 64$ der Wert von (**B**) gleich dem von (**D**) ist, kann den Regeln des Känguruwettbewerbs entsprechend, da ja stets nur genau eine der Lösungsvarianten richtig ist, nur (**C**) richtig sein.

Wir wollen jedoch auch nachweisen, dass 55 % von 55 wirklich unter den betrachteten die größte Zahl ist. Wenn wir uns an die binomische Formel $(a+b)\cdot(a-b) = a^2 - b^2$ erinnern und sie hier anwenden, finden wir mit $a = 55$, dass $37\cdot73 = (55+18)\cdot(55-18) = 55^2 - 18^2$ wie auch $46\cdot64 = (55+9)\cdot(55-9) = 55^2 - 9^2$ kleiner ist als 55^2.

L 1.115 (**B**) Wir rechnen: Es ist $5^2 = 25$, die Vergrößerung beträgt 20, das sind 400 %. Schon beim nächsten Versuch werden wir fündig, denn $6^2 = 36$ ist um 30 größer als 6, d. h. um das Fünffache bzw. um 500 %.

Der Vollständigkeit halber gucken wir noch bei 8, 10 und 15 nach dem Zuwachs: Bei 8 ist er $64 - 8 = 56$, also 700 %, bei 10 ist er 900 % und bei 15 ist er $225 - 15 = 210$, was 1400 % entspricht. – Allgemein beträgt die Vergrößerung von n durch das Quadrieren $(n - 1) \cdot 100$ %.

L 1.116 (**A**) Da $10\,000 = 100^2$ ist, sind von den 10 000 Zahlen genau 100 Quadratzahlen. Es ist $\frac{100}{10\,000} = \frac{1}{100}$, d. h. 1 %.

L 1.117 (E) Eine Verringerung des Abstandes der Busse um 60 % bedeutet, dass sich der Abstand zwischen den Bussen *auf* 40 % verringert. 40 % von 25 Minuten sind $\frac{40}{100} \cdot 25 = 10$ Minuten. Somit sind für die Gesamtstrecke mit einer Durchfahrtdauer von $2 \cdot 25$ min $= 50$ min insgesamt $50 : 10 = 5$ Busse erforderlich.

L 1.118 (B) Bezeichnen wir die Gesamtzahl der Schmetterlingspuppen mit n, dann wissen wir, dass 5 genau 20 % bzw. $\frac{1}{5}$ der Schmetterlingspuppen sind. Folglich ist $n = 5 + 4 \cdot 5 = 25$.

L 1.119 (B) Wir setzen die Anzahl der Sänger, die im vergangenen Jahr aus den unteren Klassen kamen, gleich x. Dann waren es im vorigen Jahr insgesamt $x+(x+20)$ Chormitglieder. Die Angaben über die Zahl der Chormitglieder in diesem Jahr gibt die Möglichkeit, eine Gleichung mit x als Unbekannter aufzustellen: Die 110 % Chormitglieder, die wir dieses Jahr haben, sind dann $\frac{110}{100} \cdot (2x + 20)$, die 120 %, die dabei aus den unteren Klassen kommen, sind $\frac{120}{100} \cdot x$ und die 105 % aus den Oberklassen $\frac{105}{100} \cdot (x + 20)$. Die Gleichung, die hier gelten muss, lautet $\frac{110}{100} \cdot (2x+20) = \frac{120}{100} \cdot x + \frac{105}{100} \cdot (x+20)$. Daraus finden wir nach Zusammenfassen $x = 20$. Damit ist die Sängerzahl in diesem Jahr $\frac{110}{100}(20+(20+20)) = \frac{110}{100} \cdot 60 = 66$.

L 1.120 (D) Dass A um 20 % kleiner ist als B, bedeutet, dass $A = B - \frac{20}{100}B = B - \frac{1}{5}B = \frac{4}{5}B$ ist. Damit ist wegen $B : \frac{4}{5}B = \frac{5}{4}B = \frac{5 \cdot 25}{4 \cdot 25}B = \frac{125}{100}B = B + \frac{25}{100}B$ also B um 25 % größer als A.

L 1.121 (C) Vorausgesetzt, Kristin ist erfolgreich, dann hat die Zeitung nach dem 1. Monat $\frac{125}{100} \cdot 64$, nach dem 2. Monat $\frac{125}{100} \cdot \frac{125}{100} \cdot 64 = \left(\frac{125}{100}\right)^2 \cdot 64$, und nach dem 3. Monat schließlich $\left(\frac{125}{100}\right)^3 \cdot 64 = \left(\frac{5}{4}\right)^3 \cdot 64 = \frac{125}{64} \cdot 64 = 125$ Abonnenten.

L 1.122 (E) Dass β um 5 % kleiner als γ ist, lässt sich auch so ausdrücken: $\beta = 0{,}95\gamma$. Dass β um 10 % größer als α ist, besagt, dass $\beta = 1{,}1\alpha$ ist. Setzen wir gleich, erhalten wir, $0{,}95\gamma = 1{,}1\alpha$ oder $\gamma = \frac{1{,}1}{0{,}95}\alpha$.

Dann ist der gesuchte Prozentsatz $110 : 0{,}95 = 11000 : 95 \approx 115{,}8$.

2 Gleichungen, Ungleichungen und Funktionen

2.1 Lineare Gleichungen

L 2.1 (A) Wir bezeichnen die Anzahl der Enkelsöhne mit e. Dann wissen wir, dass $2e + 3 = 3e - 2$ ist. Lösen wir diese Gleichung nach e auf, erhalten wir $e = 5$, und das ist die Anzahl der Enkelsöhne von Großmutter Luisa.

L 2.2 (C) Beginnen wir mit den später gekommenen 48 Tauben, die zusammen $48 \cdot 5 = 240$ Erbsen aufgepickt haben. Diese 240 Erbsen waren ebenso viele, wie die drei fleißigen, als zweite gekommenen Tauben bewältigt haben. Das heißt, bevor diese drei Tauben begonnen haben, waren noch 480 Erbsen in der Asche. Diese 480 Erbsen blieben übrig, nachdem die erste Taube von der Gesamtmenge ein Viertel entfernt hatte, die 480 Erbsen sind demnach Dreiviertel der Gesamtmenge, d. h., wir müssen den 480 Erbsen ein Drittel dieser Menge, das sind 160 Erbsen hinzufügen, um zu wissen, wie viele Erbsen ursprünglich in die Asche geschüttet worden sind. Und das waren $480 + 160 = 640$.
Eine andere Möglichkeit besteht darin, die Informationen in einer Gleichung zu erfassen. Es sei x die Anzahl der zu Beginn vorhandenen Erbsen. Dann gilt entsprechend den Aussagen: $\frac{1}{2}\left(x - \frac{x}{4}\right) = 48 \cdot 5$, woraus wir $\frac{3}{8}x = 240$ bzw. $x = 640$ errechnen.

L 2.3 (B) Eine Zahl – das Alter von Berit – lässt beim Teilen durch 5 den Rest 3, sie ist also von der Gestalt $5 \cdot x + 3$, wobei x eine natürliche Zahl ist. Verdopple ich jetzt diese Zahl, erhalte ich $2 \cdot (5 \cdot x + 3) = 5 \cdot (2x) + 6$, auch der Rest verdoppelt sich also. Die Zahl 6 ist jedoch größer als 5 und daher durch die Zahl zu ersetzen, die kleiner als 5 ist und bei Division durch 5 denselben Rest wie 6 lässt. Das ist 1. Sicher werden viele die Aufgabe zu lösen versucht haben, indem sie mit Beispielzahlen versucht haben, der Gesetzmäßigkeit auf die Spur zu kommen. Das ist legitim und führt ebenfalls zum richtigen Ergebnis.

L 2.4 (E) Setzen wir die Anzahl der Söhne der Ururgroßmutter s, die ihrer Töchter t. Dann besagt die erste Aussage, die der Urgroßvater Franz trifft, dass $s - 1 = t$, denn er hat ja gleich viele Brüder wie Schwestern. Rabea ihrerseits hat doppelt so viele Brüder wie Schwestern, was heißt, dass $2(t-1) = s$ ist. Folglich finden wir die Zahl der Söhne, indem wir die Gleichung $2((s-1)-1) = s$ lösen. Wir errechnen $s = 4$, woraus unmittelbar $t = 3$ folgt. Insgesamt hatte die Ururgroßmutter 7 Kinder.

L 2.5 (**B**) Wir stellen uns vor, dass sich Carla, um sich nicht den Mund zu verbrennen, bei den fertigen Pfannkuchen bedient, wobei der Berg von 25 Pfannkuchen auf $25-12=13$ schrumpft. Die Zeit, die Carla braucht, um ihre 12 Pfannkuchen zu futtern, entspricht $12:3=4$ Backfuhren ihrer Mutter mit jeweils 2 Pfannkuchen. Durch das Hinzutun der heißen, frischen Pfannkuchen wächst der Stapel wieder um $4\cdot 2=8$ Pfannkuchen, und zwar auf $13+8=21$.

L 2.6 (**D**) Wir nehmen an, dass der Betrag, den jeder Enkel erhält, b ist. Dann hat Adrian nach der Abgabe von zwei Dritteln von b an Fabian noch $\frac{1}{3}b$, während Fabian nun $b+\frac{2}{3}b=\frac{5}{3}b$ hat. Das Verhältnis der Beträge ist folglich $\frac{1}{3}:\frac{5}{3}=1:5$.

L 2.7 (**A**) Wir setzen k für die noch unbekannte Zahl der Kinder, A sei die Summe der Lebensjahre von Frau Kernig und ihren Kindern. Dann gilt $\frac{A+38}{k+2}=18$ und $\frac{A}{k+1}=14$. Setzen wir $14(k+1)$ für A aus der zweiten in die erste Gleichung ein, haben wir eine Bestimmungsgleichung mit nur einer Unbekannten – der Anzahl der Kinder. $14(k+1)+38=18(k+2)$, woraus $14k+14+38=18k+36$ bzw. $4k=16$ oder $k=4$ folgt. Familie Kernig hat also 4 Kinder.

L 2.8 (**D**) Anna hat bemerkt, dass die Werte aus ihrer Messreihe eine arithmetische Folge bilden, d. h., es gibt eine Zahl d, die Differenz, so dass $m_2=m_1+d$, $m_3=m_2+d=m_1+2d,\ldots$. Dann ist $m_2=5{,}5=m_1+d$ und $m_5=10=m_1+4d$, woraus wir m_1 berechnen können. Wir setzen $d=5{,}5-m_1$ in die zweite Gleichung ein: $10=m_1+4\cdot 5{,}5-4m_1$ bzw. $3m_1=22-10$, $m_1=4$.

L 2.9 (**D**) Wir bezeichnen die dritte der fünf aufeinanderfolgenden Zahlen mit a. Dann gilt $(a-2)+(a-1)+a+(a+1)+(a+2)=(a+3)+(a+4)+(a+5)$, bzw. $5a=3a+12$ bzw. $a=6$. Die größte der 8 Zahlen ist demzufolge $6+5=11$.

L 2.10 (**E**) Den Preis des Zeltes bezeichnen wir mit p. Er muss entsprechend den Angaben folgender Gleichung genügen: $p=\frac{40}{100}p+\frac{40}{100}\left(p-\frac{40}{100}p\right)+45$. Wir vereinfachen die Gleichung (Kürzen) und fassen zusammen

$$\begin{aligned} p &= \frac{2}{5}\cdot p+\frac{2}{5}\left(1-\frac{2}{5}\right)\cdot p+45 \\ p &= \frac{2}{5}\cdot p+\frac{2}{5}\cdot\frac{3}{5}\cdot p+45 \\ p-\frac{10}{25}p-\frac{6}{25}p &= 45 \end{aligned}$$

Daraus ergibt sich $\frac{9}{25}p=45$ bzw. $p=125$. Also kostet das Zelt 125 €.

L 2.11 (**A**) Bezeichnen wir das augenblickliche Alter von Lady Agnes mit a, dann lässt sich ihre Aussage in die folgende Gleichung abbilden: $a = \frac{4}{3} \cdot \frac{1}{2}(100-a)$. Wir formen um: $a + \frac{2}{3}a = \frac{5}{3}a = \frac{200}{3}$; $5a = 200$ bzw. $a = 40$.

L 2.12 (**A**) Setzen wir die Anzahl der erforderlichen Tests gleich x, so soll gelten: $\frac{1+5x}{5(x+1)} = \frac{4}{5}$. Das formen wir um zu $5(1+5x) = 20(x+1)$ bzw. $5+25x = 20x+20$ bzw. $5x = 15$, woraus $x = 3$ folgt.

L 2.13 (**D**) Wir beginnen mit der Umrechnung auf einheitliche Maßeinheiten; es sind $1,8$ m/h $= 180$ cm/h $= 3$ cm/min und $(180 - 60)$ cm/h $= 2$ cm/min. Dann hat Susi also in den 100 min, bevor sich auch Sammy ins Rennen stürzt, 200 cm zurückgelegt. Bezeichnen wir mit t die Zeit, die beide von diesem Moment an bis zur Hausmauer brauchen, so gilt $3\ \text{cm/min} \cdot t = 2\ \text{cm/min} \cdot t + 200\ \text{cm}$, woraus wir t ausrechnen können. Es ist $t = \frac{200\ \text{cm}}{1\ \text{cm/min}} = 200$ min. Und in dieser Zeit bewältigt Sammy genau $3 \cdot 200 = 600$ cm, d. h. 6 m.

L 2.14 (**A**) Wären Svenja und Mimi mit dem der Schätzung auf dem Wegweiser am Fuß des Berges zugrunde gelegten Tempo gewandert, so hätte auf dem Rastplatzwegweiser 1 h 55 min stehen müssen. Sie haben also statt der angesetzten 100 Minuten $(2:55 - 1:15)$ nur 60 Minuten gebraucht. Bei gleichem Tempo werden sie für die bis zum Gipfel angegebenen 75 Minuten wieder das $\frac{60}{100} = \frac{3}{5}$-fache an Zeit brauchen. Das sind $\frac{3}{5} \cdot 75\ \text{min} = 45$ min. Da sie eine Viertelstunde Rast eingelegt haben, sind sie dann nach insgesamt 2 h, also um 10:00 Uhr auf dem Gipfel.

L 2.15 (**D**) Wir bezeichnen mit s_e das ebene und mit s_k das Kletterstück des Weges. Dann ist die Zeit, die der Wanderer für das ebene Stück braucht, bei Hin- wie Rückweg jeweils $\frac{s_e}{4\ \text{km/h}}$. Die Zeit für das Kletterstück setzt sich aus Hin- und Rückweg zusammmen, ist also $\frac{s_k}{3\ \text{km/h}} + \frac{s_k}{6\ \text{km/h}} = \frac{3s_k}{6\ \text{km/h}}$. Da die Gesamtzeit 2 h betrug, erhalten wir nun

$$\frac{2s_e}{4\ \text{km/h}} + \frac{3s_k}{6\ \text{km/h}} = \frac{s_e}{2\ \text{km/h}} + \frac{s_k}{2\ \text{km/h}} = 2\ \text{h},$$

woraus $s_e + s_k = 4$ km folgt. Also war die Wanderstrecke insgesamt 8 km lang. – Übrigens ist es für die Aufgabe ohne jeden Belang, ob aufwärts, abwärts oder auf ebenem Terrain gelaufen wird. In die Berechnung geht ausschließlich die Geschwindigkeit ein.

L 2.16 (**B**) Die ursprüngliche Zahl können wir schreiben als $100a+10b+2$, wobei a und b Ziffern sind mit $a \neq 0$. Nach dem Verschieben der 2 an die Spitze der Zahl ist sie $200+10a+b$, und lt. Aufgabenstellung ist $100a+10b+2 = 200+10a+b+36$. Wir fassen zusammen: $90a+9b = 234$. Teilen wir durch 9, ergibt sich $10a+b = 26$. Die Summe der Ziffern der ursprünglichen Zahl 262 ist dann $2+6+2 = 10$.

L 2.17 (**A**) Nehmen wir an, die vorgegebene Zahl ist $1000a+100b+10c+d$, worin a, b, c und d Ziffern sind und $a \neq 0$ ist. Die „verschobene" Zahl ist $1000b+100c+10d+a$, und die Summe ist $1001a+1100b+110c+11d = 11(91a+100b+10c+d)$. Wir stellen fest, dass die Summe durch 11 teilbar ist. Betrachten wir nun die 5 möglichen Ergebnisse, so stellen wir fest, dass nur die bei (**A**) stehende Zahl 4587 durch 11 teilbar ist. – Übrigens bleibt die Teilbarkeit durch 11 auch dann noch „Erkennungszeichen", wenn eine der Ziffern 0 ist. Das liegt daran, dass in die Summe nur Summanden eingehen, die ihrerseits durch 11 teilbar sind. Allerdings könnte dann nicht in jedem Fall von 4-stelligen Zahlen gesprochen werden.
Die vorgegebene Zahl lässt sich nicht eindeutig bestimmen. So könnte z. B. 2245 vorgegeben gewesen sein, denn $2235 + 2352 = 4587$. Aber auch 1326 und 3144 kommen in Frage, denn $1326 + 3261 = 3144 + 1443 = 4587$.

L 2.18 (**E**) Gesucht sind alle Paare $(a;\ b)$ ganzzahliger Lösungen der folgenden Gleichung: $10a + b + 36 = 10b + a$. Wir formen um $9b - 9a = 9\,(b - a) = 36$. Folglich müssen wir alle die Paare ganzer Zahlen $(a; b)$ mit $1 \leq a, b \leq 9$ in die nähere Wahl ziehen, für die $b - a = 4$ ist. Das führt uns zu den Paaren (5; 9), (4; 8), (3; 7), (2; 6) und (1; 5). Wie wir nachrechnen können, haben 59, 48, 37, 26 und 15 tatsächlich die beschriebene Vertauschungseigenschaft.

2.2 Gleichungssysteme

L 2.19 (**A**) Wir bezeichnen mit g die Anzahl der grünen, mit v die der violetten und mit b die der blauen Aliens. Dann wissen wir, dass $v = g$ und dass $g + 10 = b$ ist. Außerdem schlägt sich das Ergebnis der Tentakelkontrolle in der Gleichung $2g + 3v + 5b = 250$ nieder. Setzen wir aus den ersten beiden Gleichungen geeignet ein, so ergibt sich $2g + 3g + 5 \cdot (g + 10) = 10g + 50 = 250$ bzw. $10g = 200$, woraus $g = 20$ folgt. Damit ist $20 + 10 = 30$ die Zahl der blauen Aliens.

L 2.20 (**E**) Zuerst bemerken wir, dass keine der Ziffern unter den gegebenen Bedingungen 0 sein kann, denn wäre etwa $a = 0$ oder $b = 0$, so auch c bzw. d, was der geforderten Verschiedenheit der fünf Ziffern widerspricht. Die Bedingungen besagen weiterhin, dass die beiden Ziffern c und d jeweils durch 3 teilbar sind. Dies muss demzufolge auch für die Summe dieser beiden, e, zutreffen. Als Summe zweier *verschiedener* durch 3 teilbarer Ziffern kann e nur 9 sein.

L 2.21 (B) Die Anzahl der Kinder, die zwei Farben verwandt haben, bezeichnen wir mit x, und y Kinder mögen nur eine Farbe verwandt haben. Dann ist zum einen $5+x+y=36$ und zum anderen $3\cdot 5+2x+y=25+28+20=73$. Wir lösen die erste Gleichung nach x auf: $x=31-y$ und setzen dies in die zweite Gleichung ein: $15+2\cdot(31-y)+y=73$ bzw. $-y=73-15-62=-4$, also $y=4$.

L 2.22 (A) Wir stellen zum Lösen der Aufgabe den Sachverhalt in drei Gleichungen dar. Mit h bezeichnen wir die Zahl der Helfer beim Sportfest und mit a die Zahl der Äpfel, die jeder tatsächlich bekommen hat. A sei die Gesamtzahl der Äpfel. Dann gilt $h\cdot a=A$, $(h-2)\cdot(a+1)=A$ und schließlich $(h-3)\cdot(a+2)=A$. Hieraus finden wir durch Gleichsetzen von 1. und 2. Gleichung aus $h\cdot a=(h-2)\cdot(a+1)$, dass $h=2a+2$ ist. Gleichsetzen von 1. und 3. Gleichung ergibt nun $(2a+2)\cdot a=(2a+2-3)\cdot(a+2)$ bzw. $2a^2+2a=2a^2-a+4a-2$ oder $a=2$, woraus $h=6$ folgt.

Diese Aufgabe lässt sich sehr gut auch durch Probieren lösen. Dabei fängt man sinnvollerweise mit der kleinsten Zahl 6 an (und ist dann gleich fertig, weil ja von den 5 Antwortmöglichkeiten stets nur eine richtig ist): Also angenommen, es handelt sich um 6 Helfer und jeder bekommt einen Apfel. Dann müssten diese 6 Äpfel auf 4 (zwei weniger) aufgeteilt werden können, was nicht geht. Also: nächster Versuch; jeder bekommt 2 Äpfel. Nun könnten die 12 Äpfel auf 4 Helfer aufgeteilt werden – und richtig bekäme jeder statt 2 nun 3 Äpfel. Und schließlich trifft auch zu, dass es bei 3 Helfern weniger – dann sind es nur 3 Helfer – für jeden 4 Äpfel, also 2 mehr als bei 6 Helfern, gibt.

L 2.23 (A) Wer mit wachem Blick auf die Produkte schaut, deren Wert bekannt ist, bemerkt, dass sich der gesuchte Quotient folgendermaßen ausrechnen lässt:
$\dfrac{e}{a}=\dfrac{bc\cdot de}{ab\cdot cd}=\dfrac{3\cdot 5}{2\cdot 4}=\dfrac{15}{8}$.

L 2.24 (B) Angenommen, es gibt ein Paar (x,y) reeller Zahlen mit der gesuchten Eigenschaft, für die also gilt: $x+y=xy=\dfrac{x}{y}$. Dann ist offenbar $y\neq 0$. Aus $xy=\dfrac{x}{y}$ folgt, dass $y=\dfrac{1}{y}$ bzw. $y^2=1$, d. h. $y=1$ oder $y=-1$ ist.

Beginnen wir mit dem ersten Fall $y=1$. Um x zu bestimmen, versuchen wir $x+y=xy$ zu lösen, also x aus $x+1=x$ zu berechnen, was offenbar nicht möglich ist, da diese Gleichung keine Lösung hat. Im zweiten Fall lautet die entsprechende Gleichung $x-1=-x$, was wir zu $2x=1$ bzw. $x=\dfrac{1}{2}$ auflösen. Eine Probe zeigt, dass wir mit $\left(\dfrac{1}{2},-1\right)$ tatsächlich eine Lösung gefunden haben.

L 2.25 (D) Addieren wir die beiden Gleichungen, die für die drei Primzahlen gelten, finden wir $2a=102+16=118$, also $a=59$. Damit muss $b+c=43$ gelten, was nur möglich ist, wenn $c = 2$ ist. Damit ist $b = 41$ und das gesuchte Produkt ist $2 \cdot 41 \cdot 59 = 4838$. Um sich für dieses Produkt zu entscheiden, ist es nicht erforderlich, die ganze Multiplikation auszuführen, denn es ist sofort zu erkennen, dass das Produkt auf 8 endet, und unter den angegebenen Lösungsmöglichkeiten befindet sich nur genau eine, die auf 8 endet.

L 2.26 (**C**) Mit d bezeichnen wir die Differenz der arithmetischen Folge, in der die Zahlen 24, a, b, c, 80 aufeinander folgen. Also ist $a = 24 + d, b = 24 + 2d$, $c = 24 + 3d$ und $80 = 24 + 4d$, woraus wir $d = (80 - 24) : 4 = 14$ errechnen. Dann ist $a + b + c = 3 \cdot 24 + 6 \cdot 14 = 156$.

L 2.27 (**E**) Da die Summe je dreier aufeinanderfolgender Folgenglieder gleich 2008 ist, gilt dies insbesondere für $a_{666} + a_{667} + a_{668} = 666 + a_{667} + a_{668} = 2008$. Da nun auch $a_{667} + a_{668} + a_{669} = 2008$ ist, muss offenbar $a_{669} = 666$ sein, wie jedes andere Folgenglied mit einem Index, der durch 3 teilbar ist, auch. Aus genau derselben Überlegung heraus ist jedes Folgenglied mit einem Index, der wie 1004 bei Division durch 3 den Rest 2 lässt, gleich 1004. 2008 lässt bei Division durch 3 den Rest 1, folglich ist das Folgenglied $a_{2008} = 2008 - 666 - 1004 = 338$. Die Folge hat die Form $\{338; 1004; 666; 338; 1004; 666; \ldots\}$.

L 2.28 (**C**) Angenommen, es gibt eine Zahl $\overline{abcdef}$ mit der beschriebenen Eigenschaft. Dann ist $c = a+b$, $d = b+(a+b) = a+2b$, $e = (a+b)+(a+2b) = 2a+3b$ und schließlich $f = 3a+5b$. Da f eine Ziffer ist, also $f \leq 9$, kommen als Lösungen nur $a = 1, b = 1$; $a = 1, b = 0$; $a = 2, b = 0$ und $a = 3, b = 0$ in Frage. Die entsprechenden 6-stelligen Zahlen sind 112358; 101123; 202246 und 303369.

2.3 Ungleichungen

L 2.29 (**E**) Da $a < -1$, ist $-a > 1$, also auch $a^2 > 1$, woraus folgt, dass die unter (**B**), (**C**) und (**D**) aufgeführten Werte sämtlich größer als 0 sind. Da $|a| > 1$, ist $a^2 > |a|$, so dass nun wegen $-a^2 - 1 < a - 1$ folgt, dass (**E**) die Lösung ist.

L 2.30 (**E**) Wenn ein Quotient größer als 0 ist, so haben Divisor und Dividend dasselbe Vorzeichen, und damit ist auch deren Produkt größer als 0, mit anderen Worten $xy < 0$ ist unmöglich. – Für die anderen vier Ungleichungen können wir Zahlen x und y angeben, die diese neben der Ungleichung $\frac{x}{y} > 1$ erfüllen. Es ist z. B. für $x = -1$, $y = -0{,}5$ die Bedingung $\frac{x}{y} = \frac{-1}{-0{,}5} = 2 > 1$ erfüllt, und die Ungleichungen $x < y$, $x < 0$, $x < 1$ wie auch $xy < 1$ sind sämtlich wahr.

L 2.31 (**B**) Der Quotient kann 100 sein, z. B. für die Zahlen 100 oder 400. Er kann nicht größer als 100 sein, denn offenbar ist $100a+10b+c \leq 100a+100b+100c$ bzw. $\dfrac{100a+10b+c}{a+b+c} \leq 100$.

L 2.32 (**D**) Wenn $a+b>0$ ist, jedoch $(a+b)+b=a+2b<0$, so muss b negativ sein, und a positiv.

Damit ist klar, dass weder (**A**) noch (**B**) gelten kann. Ebenso ist klar, dass wegen $a>0$ mit $a+b>0$ auch $2a+b>0$ ist – und wegen $b<0$ mit $a+2b<0$ dann auch $a+3b<0$ gilt. Damit bleibt $2a+3b$ übrig. Und $2a+3b$ kann bei geeigneter Wahl von a und b tatsächlich positiv oder negativ werden. Setzen wir nämlich z. B. $a=1, b=-0,6$, so ist $a+b=0,4>0$ und $a+2b=-0,2<0$ und $2a+3b=2-1,8>0$; setzen wir $a=1, b=-0,9$, gilt wieder $a+b=0,1>0$ und $a+2b=-0,8<0$, aber diesmal ist $2a+3b=2-2,7<0$.

L 2.33 (**C**) Wir wissen, dass beide Zahlen – Zähler und Nenner – negativ sind, folglich ist der Bruch positiv. Da der Zähler um 1 größer ist als der Nenner, ist sein Absolutbetrag um 1 kleiner als der Absolutbetrag des Nenners, daraus folgt $0<b<1$.

L 2.34 (**C**) Da die Punktzahl-Summe der beiden verschiedenen niedrig bewerteten Aufgaben 10 ist, muss die größere der Punktzahlen ≥ 6 sein – folglich die gesuchte mittlere Punktzahl ≥ 7. Ebenso muss eine der Punktzahlen der beiden verschiedenen am höchsten bewerteten Aufgaben ≤ 8 sein – folglich die mittlere ≤ 7. Also ist die mittlere Punktzahl 7.

L 2.35 (**A**) Judith hat nach dem ersten Vierteljahr einen Zensurendurchschnitt von 5,0. Wir können voraussetzen, dass sie k-mal die Zensur 5 bekommen hat. Nun erhält sie 3 Sechsen und verbessert sich auf 5,3. Dann gilt also $\dfrac{k\cdot 5+3\cdot 6}{k+3}=5{,}3$, woraus wir $k=7$ errechnen. Will Judith den Durchschnitt auf 5,6 verbessern, so sind – vorausgesetzt, sie bekommt nur noch Sechsen – x Sechsen nötig, und es muss die folgende Ungleichung für x gelten: $\dfrac{7\cdot 5+(3+x)\cdot 6}{7+3+x}>5,55$. Das formen wir um zu $53+6x>55,5+5,55x$ bzw. $0,45x>2,5$, woraus $x>5$ folgt. Und mit 7 Fünfen und $3+6=9$ Sechsen beträgt der Zensurendurchschnitt in Mathematik auch wirklich $(35+54):(7+9)=89:16=5,5625$.

L 2.36 (**A**) Damit die Prozentangaben sinnvoll sind, muss der prozentuale Anteil der gelungenen Versuche zwischen 45 % und 50 % betragen, d. h., der Quotient aus gelungenen und insgesamt durchgeführten Versuchen muss eine Zahl zwischen $\dfrac{45}{100}=\dfrac{9}{20}$ und $\dfrac{50}{100}=\dfrac{1}{2}$ sein. Wer hier mit den 5 Lösungsvorschlägen probiert, findet schnell, dass man 11 Versuche braucht, von denen 5 gelungen sein müssen.

Die Aufgabe lässt sich natürlich auch systematisch lösen: Es seien p und q ganze Zahlen derart, dass $\frac{9}{20} < \frac{p}{q} < \frac{1}{2}$ gilt. Das lässt sich umformen zu $9q < 20p$ und $2p < q$. Aus der 2. Ungleichung folgt $2p + 1 \leq q$. Setzen wir dies in die 1. Ungleichung ein, erhalten wir $9 \cdot (2p + 1) \leq 9q < 20p$ oder $18p + 9 < 20p$ bzw. $2p > 9$ oder $p > 4,5$ bzw. $p \geq 5$. Daraus finden wir $q > 10$ und mit $\frac{5}{11}$ einen Bruch, für den $\frac{9}{20} < \frac{5}{11} < \frac{1}{2}$ gilt.

2.4 Quadratische und andere nichtlineare Gleichungen

L 2.37 (E) Wir setzen 4^x anstelle der 9 in die zweite Gleichung ein: $(4^x)^y = 4^{(x \cdot y)} = 256 = 4^4$; also ist $xy = 4$. Für diese Aufgabe genügt es nicht, die Potenzgesetze anwenden zu können, auch die Zweierpotenzen muss man kennen.

L 2.38 (A) Wegen $2^{x+1} = 2 \cdot 2^x$ und $3^{y+2} = 3^2 \cdot 3^y$ können wir $2^x(2+1) = 3^y(9-1)$ schreiben bzw. $2^{x-3} = 3^{y-1}$. Da 2 und 3 Primzahlen sind, ergibt sich hieraus sofort, dass $x - 3 = y - 1 = 0$, also insbesondere $x = 3$ ist.

L 2.39 (E) Wir multiplizieren die beiden gegebenen Gleichungen: $x^2yz^3 \cdot xy^2 = 7^3 \cdot 7^9$ bzw. $(xyz)^3 = 7^{3+9} = 7^{12}$, woraus $xyz = 7^{12:3} = 7^4$ folgt.

L 2.40 (C) Da wir an dem Wert $x^2 + y^2 + z^2$ interessiert sind, versuchen wir es mit dem Quadrieren der Summe $x + y + z$. Es ist

$$1 = (x + y + z)^2 = x^2 + y^2 + z^2 + 2 \cdot (xy + yz + zx).$$

Nun ist eine Idee gefragt, wie unter Einbeziehung der vorgegebenen Gleichheit $\frac{1}{x} + \frac{1}{y} + \frac{1}{z} = 0$ eine Erkenntnis gewonnen werden kann. Z. B. können wir bei dem Term $xy + yz + zx$ das Produkt xyz ausklammern. Dann finden wir $xy + yz + zx = xyz \cdot \left(\frac{1}{x} + \frac{1}{y} + \frac{1}{z}\right) = 0$, womit gezeigt ist, dass $x^2 + y^2 + z^2 = 1$ ist.

L 2.41 (A) Falls $(x; y; z)$ ein Lösungstripel ist, so gilt sicher für alle drei Zahlen, dass ihr Betrag höchstens gleich 3 ist. Folglich kommen nur die Werte $0; \pm 1; \pm 2; \pm 3$ in Frage. Ist eine der Zahlen dem Betrage nach 3, so sind die beiden anderen 0. Die entsprechenden Lösungstripel sind: $(3; 0; 0)$, $(0; 3; 0)$, $(0; 0; 3)$, $(-3; 0; 0)$, $(0; -3; 0)$, $(0; 0; -3)$. Falls eine der Zahlen dem Betrage nach gleich 2 ist, so muss die Summe der Quadrate der beiden anderen – ganzen – Zahlen $9 - 4 = 5$ sein. Das ist jedoch nur möglich, wenn eine weitere der drei Zahlen dem Betrage nach 2 und die dritte dem Betrage nach 1 ist.

Die entsprechenden Lösungstripel sind

$$\begin{array}{cccc} (2;2;1) & (2;2;-1) & (2;-2;1) & (2;-2;-1) \\ (-2;2;1) & (-2;2;-1) & (-2;-2;1) & (-2;-2;-1) \\ (2;1;2) & (2;1;-2) & (2;-1;2) & (2;-1;-2) \\ (-2;1;2) & (-2;1;-2) & (-2;-1;2) & (-2;-1;-2) \\ (1;2;2) & (1;2;-2) & (1;-2;2) & (1;-2;-2) \\ (-1;2;2) & (-1;2;-2) & (-1;-2;2) & (-1;-2;-2) \end{array}$$

Eine andere Aufteilung ist nun offenbar nicht mehr möglich. Wir haben insgesamt 30 Tripel gefunden.

L 2.42 (**D**) Angenommen, es existiert ein ganzzahliges Lösungspaar der Gleichung $x^2+ax+2007=0$. Mit $(x_1;x_2)$ sei ein solches Lösungspaar bezeichnet. Dann gilt nach dem Satz von Vieta $x_1 \cdot x_2 = 2007$. Zerlegen wir nun 2007 in Primfaktoren, so finden wir $2007 = 3 \cdot 3 \cdot 223$. Damit sind die ganzzahligen Lösungspaare klar. Es sind $(-1;-2007)$, $(-3;-669)$, $(-9;-223)$, $(1;2007)$, $(3;669)$, $(9;223)$, und dazu gehören die 6 Werte für a: 2008, 672, 232, -2008, -672, -232.

L 2.43 (**D**) Wenn a und b Lösungen sind, so ist nach dem Satz von Vieta $a+b=3$ und $ab=1$. Dann gilt $(a+b)^3 = a^3+3a^2b+3ab^2+b^3$, woraus wir ausrechnen, dass $a^3+b^3=(a+b)^3-3ab(a+b)=3^3-3\cdot 1\cdot 3=18$ ist.

Die Aufgabe lässt sich ebenso lösen – allerdings mit mehr Rechenaufwand –, indem man die quadratische Gleichung unter Verwendung der bekannten Lösungsformel löst, die beiden Lösungen in die dritte Potenz erhebt und addiert.

L 2.44 (**D**) Angenommen, es gibt ein b, für das zwei verschiedene gerade Zahlen Lösung der quadratischen Gleichung sind, dann seien diese beiden Zahlen $2k$ und $2l$. Nach dem Vietaschen Wurzelsatz gilt dann $b=2k+2l$ und $80=2k\cdot 2l=4kl$. Wir untersuchen die letzte Gleichung: $kl=20$. Dafür gibt es ausgehend von der Primzahlzerlegung von $20=2^2\cdot 5$ folgende Möglichkeiten für k und l: $k=1, l=20$, also $b=42$ – die beiden geradzahligen Lösungen sind 2 und 40; $k=2, l=10$, also $b=24$ – hier sind die beiden geradzahligen Lösungen 4 und 20; $k=4, l=5$, also $b=18$ – mit den beiden geradzahligen Lösungen 8 und 10. Ein Vertauschen von k und l ergibt keine neuen Werte für b, es gibt genau drei Werte, die der Parameter b annehmen kann.

L 2.45 (**E**) Wer vermutet, dass sich zu den Punkten (**A**) bis (**D**) jeweils x, y und z so wählen lassen, dass die dortigen Aussagen – Ungleichungen oder Gleichungen – falsch sind, hat recht. Durch gutes Schätzen oder, wie im Folgenden, die Angabe geeigneter Beispiele lässt sich dies zeigen.

Wählen wir $x=10$, $y=9{,}97$ und $z=0{,}03$, dann sind $x>y>z>0$ und $x+y+z=20$ erfüllt. Es ist $10\cdot 9{,}97=99{,}7>99$. An diesem ersten Beispiel wird bereits das Muster deutlich. Um $x \cdot y = 26$ unter Beibehaltung der gesetzten Nebenbedingungen zu erreichen, muss x relativ groß sein. Wir versuchen $x = 18$, dann ist mit $y = \frac{26}{18} = \frac{13}{9} > 1$ die Bedingung $x \cdot y = 26$ erfüllt, und wenn wir $z = 20 - 18 - \frac{13}{9} = \frac{18 - 13}{9} = \frac{5}{9}$ setzen, wegen $\frac{5}{9} < 1$ auch $x > y > z > 0$. Für (**C**) überlegen wir uns, dass $20 \cdot 0{,}00001 = 0{,}0002 < 0{,}001$ ist. Wählen wir nun $x = 20 - 0{,}00001$ und teilen $0{,}00001$ zwischen y und z so auf, dass $y > z > 0$ ist, haben wir auch hier geeignete Zahlen gefunden, die belegen, dass die Aussagen, dass $x \cdot y$ *stets* größer als $0{,}001$ ist, falsch ist. Schließlich nehmen wir $x = 9$ (da $8^2 < 74 < 9^2$) an. Dann ist mit $y = \frac{74}{9}$ und $z = 20 - 9 - \frac{74}{9} = \frac{99 - 74}{9} = \frac{25}{9} < \frac{74}{9}$ wieder ein Tripel mit $x > y > z > 0$ und $x + y + z = 20$ gefunden, für das entgegen (**D**) $x \cdot y = 74$ ist.

2.5 Funktionen und Graphen von Funktionen

L 2.46 (**E**) Zur Lösung dieser Aufgabe ist eine Skizze hilfreich (s. Abb.), auf der die Geraden $y = 2x + 3$ und $y = 5$ sowie der Punkt $(0; -3)$ eingezeichnet sind. Es ist sofort ersichtlich, dass der Anstieg k eine relativ große Zahl sein muss. Der Schnittpunkt der beiden Geraden $y = 2x+3$ und $y = 5$ ist $(1; 5)$, dieser Punkt liegt auch auf der Geraden $y = 8x - 3$. Folglich muss der Anstieg k größer als 8 sein.

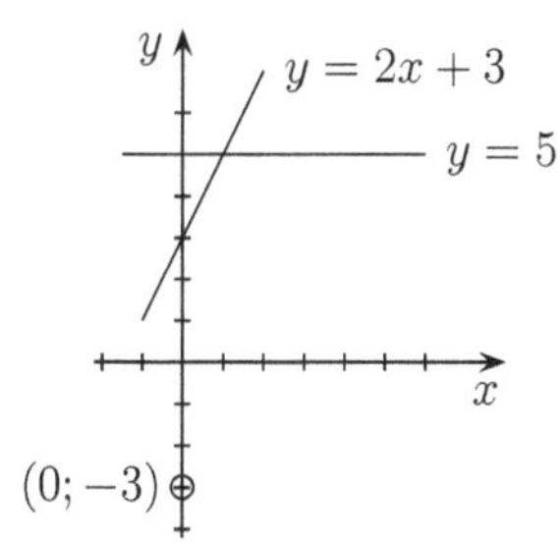

L 2.47 (**E**) Es ist $\cos 89° = \sin(90° - 89°) = \sin 1°$, und damit ist der Quotient gleich 1.

L 2.48 (**E**) Wenn eine Funktion $f(x)$ symmetrisch bezüglich der y-Achse ist, bedeutet dies, dass $f(x) = f(-x)$ ist. Diese Eigenschaft hat von den vorgeschlagenen nur $f(x) = x \cdot \sin x$, denn $f(-x) = (-x) \cdot \sin(-x) = (-x) \cdot (-\sin x) = x \cdot \sin x$.

L 2.49 (**D**) Da allgemein $\cos x = -\cos(180°+x)$ gilt, lassen sich die Summanden geeignet zusammenfassen, so dass wir $(\cos 1° + \cos 181°) + (\cos 2° + \cos 182°) + \cdots + (\cos 179° + \cos 359°) + \cos 180° = \cos 180° = -1$ erhalten.

L 2.50 (**E**) Es ist $-1 \leq \sin x \leq 1$. Daraus folgt, dass $-8 \leq 5\sin x - 3 \leq 2$ und folglich $0 \leq |5\sin x - 3| \leq 8$ ist.

L 2.51 (**D**) Da in der Funktion Beträge auftauchen, zerlegen wir den Definitionsbereich so, dass sich diese Beträge jeweils einheitlich auflösen lassen. Sei also $x \leq -1$. Dann ist $y = \sqrt{|(1+x)^2|} = |1+x| = -1-x$, das ist eine Geradengleichung. Damit kommt Lösungsvorschlag (**E**) nicht mehr in Frage.
Im Bereich $-1 < x < 0$ ist wieder $y = |1+x|$, die Auflösung führt dann allerdings zu $y = 1+x$, wiederum einer Geradengleichung, womit (**C**) und (**D**) noch in der Auswahl sind; die beiden anderen Darstellungen gehören gewiss zu anderen Funktionen.
Im Bereich $0 \leq x \leq 1$ ist $y = \sqrt{(1+x)(1-x)}$ bzw. $y^2 = 1-x^2$ oder $x^2+y^2 = 1$, Gleichung eines Kreises mit Radius 1. Damit ist klar, dass nur (**D**) die Lösung sein kann.
Wir vergewissern uns, dass der Graph auch für den Bereich $1 < x$ richtig sein kann. In diesem Teil des Definitionsbereiches ist $y = \sqrt{|1-x^2|} = \sqrt{x^2-1}$ bzw. $x^2-y^2 = 1$, das ist die Gleichung einer Hyperbel, und das passt zum Aussehen des Graphen bei (**D**)

L 2.52 (**B**) Wir bezeichnen mit x_1, x_2 und x_3 die Nullstellen der Funktion. Nach dem Satz von Vieta ist nun $b = -(x_1+x_2+x_3)$. Die Nullstellen der Funktion lassen sich am Graphen gut ablesen, somit ist $b \approx -(-1+0,5+2,5)$, also $b \approx -2$.

L 2.53 (**A**) Wir setzen ein und rechnen: $\dfrac{2g(x)}{3g(x)+4} = x$.

Dann gilt $2g(x) = x \cdot 3g(x) + 4x$ bzw. $g(x)(2-3x) = 4x$, woraus dann $g(x) = \dfrac{4x}{2-3x}$ folgt, sofern $2-3x \neq 0$ ist.

L 2.54 (**C**) Wir schreiben einige Folgenglieder auf, um einen Eindruck von der Gestalt der Folge zu bekommen.

Es ist $a_2 = 0-1\cdot 1$, $a_3 = 0-1+1\cdot 2$, $a_4 = 0-1+2-3$, $a_5 = -1+2-3+4, \ldots$. Die Folgenglieder sind alternierende Summen, abwechselnd positiv und negativ, und zwar $0; -1; 1; -2; 2; -3 \ldots$, so dass schnell überschlagen werden kann, dass nur die 4017 als Lösung in Frage kommt.

Wir wollen jedoch beweisen, dass die Folge tatsächlich die genannte Gestalt hat. Den Beweis führen wir mit der Methode der vollständigen Induktion.
Wir behaupten also, dass $a_{2n} = -n$ und $a_{2n+1} = n$ ist. Dass der Induktionsanfang richtig ist, haben wir mit den Anfangsgliedern bereits gezeigt. Wir nehmen also an, dass es ein k gibt, für das die Behauptung zutrifft.
Dann ist $a_{2k+2} = a_{2k} + (-1)^{2k} \cdot 2k + (-1)^{2k+1} \cdot (2k+1)$ bzw. $a_{2k+2} = -k+2k-(2k+1) = -(k+1)$. Der Beweis für ungeraden Index verläuft analog.
Nun rechnen wir noch die Lösung aus: Da $a_k = 2008 > 0$ ist, muss der Index ungerade sein und zwar $k = 2 \cdot 2008 + 1 = 4017$.

3 Kombinatorik – mit Zahlen und Figuren

3.1 Kombinatorik mit Zahlen

Gutes Kombinieren erleichtert das Zählen

L 3.1 (D) Es gibt drei Plätze zu besetzen; links, Mitte und rechts.Links kann Lisa zunächst jedes der drei Stofftiere setzen. Für jede dieser drei Möglichkeiten kann sie als Nächstes eines der zwei verbleibenden Stofftiere in die Mitte setzen. Danach gibt es immer nur ein verbleibendes Stofftier, das rechts gesetzt werden muss. Es gibt also zu jeder der drei Möglichkeiten, ein Stofftier links zu setzen, zwei Möglichkeiten ein Stofftier in die Mitte zu setzen, das sind $3 \cdot 2 = 6$ insgesamt.

L 3.2 (D) Jeder der 3 Knöpfe kann jede der 3 Stellungen einnehmen. Dabei ist die Stellung eines jeden Knopfes unabhängig davon, welche Stellung die anderen beiden haben. Daher kann zu jeder der drei Stellungen ▲, ■ bzw. ● des ersten Knopfes jede des zweiten hinzutreten, so dass es $3 \cdot 3 = 3^2$ Möglichkeiten sind. Beim dritten Knopf, der wiederum unabhängig von den beiden anderen gedreht werden kann, können zu den bisherigen dessen drei Stellungen ▲, ■ und ● kombiniert werden, so dass es dann insgesamt $3 \cdot 3 \cdot 3 = 3^3 = 27$ Möglichkeiten sind. – Bei dieser Aufgabe ist es auch gut möglich, sich alle Varianten, die Ida sich aussuchen konnte, aufzuzeichnen oder aufzuschreiben. Allerdings nimmt das bei 27 Möglichkeiten schon ziemlich viel Zeit in Anspruch.

L 3.3 (E) Als Zehnerziffer kommen nur die Ziffern von 1 bis 9 in Frage. Davon fällt allerdings die 9 auf Grund der Bedingung, dass die Einerziffer größer sein soll als die Zehnerziffer, weg. Bei 8 als Zehnerziffer kann die Einerziffer nur 9 sein, ist die Zehnerziffer 7, so sind die Einerziffern 8 und 9 möglich. Für 6 als Zehnerziffer sind es die drei möglichen Einerziffern 7, 8 und 9 usw. Bei 1 als Zehnerziffer sind es schließlich die 8 möglichen Einerziffern 2, 3,. . . , 9. Insgesamt gibt es $1+2+3+4+5+6+7+8 = 36$ zweistellige Zahlen, bei denen die Einerziffer größer ist als die Zehnerziffer.

L 3.4 (C) Beim Zusammenschieben der Tische fallen jene Plätze weg, an denen zwei Tischkanten aneinandergeschoben werden. Es stehen dann je „Mitteltisch“ 2 und je „Randtisch“

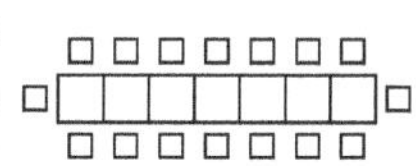

3 Arbeitsplätze (oder Sitzmöglichkeiten) zur Verfügung. Insgesamt haben wir nun $5 \cdot 2 + 2 \cdot 3 = 16$ Plätze (s. Abb.). Man könnte sich das ebensogut auch folgendermaßen überlegen: Nach dem Zusammenschieben „liefert“ zunächst jeder Tisch zwei Plätze. Dazu kommen dann noch die beiden Plätze an den Stirnseiten. Das ergibt $7 \cdot 2 + 2 = 16$ Plätze.

L 3.5 (A) Schlimmstenfalls kann Till, bevor er das erste Paar zusammenbekommt, von jedem Paar genau einen Socken herausgreifen. Das sind insgesamt $5 + 10 + 15 = 30$ Stück. Jeder Socken, den er nun nimmt, macht ein Paar komplett. Da Till 7 Paar Socken braucht, ist er bei 37 Socken aus der Kiste sicher, 7 Paare dabei zu haben.

Wer meint, dass Gleichfarbigkeit von Socken genügt, um als Paar zu gelten (und nicht auch noch Material und Muster eine Rolle spielen), wird feststellen, dass die unter dieser Voraussetzung richtige Lösung, mindestens 16 Socken zu entnehmen, nicht vorgesehen ist. Demzufolge ist davon auszugehen, dass sich alle Paare voneinander unterscheiden – auch die gleichfarbigen.

L 3.6 (E) Das Feld B befindet sich 4 Schritte in senkrechter und 3 Schritte in waagerechter Richtung vom Feld A entfernt. Bei einem waagerechten bzw. einem senkrechten Schritt der Spielfigur von A in Richtung B wird entsprechend *genau eine* der Zahlen 4 oder 3 um 1 vermindert. Bei einem diagonalen Schritt vermindern sich *beide* gleichzeitig um 1. Die Anzahl der Schritte kann demzufolge nicht kleiner als $3 + 1 = 4$ sein, wobei sich die Gesamtbewegung dann aus 3 diagonalen und einem senkrechten Schritt zusammensetzt.

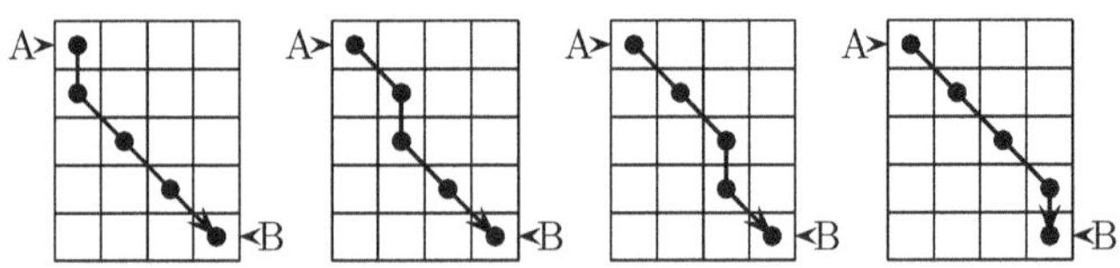

Der senkrechte Schritt kann als erster, als zweiter, als dritter oder als vierter erfolgen. Es gibt also insgesamt genau 4 verschiedene Wege mit minimaler Schrittzahl.

L 3.7 (A) Da in der dritten Spalte bereits 2 Sterne sind, müssen dort 2 Herzen ergänzt werden. Dann befinden sich in der 3. Zeile 2 Herzen, so dass das Feld X und das andere noch leere Feld mit Sternchen belegt werden müssen. Nun befinden sich in der 1. Spalte 2 Sterne; es sind folglich 2 Herzen zu ergänzen. Dadurch haben wir nun in der 4. Zeile 2 Herzen, müssen also 2 Sterne eintragen, insbesondere auch auf dem Feld Y. Die Felder X und Y müssen also beide mit Sternchen belegt werden. Wie man sich leicht überzeugen kann, lässt sich die Tafel so weiter vollständig unter Einhaltung der Regel ausfüllen.

L 3.8 (B) Zuerst bemerken wir, dass ein Dreieck immer dann entsteht, wenn zwei Punkte auf einer der beiden Geraden liegen und der dritte Punkt auf der anderen Geraden. Wir halten nun die Gerade mit den 4 Punkten fest. Dann gibt es zu jedem Paar, das ich aus den 4 Punkten bilden kann, mit jedem der beiden Punkte auf der zweiten Geraden ein Dreieck. Da sich genau 6 Punktepaare aus den 4 Punkten auswählen lassen, entstehen hierdurch $6 \cdot 2 = 12$ Dreiecke. Nehmen wir nun die beiden Punkte der zweiten Geraden und verbinden sie mit jedem einzelnen der 4 Punkte der ersten Geraden, so kommen noch einmal 4 Dreiecke hinzu. Damit gibt es insgesamt $12 + 4 = 16$ Dreiecke.

Wegen der noch überschaubaren Anzahl von Punkten ist es hier auch gut möglich, sich eine Skizze zu machen, die Punkte zu bezeichnen und die Dreiecke systematisch aufzulisten. Es sind: ABE, ACE, ADE, BCE, BDE, CDE, ABF, ACF, ADF, BCF, BDF, CDF, AEF, BEF, CEF, DEF.

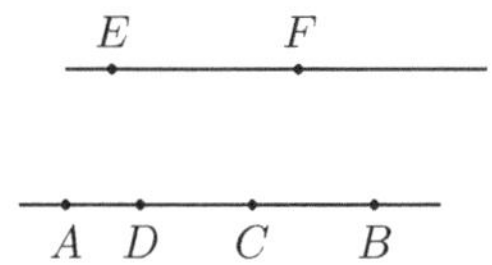

L 3.9 (**D**) Aus den 4 Familienmitgliedern lassen sich in beiden Familien $\binom{4}{2} = \frac{4 \cdot 3}{2} = 6$ Paare bilden (Wer die Formel nicht kennt, findet die Anzahl auch sehr schnell durch Aufschreiben aller möglichen Paare.). Dabei ist jedes der Familienmitglieder in genau 3 Paaren „enthalten“, hat also insgesamt $3 \cdot 6 = 18$ Spiele zu absolvieren.

L 3.10 (**C**) Die beiden Freunde haben 6 Möglichkeiten, eine der 6 Fensterscheiben mit einer Lampe zu beleuchten. Kommt eine zweite Lampe hinzu, so gibt es für *jede* der 6 Möglichkeiten 5 Varianten, die 2. Scheibe auszuwählen, das sind zusammen $6 \cdot 5 = 30$. Allerdings ist hier jede Scheibe einmal als erste und einmal als zweite gezählt worden; es muss also noch durch 2 dividiert werden. Die Anzahl der Möglichkeiten ist 15.

L 3.11 (**D**) Die Anzahl der Zellen, die bei einer Einteilung der 15 Geraden in zwei Gruppen entstehen, lässt sich schnell ausrechnen: Bei einer Teilung $2 : 13$ entstehen $1 \cdot 12 = 12$ Zellen. Teilen wir $3 : 12$, sind es $2 \cdot 11 = 22$, bei $4 : 11$ entstehen $3 \cdot 10 = 30$, bei $5 : 10$ schon $4 \cdot 9 = 36$, bei $6 : 9$ dann $5 \cdot 8 = 40$ und bei $7 : 8$ schließlich $6 \cdot 7 = 42$ Zellen.

Allgemein gilt für n Geraden, dass bei einer Teilung in $m : (n - m)$ mit $m \leq \frac{n}{2}$ genau $(m - 1) \cdot (n - m - 1) = mn - m^2 - m - n + m + 1 = m \cdot (n - m) - n + 1$ Zellen entstehen. In diesem Term ist der Teil $-n + 1$ eine feste, nur von der Zahl der Geraden, nicht von ihrer Teilung in zwei Gruppen abhängige Zahl, während $m \cdot (n - m)$ unmittelbar von m abhängt.

Es lässt sich zeigen: Wenn n gerade ist, so ist das Produkt für $m = \frac{n}{2}$ am größten. Ist n ungerade, so ist das Produkt für $m = \frac{n-1}{2}$ am größten.

L 3.12 (**C**) Theodoras Banknachbar hat, da nur 4 Ziffern erschienen sind, zweimal eine 1 eingegeben. Das ist auf folgende Arten möglich: 118773, 181773, 187173, 187713, 187731, 811773, 817173, 817713, 817731, 871173, 871713, 871731, 877113, 877131, 877311. Das sind insgesamt 15 Möglichkeiten.

Diese Aufgabe lässt sich auch lösen, ohne alle Zahlen aufzuschreiben. Wir lassen die erste 1 von vorn bis zum letztmöglichen Platz in der 6-stelligen Zahl (das ist die 10er Stelle) „wandern“, wobei die zweite 1 jeweils alle verbleibenden Plätze einnimmt. Dabei erhalten wir zuerst (wenn die erste 1 auf der 100 000er Stelle steht) 5, dann 4, dann 3, dann 2, schließlich eine Möglichkeit für die zweite 1, so dass sich als gesuchte Anzahl $5+4+3+2+1=15$ ergibt.

L 3.13 (D) Von 1 bis 21 sind genau 7 Zahlen durch 3 teilbar. Löschen wir also Zeilen, die mit Zahlen beschriftet sind, die nicht durch 3 teilbar sind, verbleiben 7 Zeilen (3, 6,. . . ,21). Löschen wir alle Spalten mit gerader Nummer zwischen 1 und 33, verbleiben 17 Spalten (1, 3,. . . ,33). Es bleiben daher $7 \cdot 17 = 119$ Felder der Tabelle bestehen.

L 3.14 (C) Für die Waggons I und II sind folgende Positionen möglich:

I	II	□	□	□	□	I	II	□	□	□	□	I	II	□
I	□	II	□	□	□	I	□	II	□	□	□	I	□	II
I	□	□	II	□	□	I	□	□	II	□	□	□	I	II
I	□	□	□	II										

Die anderen drei Waggons können in jeder der 10 unterschiedlichen Positionen, die die Waggons I und II im Zug einnehmen können, in allen 6 möglichen Vertauschungen, die diese drei Wagen untereinander einnehmen können, nämlich

III	IV	V	IV	III	V	V	III	IV
III	V	IV	IV	V	III	V	IV	III

angeordnet sein. Insgesamt gibt es folglich $10 \cdot 6 = 60$ Möglichkeiten, die Waggons in der geforderten Weise aneinander zu reihen.

L 3.15 (B) Zuerst kümmern wir uns darum, als wievielte Ingredienz $\mathcal{A}$ und $\mathcal{D}$ eingemischt werden. Beginnt Jule mit $\mathcal{A}$, so kann $\mathcal{D}$ als 2., 3., 4. oder 5. Substanz ins Gemisch gelangen. Ist $\mathcal{A}$ die 2. Substanz, so bleiben für $\mathcal{D}$ die Plätze 3 oder 4 oder 5. Wenn $\mathcal{A}$ als 3. Bestandteil beigemengt wird, kann $\mathcal{D}$ an 4. oder 5. Stelle hinzukommen, und wenn schließlich $\mathcal{A}$ als vorletzte Substanz dazukommt, kann $\mathcal{D}$ nur letzte sein. Insgesamt sind das $4+3+2+1=10$ Möglichkeiten. Da die Reihenfolge der anderen drei Ingredienzien freigestellt ist, kann sie bei jeder der 10 Positionen von $\mathcal{A}$ und $\mathcal{D}$ in jeder möglichen Vertauschung – davon gibt es für drei Substanzen genau $1 \cdot 2 \cdot 3 = 6$ Möglichkeiten – auftreten, so dass sich insgesamt $10 \cdot 6 = 60$ verschiedene Mixturen erzeugen lassen.

Wer in der Kombinatorik bereits ein wenig geübt ist, überlegt sich, dass von den insgesamt $5! = 1 \cdot 2 \cdot 3 \cdot 4 \cdot 5 = 120$ Möglichkeiten, die 5 Substanzen miteinander zu vertauschen, die Hälfte wegfällt, weil zwei, nämlich $\mathcal{A}$ und $\mathcal{D}$ nicht miteinander vertauscht werden dürfen, also bleiben 60 Möglichkeiten. – Mathematisch ist die Aufgabe mit der vorhergehenden identisch.

L 3.16 (**C**) Es ist relativ leicht zu erkennen, dass die Zahl der Punkte, die man entfernen muss, größer als 2 sein muss, denn man findet leicht drei gleichseitige Dreiecke, die keine gemeinsamen Punkte haben, und von denen man folglich je mindestens einen Punkt entfernen muss (s. Abb. 1).

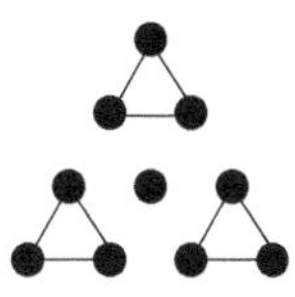

Abb. 1

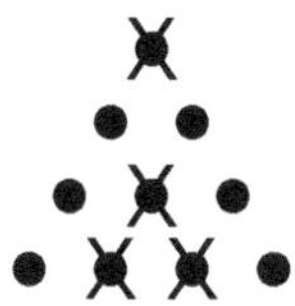

Abb. 2

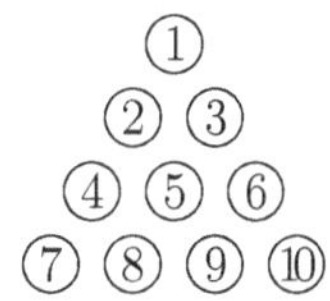

Abb. 3

Dass es genügt, 4 Punkte zu entfernen, um die Bildung von gleichseitigen Dreiecken aus den restlichen Punkten auszuschließen, lässt sich gut durch systematisches Probieren herausfinden (Abb. 2), wobei die Symmetrien, die es in der Ausgangsfigur gibt, hilfreich sind.

Wir wollen nun noch beweisen, dass es nicht ausreicht, 3 Punkte zu streichen. Wir stellen uns vor, dass die Punkte durchnummeriert sind (Abb. 3). Nun können wir feststellen, dass es genau die folgenden gleichseitigen Dreiecke gibt:

1	2	3	1	4	6	1	7	10	2	4	5	2	7	9
2	6	8	2	3	5	3	5	6	3	8	10	3	4	9
4	7	8	4	5	8	5	8	9	5	6	9	6	9	10

Von den drei Punkten 1, 7 und 10 muss gewiss einer entfernt werden, welcher ist aus Symmetriegründen egal. Entfernen wir also Punkt 1. Entfernen wir nun einen zweiten Punkt, z. B. den Punkt 2, so finden wir zwei Dreiecke, die keinen gemeinsamen Punkt haben, beispielsweise die Dreiecke 3 5 6 und 4 7 8. Nun können wir relativ schnell durchprobieren und überblicken, dass egal, welchen Punkt wir als zweiten entfernen, dann stets noch solche Dreiecke übrigbleiben, die keinen gemeinsamen Punkt haben.

L 3.17 (**D**) Wir wählen ein geeignetes Teilstück aus dem Zaun aus und zählen die Vierkantstäbe dieses Teils. Es besteht aus drei Achtecken und Quadratteilen, wobei das 3. Achteck erst beim Zusammensetzen entsteht, ebenso wie die beiden Quadrate. Da insgesamt 61 Achtecke gezählt wurden, existieren von diesem Teilstück also 20, das 61. Achteck ist das links außen – außerdem ist es für die Komplettierung am rechten Rand notwendig, die beiden „offenen Quadratseiten“ sowie ein zusätzliches Vierkantstück zum abschließenden Achteck zu ergänzen.

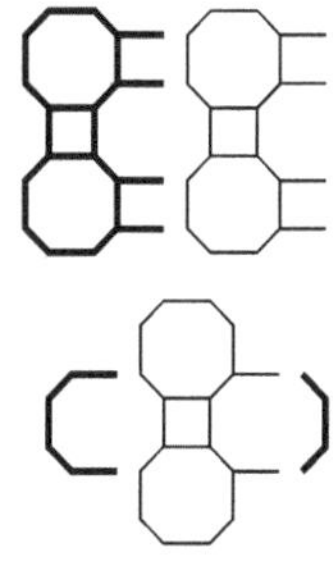

In dem von uns gewählten Teilstück finden wir 22 Vierkantstäbe. Was nun noch hinzukommt, ist oben bereits beschrieben und in der unteren Zeichnung noch einmal dargestellt. Es sind links 5 Vierkantstäbe und rechts einer. Damit wurden insgesamt $20 \cdot 22 + 5 + 1 = 446$ Vierkantstäbe verbaut.

L 3.18 (D) Die gesuchte Zahl ist die Anzahl der dreistelligen natürlichen Zahlen mit drei verschiedenen Ziffern, deren Hunderterziffer kleiner als die Einerziffer ist.

Es gibt zehn Möglichkeiten, eine beliebige Ziffer auszuwählen, und 9 Möglichkeiten, eine zweite, davon verschiedene Ziffer zu wählen. Damit gibt es $10 \cdot 9 = 90$ Möglichkeiten, zwei verschiedene Ziffern (unter Berücksichtigung der Reihenfolge) auszuwählen. In der Hälfte aller 90 Fälle, also in 45 Fällen, ist die erste ausgewählte Ziffer kleiner als die zweite, in 9 dieser 45 Fälle ist dabei die erste Ziffer 0. Somit gibt es 36 Möglichkeiten für die Wahl von Hunderterziffer ($\neq 0$) und Einerziffer einer dreistelligen Zahl derart, dass die Hunderterziffer kleiner als die Einerziffer ist. Für jede dieser 36 Möglichkeiten stehen noch 8 von Hunderter- und Einerziffer verschiedene Ziffern als Zehnerziffer zur Verfügung. Daher ist die Anzahl der Zahlen mit der geforderten Eigenschaft $36 \cdot 8 = 288$.

Wachstumsgesetze gesucht

L 3.19 (A) In jedem Schritt wird bei der Figurenfolge ein Quadrat in 4 Quadrate geteilt. Dabei erhöht sich die Anzahl der Quadrate jedesmal um 3. So besteht die 1. Figur aus einem Quadrat, die zweite aus $1 + 3 = 4$ Quadraten, die 3. aus $(1+3)+3 = 1+2\cdot 3 = 7$ Quadraten, die 4. aus $(1+2\cdot 3)+3 = 1+3\cdot 3 = 10$, die 5. aus $(1+3\cdot 3)+3 = 1+4\cdot 3 = 13$ und die 6. aus $1+(4\cdot 3)+3 = 1+5\cdot 3 = 16$ Quadraten. – Die 100. Figur würde dann aus $1+99\cdot 3 = 298$ Quadraten – darunter allerdings vielen winzig kleinen – bestehen.

L 3.20 (D) Am leichtesten finden wir die Lösung, wenn wir uns vorstellen, dass wir unter den 3-Schichten-Turm eine vierte Schicht bauen. Dazu brauchen wir zunächst 3 waagerecht liegende Karten, die unter den 3-Schichten-Turm gelegt werden. Anschließend stellen wir $4 \cdot 2 = 8$ Karten auf und heben den 3-Schichten-Turm darauf. Zu den für die 3 Schichten benötigten 15 Karten sind 11 hinzugekommen. Der Turm aus 4 Schichten besteht also aus insgesamt $15 + 11 = 26$ Karten.

L 3.21 (C) Das nächstgrößere Zimmer hat einen Fußboden aus $9 \cdot 9 = 81$ Kacheln, wovon $4 \cdot 4 = 16$ dunkel sind. Der Rest, $81 - 16 = 65$, ist weiß – mit einem Goldstück darauf. Das lässt sich auch gut zeichnen:

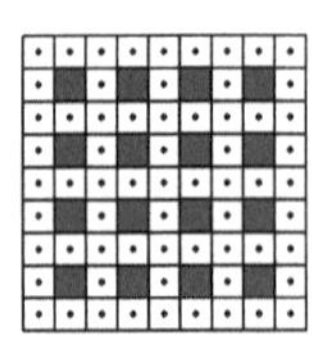

L 3.22 (**D**) Beim Werfen sind alle Kombinationen von geworfenen Punkten möglich, d. h. auf jede der vier Punktzahlen 6, 3, 2 und 0 kann jede dieser vier Punktzahlen folgen. Das sind $4 \cdot 4 = 16$ Varianten. Nun können wir 16 Summen bilden. Da es unter den 12 Paaren jedoch 6 gibt, die sich nur in der Reihenfolge unterscheiden, wegen der Vertauschbarkeit der Summanden also dieselbe Summe erzeugen, können wir maximal $16 - 6 = 10$ verschiedene Summen erhalten. Nun bemerken wir schließlich noch, dass $6+0 = 3+3$ ist und finden Ankes gesuchte Anzahl möglicher Gesamtergebnisse mit 9. Wir schreiben es noch einmal ausführlich auf. Mit 2 Pfeilen lassen sich folgende Ergebnisse erzielen:

$$\begin{array}{rrr} 6+6=12 & 6+3=3+6=9 & 6+2=2+6=8 \\ 6+0=0+6=3+3=6 & 3+2=2+3=5 & 3+0=0+3=3 \\ 2+2=4 & 2+0=0+2=2 & 0+0=0 \end{array}$$

Das sind die neun verschiedenen Gesamtergebnisse: 12; 9; 8; 6; 5; 4; 3; 2 und 0.

L 3.23 (**D**) Wir zählen ab: Für die 1. Erweiterung werden 6, für die 2. Erweiterung 9 Keramikziegel benötigt. Die Zeichnung zeigt, dass jede Erweiterung genau 3 Ziegel mehr erfordert als die davorliegende Erweiterung.

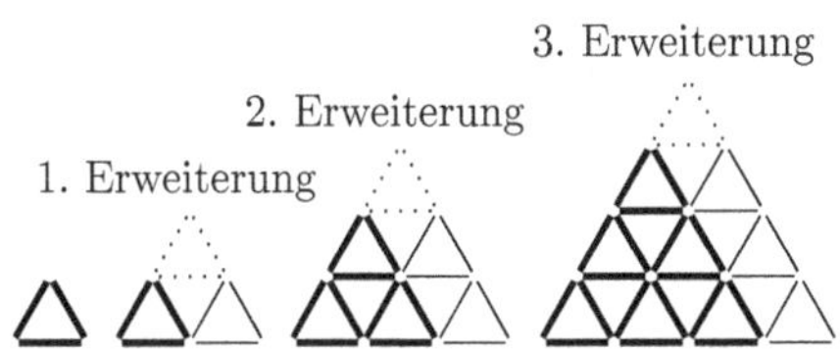

Für die 3. Erweiterung brauchen die Gärtner $9 + 3 = 4 \cdot 3$ Ziegel, für die 4. $5 \cdot 3$ und für die 5. Erweiterung sind $6 \cdot 3 = 18$ erforderlich. Zur Lösung führt auch die Beobachtung, dass bei jeder Erweiterung stets so viele kleine Dreiecke „nach rechts" hinzukommen, wie es „rechts" Eckpunkte von Dreiecken gibt. Zuerst haben wir nur ein Dreieck, rechts sind 2 Eckpunkte dieses Dreiecks, und an jeden „dockt ein Dreieck an", so dass $2 \cdot 3 = 6$ Ziegel hinzukommen. In der 1. Erweiterung finden wir rechts 3 Eckpunkte, und wieder docken im Folgeschritt so viele an, wie Eckpunkte dort sind, also 3, was zu $3 \cdot 3 = 9$ Ziegeln für die 2. Erweiterung führt. Diese haben dann 4 Dreieckspunkte rechts, es ergeben sich für die 3. Erweiterung $4 \cdot 3 = 12$, analog für die 4. Erweiterung $5 \cdot 3 = 15$, und für die 5. Erweiterung sind es schließlich $6 \cdot 3 = 18$ Ziegel, die Tim bringen muss.

L 3.24 (**A**) Es beginnt mit 4 Hölzchen; dann kommen, s. Zeichnung beim Aufgabentext, für die 1. Erweiterung 8 dazu, anschließend sind 12 hinzuzufügen. Schon ist die Idee da, dass die Zahl der Holzstäbe, die für die nächste Erweiterung benötigt werden, jeweils um 4 wächst. Dann sind für die 7. Erweiterung $8 \cdot 4 = 32$ Holzstäbe nötig. – Wer mag, kann auch die 7. Erweiterung zeichnen und die Hölzchen zählen.

L 3.25 (**E**) Die oberste Schicht der Pyramide besteht aus einem Stein. Es folgt eine graue Schicht aus $1 + 3 + 1 = 5$ Steinen, die darauf folgende weiße Schicht aus $1 + 3 + 5 + 3 + 1 = 13$ Steinen. Insgesamt wurden 14 weiße Steine verbaut.

Wahrscheinlichkeit

L 3.26 (B) Es gibt die folgenden Möglichkeiten, die wir alle aufschreiben, wobei wir „Zahl" mit Z und „Wappen" mit W abkürzen: ZZZ, ZZW, ZWZ, WZZ, ZWW, WZW, WWZ, WWW. Das sind 8 Möglichkeiten.

Wir wollen nun noch angeben, wie dieses Ergebnis sich auch ohne die mühselige Aufstellung aller Möglichkeiten finden lässt. Bei jedem Wurf gibt es genau 2 Möglichkeiten für den Fall der Münze. Da die Würfe voneinander unabhängig sind, kann also beim zweiten Wurf zu jeder Möglichkeit des ersten Wurfes jede des zweiten hinzutreten, so dass es $2 \cdot 2 = 2^2$ Möglichkeiten der Abfolge gibt. Beim dritten Wurf, der wiederum von den beiden vorhergehenden unabhängig ist, können zu jedem der bereits vorhandenen die neuen beiden Möglichkeiten hinzukommen, womit es $2^2 \cdot 2 = 2^3$ sind. Es ist klar, dass sich dies auch für weitere Würfe so ausrechnen lässt, dass es also bei 4 Würfen 2^4, bei 5 Würfen 2^5 usw., und allgemein bei n Würfen 2^n Möglichkeiten für die Abfolge von Zahl und Wappen gibt.

L 3.27 (E) Es sei $\overline{abc}$ die dreistellige Zahl. Dann soll also $a \cdot b \cdot c = 6$ sein. Da $6 = 1 \cdot 1 \cdot 6 = 1 \cdot 2 \cdot 3$ ist und andere Zerlegungen in drei Faktoren nicht existieren, gibt es also mit 116, 161, 611, 123, 132, 213, 231, 312 und 321 genau 9 Zahlen mit der geforderten Eigenschaft.

L 3.28 (B) Wir beginnen die Lösung, indem wir uns überlegen, wie es wäre, wenn es nur 2 Sportler gewesen wären. Dann gäbe es genau eine Möglichkeit (von insgesamt zweien), bei der jeder ein „falsches" Trikot bekommt. Wären es 3 Läufer, so gäbe es insgesamt $6 = 1 \cdot 2 \cdot 3$ Möglichkeiten der Reihenfolge, in der die Trikots liegen könnten. Neben der ursprünglichen Reihenfolge würden dabei auch all jene nicht der „totalen Vertauschung" zuzurechnen sein, bei denen ein Trikot am Ausgangsplatz verbleibt und die anderen beiden vertauscht sind, womit sich $6 - 3 \cdot 1 - 1 = 2$ für die gesuchte Anzahl ergibt. Wären es 4 Sportler, so kämen wiederum zur Ausgangssituation all jene hinzu, bei denen genau ein Trikot am Ausgangsplatz verbleibt und alle anderen vertauscht sind und jene, bei denen genau zwei Trikots am Ausgangsplatz verbleiben, während die beiden anderen vertauscht sind. Das ergibt $4! - \left(4 \cdot 2 + \binom{4}{2} \cdot 1 + 1\right) = 9$. Und für den gesuchten Fall, dass 5 Läufer vom Lauf-Training kommen, rechnen wir analog, ziehen also von der Gesamtzahl der möglichen Vertauschungen, $5! = 120$, alle jene ab, bei denen genau ein Trikot am Ausgangsplatz verbleibt, bei denen genau zwei Trikots am Ausgangsplatz verbleiben und bei denen genau drei Trikots am Ausgangsplatz verbleiben sowie die Ausgangssituation. Das ergibt nun $5! - \left(5 \cdot 9 + \binom{5}{2} \cdot 2 + \binom{5}{3} \cdot 1 + 1\right) = 120 - (45 + 20 + 10 + 1) = 44.$

L 3.29 (A) Beginnen wir mit der 1 an der Tausenderstelle, so ist klar, dass an den anderen 3 Stellen je eine 0 stehen muss, es gibt genau eine Möglichkeit. Für die 2 an der Tausenderstelle können an den anderen Stellen 1 oder 0 auftauchen, und zwar an jeder Stelle – unabhängig davon, was an einer der anderen ist. Es kommen $2 \cdot 2 \cdot 2 = 2^3$ Möglichkeiten hinzu. Wir sehen, dass für 3 als Ziffer an der Tausenderstelle 3^3 Möglichkeiten existieren, da die Ziffern 0, 1 und 2 unabhängig voneinander auf die Einer-, Zehner- bzw. Hunderterstelle zu setzen sind. Dies gilt analog für jede mögliche Ziffer, so dass sich insgesamt $1^3 + 2^3 + 3^3 + \cdots + 9^3$ ergibt. Wer sich daran erinnert, wie die Summenformel lautet, kann das Ergebnis sofort angeben. Es kann auch einfach addiert werden. Wer dabei mit $1 + 8 = 9$, $9 + 27 = 36$, $36 + 64 = 100$ beginnt, kann bemerken, dass $\sum_{k=1}^{k=n} k^3 = \left(\sum_{i=1}^{i=n} i\right)^2$ ist. Und da die Summe in der Klammer das wohlbekannte Ergebnis $\frac{n(n+1)}{2}$ hat, finden wir als gesuchte Anzahl $\left(\frac{9 \cdot 10}{2}\right)^2 = 45^2 = 2025$.

L 3.30 (D) Da es nur 9 verschiedene Ziffern gibt, mit denen die Zahlen beginnen können, muss unter 10 beliebig herausgegriffenen Kärtchen stets mindestens ein Paar sein, dessen Zahlen mit derselben Ziffer beginnen.

L 3.31 (D) Jede Kugel besteht aus 2 verschieden gefärbten Kugelhälften. Nach dem Ziehen von 10 Kugeln hat man 20 Kugelhälften in der Hand. Weil 20 größer ist als $3 \cdot 6$, gibt es mindestens eine Farbe, die mindestens 7 dieser Kugelhälften tragen. Man hat also sicher mindestens 7 Kugeln mit einer gemeinsamen Farbe gezogen.
Zieht man allerdings nur 9 Kugeln, so können das genau drei von jeder Sorte sein, und jede der drei Farben kommt nur auf sechs Kugeln vor.

L 3.32 (B) Die Summe 13 kann hier entstehen aus $1+12, 2+11, \ldots, 6+7$. Sind 6 und 7 das größte bzw. kleinste Element, so gibt es nur die aus diesen beiden Elementen bestehende Teilmenge von $M = \{1;\ 2;\ \ldots;12\}$. Es gibt 2^2 Teilmengen, die 5 als kleinstes und 8 als größtes Element enthalten: die 6 kann ebenso wie die 7 enthalten sein oder nicht. Das sind 2 voneinander unabhängige Möglichkeiten, woraus insgesamt die $2 \cdot 2$ Möglichkeiten entstehen. Analog erhalten wir für 4 als kleinstes und 9 als größtes Element, da nun die 4 Zahlen 5, 6, 7 und 8 unabhängig voneinander der Teilmenge angehören können oder nicht, $2 \cdot 2 \cdot 2 \cdot 2 = 2^4$ mögliche Teilmengen. Für 3 als kleinstes, 10 als größtes Element sind es 2^6 Teilmengen, für das Paar (2; 11) sind es 2^8 und für (1; 12) schließlich 2^{10} Teilmengen, womit sich insgesamt $1 + 2^2 + 2^4 + 2^6 + 2^8 + 2^{10} = 1365$ ergibt.

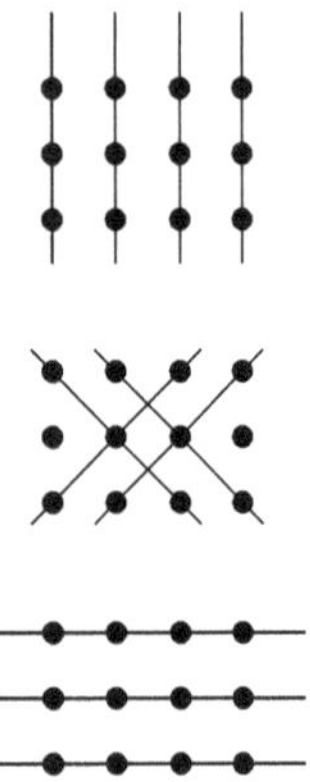

L 3.33 (**B**) Wir erfassen zuerst, welche Möglichkeiten es gibt, Geraden so zu legen, dass mindestens drei der Punkte aus dem (3×4)-Gitter darauf liegen. Die Möglichkeiten sind in den Zeichnungen zusammengestellt. Die oben gezeichneten Geraden enthalten je genau drei, die unten gezeichneten je vier Punkte. In jedem der Fälle, dass die Gerade 4 Punkte enthält, gibt es genau 4 Möglichkeiten, 3 Punkte auszuwählen.

Insgesamt gibt es bei den 12 Punkten $\binom{12}{3} = \frac{12 \cdot 11 \cdot 10}{1 \cdot 2 \cdot 3} = 220$ Möglichkeiten, drei auszuwählen.

In unserer ersten Überlegung hatten wir gefunden, dass in $4 + 2 + 2 + 3 \cdot 4 = 20$ Fällen diese Punkte auf einer Geraden liegen. Dann ist die gesuchte Wahrscheinlichkeit $\frac{20}{220} = \frac{1}{11}$.

L 3.34 (**B**) Unter den 37 Zahlen, die an den Roulettelöchern stehen, befinden sich mit $2, 3, 5, 7, 11, 13, 17, 19, 23, 29, 31$ genau 11 Primzahlen. Demzufolge ist die Wahrscheinlichkeit, ein Loch mit einer Primzahl zu treffen, $\frac{11}{37}$.

L 3.35 (**E**) Die Wahrscheinlichkeit, dass Charles bei seinem ersten Würfeln gewinnt, ist gleich der Wahrscheinlichkeit dafür, dass Ann keine 1 oder 2 oder 3 würfelt, multipliziert mit der Wahrscheinlichkeit, dass Belinda keine 4 oder 5 würfelt, und der Wahrscheinlichkeit, dass Charles dann eine 6 würfelt, also $P(1) = \frac{1}{2} \cdot \frac{2}{3} \cdot \frac{1}{6}$. Hinzuzufügen ist die Wahrscheinlichkeit dafür, dass Charles bei seinem zweiten Würfeln gewinnt, also $P(2) = \frac{1}{2} \cdot \frac{2}{3} \cdot \frac{5}{6} \cdot \frac{1}{2} \cdot \frac{2}{3} \cdot \frac{1}{6}$ usw. Wir finden für die gesuchte Wahrscheinlichkeit:

$$P = \sum_{k=1}^{\infty} \left(\frac{1}{2}\right)^k \cdot \left(\frac{2}{3}\right)^k \cdot \left(\frac{5}{6}\right)^{k-1} \cdot \frac{1}{6} = \frac{6}{5} \cdot \frac{1}{6} \sum_{k=1}^{\infty} \left(\frac{1 \cdot 2 \cdot 5}{2 \cdot 3 \cdot 6}\right)^k = \frac{1}{5} \cdot \frac{\frac{5}{18}}{(1 - \frac{5}{18})} = \frac{1}{13}$$

Wir geben eine 2. Lösung:

Charles gewinnt, wenn er das erste Mal an der Reihe ist, mit der Wahrscheinlichkeit $\frac{1}{2} \cdot \frac{2}{3} \cdot \frac{1}{6}$; mit der Wahrscheinlichkeit $\frac{1}{2} \cdot \frac{2}{3} \cdot \frac{5}{6}$ wirft er keine „6“, und die Würfelei beginnt von vorn. Für die gesuchte Wahrscheinlichkeit P gilt also die folgende Gleichung:

$$P = \frac{1}{2} \cdot \frac{2}{3} \cdot \frac{1}{6} + \frac{1}{2} \cdot \frac{2}{3} \cdot \frac{5}{6} P = \frac{1}{18} + \frac{5}{18} P$$

mit der Lösung $P = \frac{1}{13}$.

L 3.36 (**C**) Wir können von jedem Ereignis die Wahrscheinlichkeit ausrechnen. Da sich 12 Karten in der Schachtel befinden, gibt es $\binom{12}{3} = 220$ verschiedene Möglichkeiten, drei Karten zu ziehen. Für (**A**) gibt es genau 4 Möglichkeiten, also ist die Wahrscheinlichkeit $\frac{4}{220} = \frac{1}{55}$. Für (**B**) gibt es $\frac{12 \cdot 8 \cdot 4}{6} = 64$ Möglichkeiten. (Man zieht als erste Karte eine der 12, als zweite eine der 8 mit einer anderen Zahl als die erste, und als dritte eine der 4 mit noch nicht gezogener Zahl. Die resultierende Gruppe kann in $3! = 6$ verschiedenen Reihenfolgen entstehen.) Die Wahrscheinlichkeit ist $\frac{64}{220} = \frac{16}{55}$. Für (**C**) gibt es $\frac{12 \cdot 6 \cdot 6}{6} = 108$ Möglichkeiten. (Man zieht als erste Karte eine der 12, als zweite eine der 9 mit einer anderen Farbe als die erste, als dritte eine der 8 mit noch nicht gezogener Farbe. Die resultierende Gruppe kann in $3! = 6$ verschiedenen Reihenfolgen entstehen.) Die Wahrscheinlichkeit ist $\frac{108}{220} = \frac{27}{55}$. Für (**D**) gibt es zu jeder Zahl 4 Möglichkeiten. (Die Karte jeder Farbe kann ausgelassen werden.) Das ergibt insgesamt $3 \cdot 4 = 12$ Möglichkeiten. Die Wahrscheinlichkeit ist $\frac{12}{220} = \frac{3}{55}$. Also ist (**C**) die Lösung.

3.2 Kombinieren in der Geometrie

Anordnungs- oder Lagemöglichkeiten

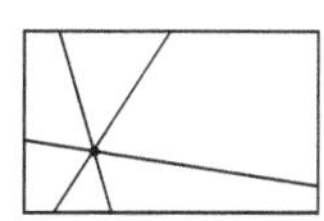

L 3.37 (**B**) Mit der ersten Linie teilen wir das Papier in zwei Teile. Die zweite Linie teilt jedes der Teile in zwei Teile; es entstehen 4 Teile. Im dritten Schritt werden wieder zwei Teile je in zwei Teile geteilt, so dass wir insgesamt 6 Teile erhalten. Würden wir so weiter verfahren, kämen in jedem Schritt zwei Teile hinzu, so dass wir z. B. nach dem 10. Schritt 20 Teile vorfinden würden und allgemein doppelt so viele Teile wie Schnitte.

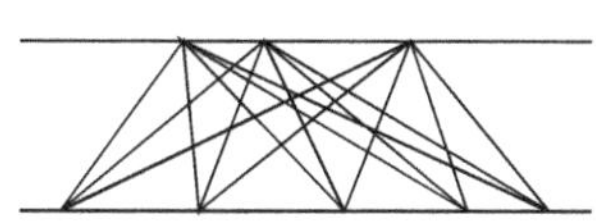

L 3.38 (**B**) Von jedem der fünf Punkte auf der einen Parallele zeichne ich drei Strecken – zu jedem der drei Punkte auf der anderen Parallelen genau eine. Das sind insgesamt $5 \cdot 3 = 15$.

L 3.39 (**B**) Zeichne ich 4 Linien von einem Eckpunkt des Dreiecks aus zur gegenüberliegenden Seite, so wird das Dreieck damit in 5 Teile zerlegt. Nehmen wir nun die 4 Linien von dem zweiten Eckpunkt dazu, so zerlegt jede dieser Linien jedes der bereits vorhandenen 5 Teildreiecke in 5 Teilfiguren, so dass es schließlich $5 + 4 \cdot 5 = 25$ Teilfiguren sind. In völlig analoger Weise würden zweimal k Linien das Dreieck in $(k+1)^2$ Teile zerlegen.

L 3.40 (D) Für die beiden noch rot auszumalenden Karos gibt es nach den Regeln der Aufgabe genau die zwei Möglichkeiten, die rechts abgebildet sind. Bei jeder dieser beiden Möglichkeiten kann in der ersten Zeile das blaue Karo das mittlere oder das rechte sein, wodurch in beiden Fällen festliegt, wie das 3×3-Karopapier bis zu Ende ausgemalt wird. Damit haben wir insgesamt $2 \cdot 2 = 4$ Möglichkeiten gefunden, wie Lukas die Felder ausmalen kann.

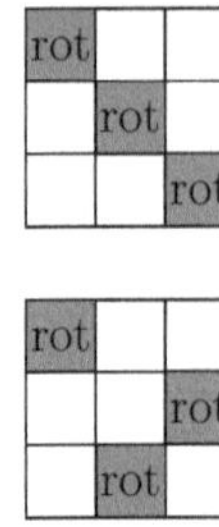

L 3.41 (C) Es ist möglich, das (5×6)-Kästchenpapier in lauter (2×1)-Teile zu zerlegen, wofür die nebenstehende Zeichnung ein Beispiel zeigt. Es ist dagegen nicht möglich das (5×6)-Kästchenpapier ausschließlich in Kreuzteile zu zerschneiden. Die auch entstehenden Zweierteile reduzieren die Gesamtzahl der Kästchen stets um eine gerade Anzahl. Daraus folgt, dass auch die Anzahl der Kreuzteile, die ja jedes aus 5 Kästchen bestehen, gerade sein muss. Dass es ausgeschlossen ist, 4 Kreuzteile unterzubringen, erkennt man schnell. Und für die Unterbringung von 2 Kreuzteilen ist in der nebenstehenden Zeichnung ein Beispiel gegeben. Man überzeugt sich leicht, dass der Rest sich in (2×1)-Teile zerschneiden lässt.

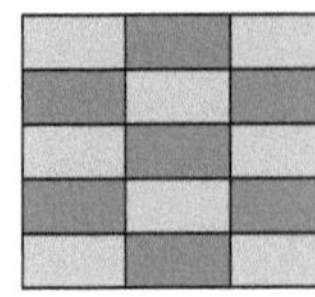

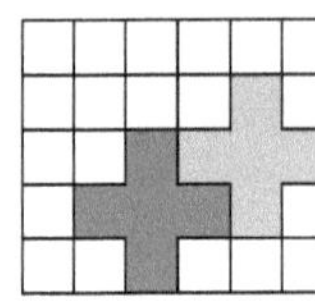

L 3.42 (D) Von einem Würfel können im günstigsten Fall drei Seitenflächen gesehen werden. Die Anzahl der kleinen Würfel auf diesen drei Seiten kann „ausgezählt" werden. Dies ist z. B. folgendermaßen möglich: Jede der drei Seiten besteht aus $9 \cdot 9 = 81$ kleinen Würfeln, das sind insgesamt 243. Davon sind jene abzuziehen, die sich auf gemeinsamen Kanten befinden, da wir sie doppelt berücksichtigt haben, also $243 - 3 \cdot 9 = 216$. Allerdings ist der Würfel, der den gemeinsamen Eckpunkt der drei Seiten bildet, nun zwar dreimal gezählt, aber auch dreimal wieder abgezogen worden. Er muss einmal wieder hinzugefügt werden, die gesuchte Anzahl ist 217.

Ein eleganterer Lösungsweg, der sich dann auch gut verallgemeinern lässt, ist der folgende:

Im günstigsten Fall können wir drei – nie mehr – Seitenflächen eines Würfels sehen. Nehmen wir nun alle Würfelchen dieser drei Seitenflächen (Schichten) weg, so bleibt ein kleinerer Würfel zurück, nämlich ein $(8 \times 8 \times 8)$-Würfel. Für die Anzahl Würfelchen der drei Seitenflächen erhalten wir folglich das Ergebnis: $9^3 - 8^3 = 729 - 512 = 217$.

Dieser Lösungsansatz lässt sich sehr gut verallgemeinern: Wäre der große Würfel aus k kleinen aufgebaut gewesen, so hätten wir zur Berechnung der Anzahl x der sichtbaren Würfelchen wie folgt rechnen müssen: $x = k^3 - (k - 1)^3$.

Durch Anwendung der binomischen Formel auf den zweiten Term erhalten wir $k^3 - (k^3 - 3k^2 + 3k - 1) = 3k^2 - 3k + 1$. Für $k = 3$ erhalten wir daraus erwartungsgemäß das Resultat 217.

L 3.43 (B) Wir halten eine Würfelseite fest, sie sei mit der Farbe 1 bemalt. Dann kann die der festgehaltenen gegenüberliegende Würfelseite mit jeder der 5 anderen Farben angestrichen sein. Für die 4 restlichen Farben, die sich zwischen der mit Farbe 1 gestrichenen Grundseite und der Deckseite des Würfels befinden, gibt es nun jeweils genau 6 Möglichkeiten der Anordnung. Für Farbe 2 als die, die der mit der Farbe 1 gestrichenen Fläche gegenüberliegt, haben wir die 6 Möglichkeiten für die Farben 3, 4, 5 und 6 dargestellt – wir stellen uns vor, dass wir von oben auf den auf der Seite mit Farbe 1 stehenden Würfel blicken.

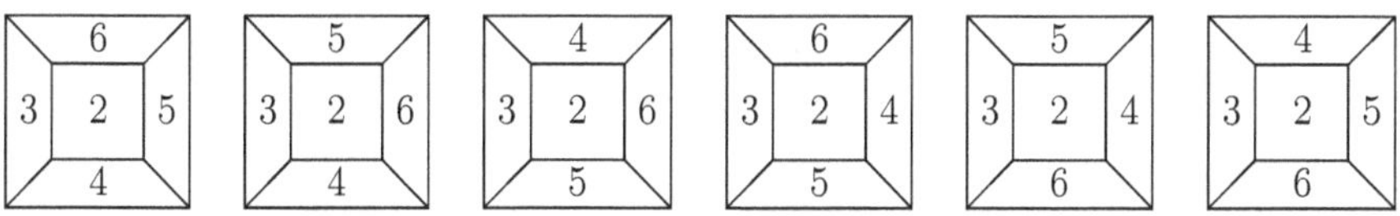

Damit ergeben sich insgesamt $6 \cdot 5 = 30$ verschieden gefärbte Würfel.

Für diejenigen, die mit Kombinatorik schon Erfahrungen gesammelt haben, geben wir noch eine zweite Lösungsidee: Die gesuchte Anzahl ergibt sich, wenn wir zunächst die Anzahl der Möglichkeiten, 6 Farben zu 6 Flächen zuzuordnen errechnen; das sind $6! = 1 \cdot 2 \cdot 3 \cdot 4 \cdot 5 \cdot 6$. Nun sind aber alle die Möglichkeiten, einen gefärbten Würfel nur anders zu drehen, gleich mehrfach gezählt. Das sind $6 \cdot 4$ (6 für die Auswahl der Deckseite und 4 für die Auswahl der Vorderseite).

Insgesamt ergeben sich dann $\dfrac{6!}{6 \cdot 4} = 2 \cdot 3 \cdot 5 = 30$ Möglichkeiten.

Gitterpunkte

L 3.44 (C) In der Zeichnung ist die Lage der vier möglichen Quadrate zu sehen.

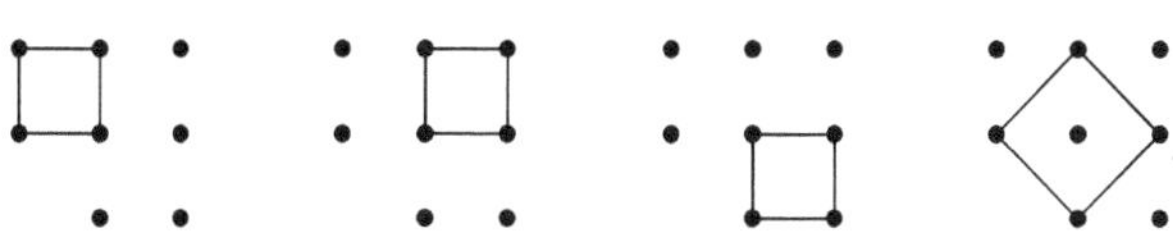

L 3.45 (B) Um beim Lösen der Aufgabe keinen Fehler zu machen, kommt es darauf an, die Möglichkeiten systematisch zu erfassen. Ein solch systematisches Ablaufen der Wege ist in der folgenden Skizze dargestellt.

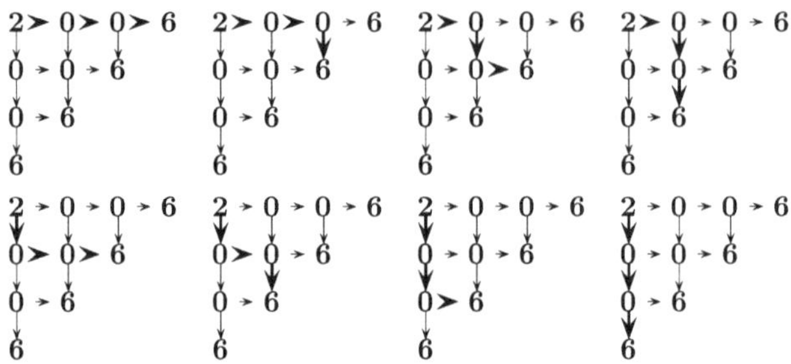

Es gibt also insgesamt 8 verschiedene Wege.

L 3.46 (**D**) Zur Lösung überlegen wir uns Folgendes: Aus den 4 Eckpunkten des Quadrates lassen sich $\binom{4}{2} = 6$ Punktepaare bilden (wenn die Formel nicht bekannt ist, kann die Anzahl auch schnell durch Auszählen aller Paare ermittelt werden). Jedes Punktepaar kann auf einer Quadratseite oder der Diagonale eines Quadrates liegen. Es ergeben sich folgende Möglichkeiten:

Für die 4 Paare von aufeinanderfolgenden Punkten des Ausgangsquadrates, also $\{A; B\}$, $\{B; C\}$, $\{C; D\}$, und $\{D; A\}$, erhalten wir je 2 Quadrate (s. linke Zeichnung) – je einmal sind die Punkte Eckpunkte derselben Seite, einmal Endpunkte einer Diagonale. Für die 2 Paare einander gegenüberliegender Punkte $\{A; C\}$ und $\{B; D\}$ erhalten wir ebenfalls je 2 Quadrate, die in der rechten Zeichnung dargestellt wurden – diesmal bestimmt jedes Punktpaar 2 Seiten. Insgesamt sind es 12 Quadrate.

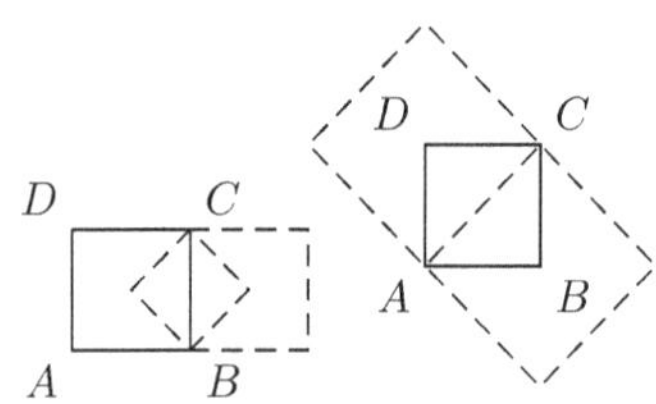

L 3.47 (**E**) Bei der Lösung dieser Aufgabe kommt es darauf an, ein übersichtliches Verfahren zur Auszählung der kürzesten Wege zu wählen. Notwendig, da es ja gilt, die kürzesten Wege zu finden, ist, sich klar zu werden, wie lang ein kürzester Weg ist. Da wir – egal, welchen konkreten Weg wir wählen – von der linken oberen Ecke des Quadrats zur rechten unteren Ecke gelangen müssen, muss sowohl in der horizontalen wie in der vertikalen Richtung mindestens eine Länge von je 4 Seitenlängen eines kleinen Karos zurückgelegt werden. Alle zwölf gezeichneten Wege haben genau diese Länge, kürzere kann es nicht geben.

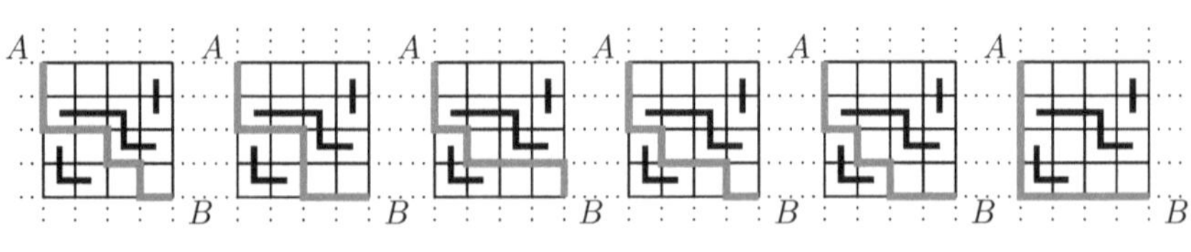

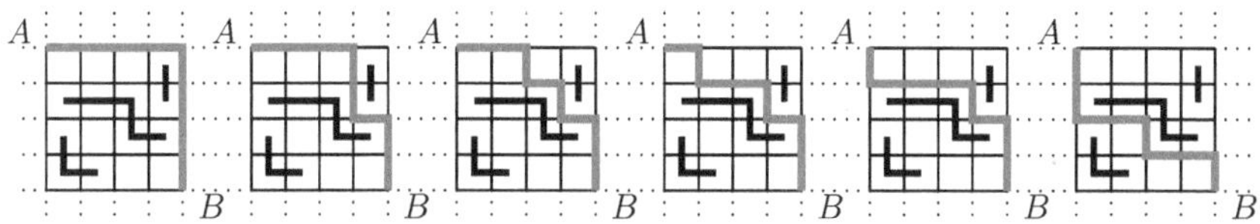

L 3.48 (C) Eine größere Anzahl als 10 ist nicht möglich, und zwar aus folgendem Grund: Da jeder Punkt des Gitters höchstens Endpunkt einer Diagonalen sein darf, gilt das insbesondere auch für die fünf Punkte des Gitters in der zweiten und vierten Reihe (von oben oder unten). In den daran anschließenden jeweils 8 Quadraten (der oberen Hälfte des großen Quadrates und der unteren Hälfte des großen Quadrates) können also jeweils höchstens 5 Diagonalen liegen. Tatsächlich gibt es so eine Verteilung, wie die Zeichnung zeigt. Das mögliche Maximum 10 wird also angenommen.

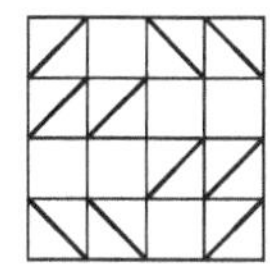

L 3.49 (D) Jede mögliche Torfolge kann als „Pfad“ entlang der Kanten eines 5×4-Rasters von der linken unteren Ecke (0 : 0) zur rechten oberen Ecke (5 : 4) dargestellt werden.

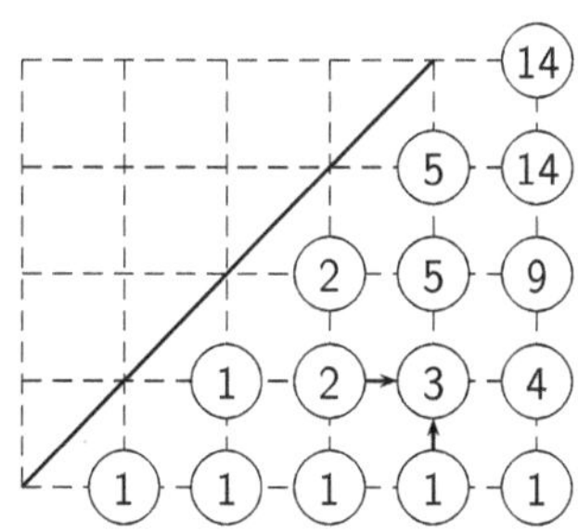

Bei jedem Tor für Strom wird der Pfad durch eine Teilstrecke der Länge 1 nach rechts fortgesetzt, bei jedem Tor für Repeat um eine Teilstrecke nach oben. Weil Strom ab dem ersten Tor immer in Führung liegt, geht der Pfad nach dem ersten Tor (für Strom) nie auf die dick eingezeichnete „Unentschieden-Linie“ und nie in den darüber liegenden Bereich („Repeat in Führung“).

Einem aktuellen Spielstand x : y können höchstens zwei verschiedene Spielstände vorausgegangen sein, nämlich (x − 1) : y oder x : (y − 1). Daher ist die Anzahl der möglichen Torfolgen bis zu einem gegebenen Spielstand (also die Anzahl der möglichen Torfolgen bis zu einem durch einen speziellen Punkt im Raster dargestellten Spielstand) die Summe der Anzahl der möglichen Torfolgen bis zum darunter liegenden Punkt und der Anzahl der möglichen Torfolgen bis zum links liegenden Punkt, jeweils unter der Voraussetzung, dass dieser Punkt einen zulässigen Spielstand darstellt. (Bis zum Spielstand von 4 : 1 gibt es also drei mögliche Torfolgen: Zwei, bei denen es zuerst 3 : 1 gestanden ist, nämlich 1 : 0 – 2 : 0 – 2 : 1 – 3 : 1 – 4 : 1 und 1 : 0 – 2 : 0 – 3 : 0 – 3 : 1 – 4 : 1, und eine, bei der es zuerst 4 : 0 gestanden ist: 1 : 0 – 2 : 0 – 3 : 0 – 4 : 0 – 4 : 1.) Damit ergeben sich die im Raster angeschriebenen Zahlen, bis zum 5 : 4 ergeben sich also 14 mögliche Torfolgen.

4 Geometrie

4.1 Ebene Geometrie

L 4.1 (**D**) Wie auch immer wir die beiden Dreiecke mit ihren spitzen Winkeln zueinander legen, es wird uns nicht gelingen, mit ihnen gleichzeitig 4 rechte Winkel zu erzeugen. Alle anderen Umrisse sind möglich, wie die Abbildung zeigt.

L 4.2 (**E**) Die Ecken des doppelt zusammengefalteten Papierquadrats $ABCD$ unterscheiden sich voneinander. Um die Unterschiede deutlich zu machen, ist das Papier in der Zeichnung unten nicht fest gefaltet, sondern lässt einen Blick zu, wie die 4 Papierschichten aufeinanderliegen. Schneiden wir die Ecke D ab, erhalten wir das Deckchen, das bei (**D**) abgebildet ist, denn D ist der Mittelpunkt des ursprünglichen Quadrates. Schneiden wir die Ecke A oder die Ecke C ab, bekommen wir (**A**) oder (**C**) – in den beiden Eckpunkten fallen jeweils die Mittelpunkte von einander gegenüberliegenden Seiten des ursprünglichen Quadrates zusammen. Und schneiden wir die Ecke B ab, dann sieht das Deckchen wie bei (**B**) aus – in diesem Eckpunkt des doppelt gefalteten Quadrats fallen die vier Eckpunkte des ursprünglichen Quadrats zusammen. Alle Varianten sind also möglich. Wer auf die Idee kommt, die unter (**A**) bis (**D**) gezeichneten Deckchen in Gedanken zusammenzufalten, merkt schnell, dass jedes zum Abschneiden einer Ecke des zusammengefalteten Papiers gehört.

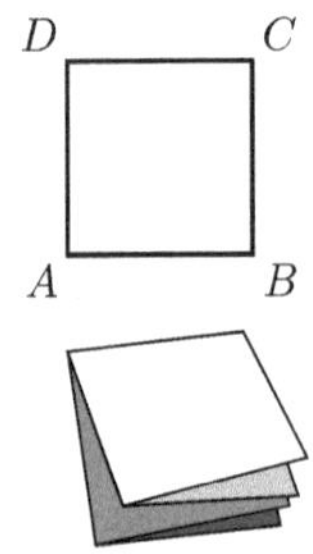

L 4.3 (**B**) Die Abbildung zeigt, wie beim Einfalten der drei Eckpunkte ein gleichseitiges Dreieck entsteht.

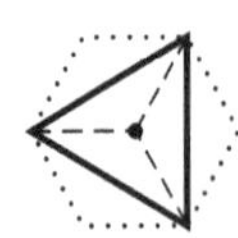

L 4.4 (**E**) Aus dem Bild sieht man, dass die Schnur eine Länge von 24 Kästchen haben muss (12 waagerechte und 12 senkrechte Kästchen). Diese Bedingung erfüllt das Rechteck in (**E**). Es hat eine Länge von 7 Kästchen und eine Breite von 5 Kästchen. Damit beträgt sein Umfang 24 Kästchen.

L 4.5 (**B**) Ein Parallelogramm ist durch 2 Paare paralleler Seiten charakterisiert. Unter den Seiten des regelmäßigen Fünfecks gibt es kein Paar zueinander paralleler Seiten. Dann kann ich mit *einer* das Fünfeck schneidenden Geraden nicht zu *zwei* Paaren paralleler Geraden kommen. Die anderen Figuren können – wie die Abbildung zeigt – entstehen.

Symmetrisches und Gespiegeltes

L 4.6 (**B**) Außer im Falle (**B**) ist stets einer der Buchstaben des Wortes PUZZLES nicht spiegelverkehrt geschrieben. Bei (**A**) ist es das L, bei (**C**) ist es das Z, bei (**D**) ist es das E und bei (**E**) ist es das P.

L 4.7 (**A**) Dadurch, dass Paola im Handstand steht, ist die 2008 um 180° gedreht, also zu 8002 verändert. Und dies wird nun gespiegelt, wodurch 5008 entsteht.

L 4.8 (**D**) Da der Winkel, mit dem die Kugel reflektiert wird, ebenfalls 45° beträgt, verläuft die Bahn der Kugel stets entlang von Diagonalen der kleinen Quadrate. Der Verlauf ist auf der nebenstehenden Abbildung dargestellt. Bruno trifft ins Loch D.

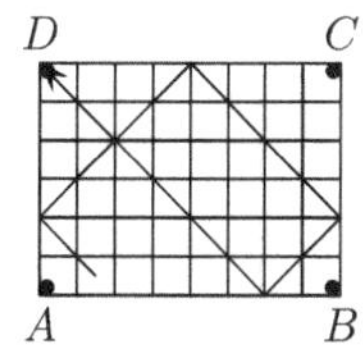

L 4.9 (**D**) Für die Figur aus der Aufgabe sind vier Symmetrieachsen denkbar; entweder – jeweils durch den Mittelpunkt der Figur – in der Waagerechten und Senkrechten oder durch die Winkelhalbierenden des Achsenkreuzes (s. Abb. links).

Damit die Figur symmetrisch bzgl. der Waagerechten wird, müssten vier der Kästchen geschwärzt werden. Für die Senkrechte wären es sogar fünf Kästchen. Dies trifft auch für die von links oben nach rechts unten verlaufende Winkelhalbierende zu.

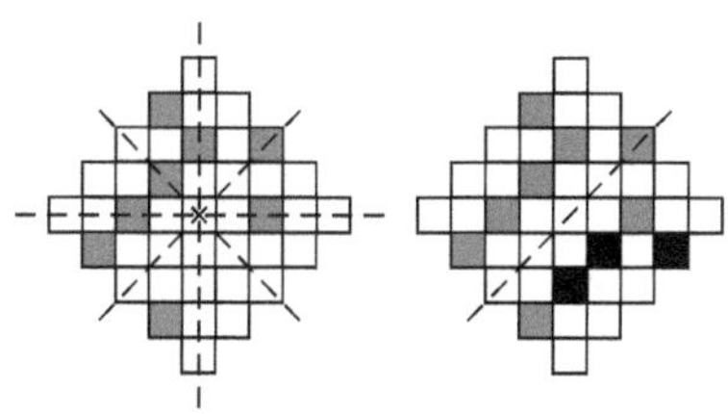

Für die von rechts oben nach links unten verlaufende allerdings brauchten wir nur 3 Kästchen zu schwärzen (s. Abb. rechts).

Puzzelei

L 4.10 (**B**) Wer ein sehr gutes Vorstellungsvermögen hat, mag schnell erkennen, welches die richtige Lösung ist. Wer Mühe hat, sich auszumalen, wie er welches Teil drehen muss, damit es sich mit dem Musterteil zu einem Rechteck zusammenfügen lässt, kann auch folgendermaßen vorgehen: Das Musterteil besteht aus 8 Kästchen, ist 5 Kästchen breit und 3 Kästchen hoch. Von den beiden Seiten des Rechtecks, das entstehen soll, muss also die eine *mindestens* 3, die andere *mindestens* 5 Kästchen lang sein. Zählt man die Kästchen bei den einzelnen Lösungsvorschlägen, so würde die Summe aus beiden bei (**A**) 16 betragen. Da sich 16 nur in $1 \cdot 16$, $2 \cdot 8$ oder $4 \cdot 4$ zerlegen lässt, scheidet (**A**) sofort aus.

Teil (**B**) hat mit dem Musterteil zusammen 18 kleine Kästchen, hier ist die Zerlegung in $3 \cdot 6$ denkbar, und das funktioniert auch, wie die Abbildung zeigt. Teil (**B**) ist dazu um 90° gedreht worden.

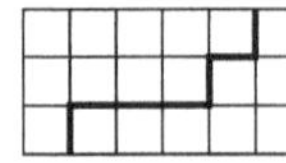

Der Vollständigkeit halber betrachten wir noch die anderen Lösungsvorschläge. In den Fällen (**C**) und (**D**) ist die Summe der Kästchen 17, lässt sich also nur als $1 \cdot 17$ darstellen und demzufolge scheiden diese Möglichkeiten aus. Im Fall (**E**) sieht man die Untauglichkeit ganz gewiss sofort, und auch die Summe, 14, und die damit verbundenen Zerlegungmöglichkeiten $1 \cdot 14$ oder $2 \cdot 7$ zeigen, dass dies nicht die Lösung sein kann.

L 4.11 (**B**) Als erstes stellen wir fest, dass das rechts abgebildete Teil, das Till ausschneiden möchte, 6 Karos breit und 6 Karos hoch ist. Dann betrachten wir, wo die größte Breite bzw. Höhe erreicht wird und können so einen nach dem anderen der für das Ausschneiden angebotenen Karopapierschnipsel ausschließen. Am Ende bleibt (**B**) übrig.

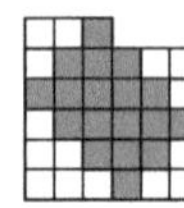

Mit Papier und Schere ist die Aufgabe natürlich schneller gelöst als mit dem Analysieren im Kopf – aber es ist eine gute Erfahrung, dass es auch ohne Papier und Schere geht.

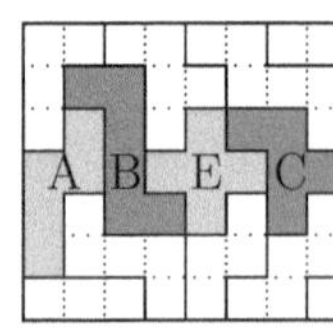

L 4.12 (**D**) Die Abbildung zeigt, wo sich die Teile **A**, **B**, **C** und **E** im Puzzle befinden. Teil **D** müsste man, um es in Übereinstimmung mit einem der Puzzleteile zu bringen, hochheben und umdrehen, was nicht zugelassen ist.

L 4.13 (**D**) Wir analysieren die Aufgabe: Es gibt vier Sorten von Teilen, solche aus vier Quadraten (Viererteile), aus drei Quadraten (Dreierteile) und je eines aus zwei und einem Quadrat. Es ist nicht möglich, aus drei Teilen, unter denen sich kein Viererteil befindet, das (3×3)-Quadrat zu puzzeln, weil es nur zwei – und nicht drei – Dreierteile gibt und die Anzahl der kleinen Quadrate der kleinen Teile dann nicht ausreicht.

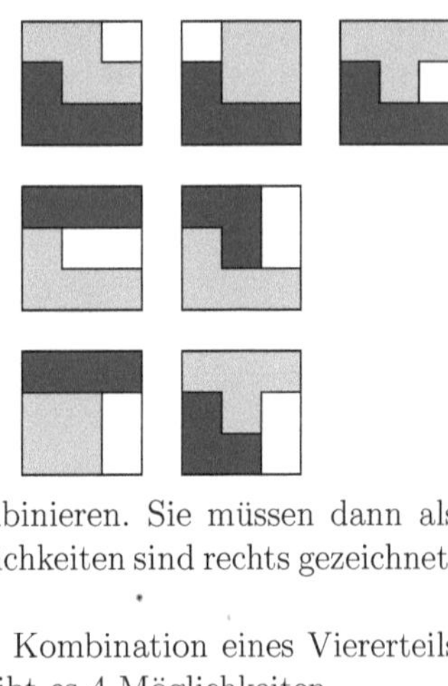

Wir versuchen als erstes zwei Viererteile zu kombinieren. Sie müssen dann als 3. Teil das Einerquadrat dazubekommen. Die Möglichkeiten sind rechts gezeichnet. Es sind insgesamt 3.
Die zweite grundsätzliche Variante besteht in der Kombination eines Viererteils mit einem Dreierteil und dem Zweierteil. Davon gibt es 4 Möglichkeiten.

4.2 Berechnung von Längen

L 4.14 (**D**) Von jedem der kleinen Quadrate ist genau eine seiner vier Seiten Teil der Strecke $\overline{AL}$, die anderen drei gehören zu dem Streckenzug, dessen Länge gesucht ist. Diese muss demzufolge genau dreimal so lang wie $\overline{AL}$ sein. Oder etwas anders ausgedrückt: Bei jedem Quadrat trifft zu, dass der Igel statt des eigentlichen direkten Weges (= eine Quadratseite) den dreifachen Weg (= restliche drei Quadratseiten) zurücklegt. Damit ist der Weg dreimal so lang.

L 4.15 (**D**) Bei dieser Aufgabe gelangen wir wahrscheinlich am schnellsten zum Ziel, wenn wir einfach die Quadratseiten, die am Rand liegen, abzählen. Das sind 24. Dies ist mit der Länge von 2 cm zu multiplizieren, wodurch wir 48 cm als Lösung erhalten.

L 4.16 (**C**) Da der Umfang von $ABCE$ gleich dem von ECD ist, und da die 4 cm lange Seite $\overline{EC}$ zu beiden Figuren gehört, ist der Umfang von $ABCDE$ gleich $2 \cdot (3 \cdot 4$ cm$) = 24$ cm.

L 4.17 (**D**) Über die Flächen von P_1 und P_2 kann man gar keine Aussage treffen, weil der trennende Streckenzug beliebig nahe am einen oder anderen Rand liegen kann. Die Umfänge der beiden Teile sind aber sicher gleich groß, da beide Teile von Strecken der Länge a bzw. b und vom gemeinsamen trennenden Streckenzug begrenzt sind.

L 4.18 (**A**) Schauen wir die Figuren A und B genau an, so bemerken wir, dass sie sich in der Breite nicht unterscheiden, sie sind beide so breit wie 4 Streifen. In der Höhe gibt es Unterschiede: Während Figur A so hoch ist wie der längste Streifen, geht bei Figur B die doppelte Länge der Differenz zwischen der Länge des 1. und 2. Streifens in die Umfangsberechnung ein. Diese Differenz beträgt gerade 7 cm, Figur B ist also um $2 \cdot 7$ cm $= 14$ cm länger.

L 4.19 (**A**) Falten wir zuerst so, dass sich die größere Länge halbiert, dann hat das Tischtuch nach dem ersten Falten die Größe $1{,}10$ m $\times$ $1{,}40$ m. Fahren wir in derselben Weise fort, so ist das Tischtuch nach dem 2. Falten bereits auf eine Größe von $1{,}10$ m $\times$ $0{,}70$ m zusammengelegt. Wir wiederholen den Prozess, wobei wir mit dem 3. Falten $0{,}55$ m $\times$ $0{,}70$ m und mit dem 4. Falten schließlich $0{,}55$ m $\times$ $0{,}35$ m erreichen. Nun passt das Tischtuch bequem ins Wäschefach.

L 4.20 (**C**) Da die vier Strecken in jedem der Teilrechtecke jeweils genau die Hälfte der Seitenlänge lang sind und sich die 4 kompletten Seitenlängen nach Voraussetzung zu 27 cm addieren, ist die gesuchte Länge gleich der Hälfte dieser Länge, also 13,5 cm.

L 4.21 (E) Wenn der Durchmesser eines der kleinen Kreise 1 m ist, so haben zwei zusammen eine Länge von 2 m. Dies ist die Seitenlänge des kleinen Quadrats, das die vier Kreise umschließt und ebenso die Seitenlänge der gleichseitigen Dreiecke, die in die vier Richtungen nach außen mit Primeln gepflanzt sind. Diese vier Dreiecke habe nach außen 8 Seiten, also beträgt die Länge des Zaunes $8 \cdot 2 \text{ m} = 16 \text{ m}$.

L 4.22 (E) Es sind $2 \text{ m} = 200 \text{ cm}$. Da 110 größer als die Hälfte von 200 ist, liegt der Punkt B rechts vom Mittelpunkt der 200 cm langen Strecke $\overline{AE}$, und C liegt aus demselben Grund links vom Mittelpunkt. Da $\frac{7}{10}$ von 200 gerade $\frac{7}{10} \cdot 200 = 140$ ist, liegt D rechts von B, s. Skizze.

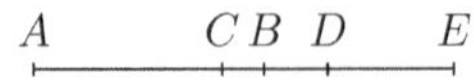

L 4.23 (C) Die Länge einer Diagonalen des großen Rechtecks ist gleich der Länge des Kreisdurchmessers nämlich 10 cm (siehe Skizze). Jedes der kleinen Rechtecke hat somit eine Diagonalenlänge von 2,5 cm. Die innere Figur besteht aus 8 solchen kleinen Rechtecksdiagonalen. Somit gilt: $8 \cdot 2{,}5 = 20$ cm.

L 4.24 (C) Bezeichnen wir mit r den Radius der Kerzenquerschnittskreise, so finden wir, dass die Kiste $10r$ lang und $4r$ breit ist. Der Umfang ist demzufolge $20r + 8r = 28r = 63$, woraus folgt, dass $r = \frac{9}{4}$ ist. Das Etikett seinerseits ist $8r$ lang und $2r$ breit, d. h. $8 \cdot \frac{9}{4} = 18$ lang und $2 \cdot \frac{9}{4} = \frac{9}{2} = 4{,}5$ breit, hat also die Maße $18 \times 4{,}5$.

L 4.25 (D) Wir zeichnen eine Gerade durch den Kreismittelpunkt, senkrecht zu den Seiten AB und CD des Rechtecks. Diese halbiert $\overline{HG}$ in X und $\overline{EF}$ in Y. Da $\overline{HG} = 5$ ist, ist $\overline{HX} = 2{,}5$. Daraus folgt nun, $\overline{AY} = \overline{DX} = 6{,}5$ und im Weiteren $\overline{EF} = 2 \cdot \overline{EY} = 2 \cdot (\overline{AY} - \overline{AE}) = 2 \cdot (6{,}5 - 3) = 7$.

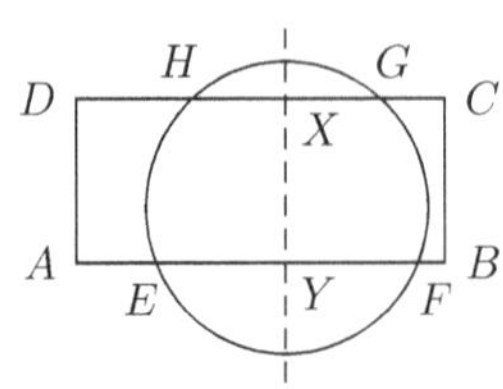

L 4.26 (D) Nach der Definition des Cosinus gilt im rechtwinkligen Dreieck $\triangle ABC$ $\cos\theta = \frac{\overline{AB}}{\overline{AC}} = \frac{1}{\overline{AC}}$ bzw. $\overline{AC} = \frac{1}{\cos\theta}$. Weiterhin ist, nun im Dreieck $\triangle ACD$, $\cos\theta = \frac{\overline{AC}}{\overline{AD}}$ bzw. $\overline{AD} = \frac{\overline{AC}}{\cos\theta}$. Setzen wir aus der ersten Gleichung ein, ergibt sich $\overline{AD} = \frac{1}{\cos^2\theta}$.

Längenberechnungen – mit umfangreicheren Vorüberlegungen

L 4.27 (**D**) Da Heinz und Kurt das ursprüngliche rechteckige Grundstück beide halbiert haben, dabei für die Halbierungslinie des Grundstücks jedoch unterschiedliche Längen erhalten haben, müssen sie die Halbierung unterschiedlich geplant haben, so wie es die Zeichnung zeigt.

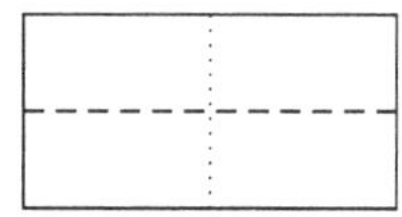

Um die Länge des Zaunes, sprich den Umfang des Gesamtgrundstücks, auszurechnen, sind die beiden Längen der Halbierungslinien, die ja gleich den Längen der Rechtecksseiten sind, zu addieren und mit 2 zu multiplizieren. Das Ergebnis ist $2 \cdot (200 \text{ m} + 165 \text{ m}) = 730 \text{ m}$.

L 4.28 (**D**) Mit einem aufmerksamen, geübten Blick auf die Busfahrstrecken ließ sich erkennen, dass es von der Strecke her egal ist, ob ich Linie 2 und Linie 3 (hintereinander) fahre, also $12 \text{ km} + 17 \text{ km} = 29 \text{ km}$ oder Linie 1 und die neue Linie 4 wähle. Folglich muss Linie 4 dann $29 \text{ km} - 20 \text{ km} = 9 \text{ km}$ lang sein.

Es folgt eine ausführlichere Darstellung des Lösungsweges: Um uns nicht mit all den vielen Buchstaben, mit denen die Bushaltestellen bezeichnet wurden, herumzuplagen, bezeichnen wir den Teil der Strecke, der von A über B und C nach D geht, mit a, den Teil der Strecke, der von D über E und F nach G führt, mit b.

Für die Teile der neuen 4. Buslinie setzen wir AD = x, DG = y, GH = z und HA = w.

Dann ist Linie 1: $a+b+z+w$, Linie 2: $a+y+z+w$, Linie 3: $b+z+w+x$ und die neue Linie 4: $x+y+z+w$.

Wenn wir die Längen der Linien 2 und 3 addieren und davon die Länge der Linie 1 abziehen, erhalten wir

$$\begin{aligned} a+y+z+w+b+z+w+x-a-b-z-w \\ &= x+y+z+w \\ &= 12+17-20 = 9. \end{aligned}$$

Linie 4 ist 9 km lang.

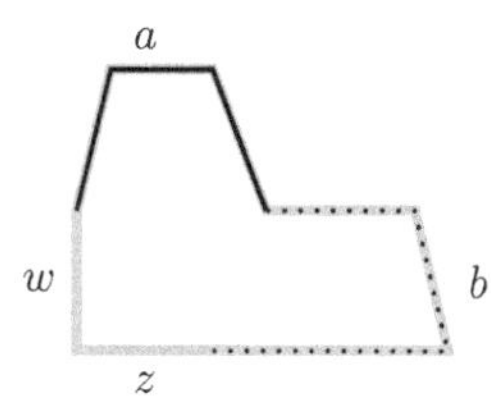

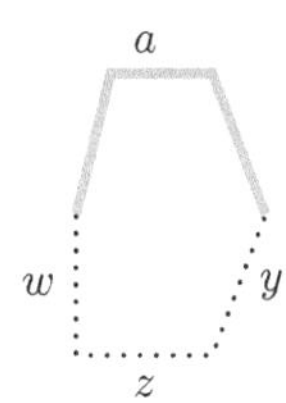

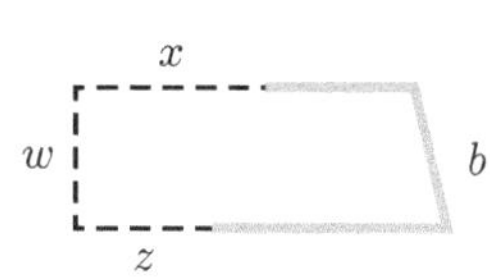

L 4.29 (**B**) Wir kürzen die Namen der Bäume mit ihren Anfangsbuchstaben ab und versuchen, sie in einer Skizze an der Allee zu platzieren. Ulme und Linde können wir erst einmal beliebig markieren. Für die Kastanie kommen in Bezug auf die Linde zwei Möglichkeiten in Betracht – eine mit K', die andere mit K'' markiert. Ebenso kommen für die Birke, die ja 36 m von der Ulme entfernt steht, zwei mögliche Standorte in Betracht.

Von der Kastanie zur Birke sind es 42 m. Diese Entfernung haben nur die möglichen Standorte K'' und B'' voneinander, denn die Entfernung zwischen K'' und B' ist kleiner als 39 m, die zwischen B' und K' 33 m + 3 m = 36 m und die zwischen K' und B'' ist größer als 100 m.

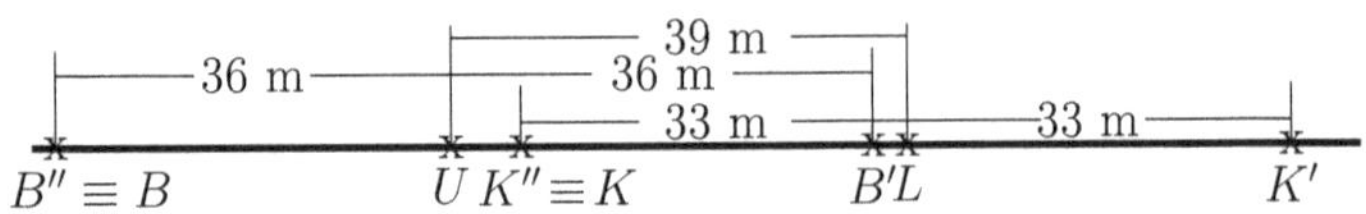

Damit ist die größte Entfernung, die zwischen den Bäumen gemessen werden kann, die von der Birke (am Standplatz B'') zur Linde. Sie beträgt 75 m.

L 4.30 (B) Das Rechteck ist so breit wie drei gepünktelte Quadrate, das heißt $3 \cdot 8$ cm = 24 cm. Das weiße Quadrat hat dieselbe Seitenlänge wie 3 graue Quadrate, folglich ist die 4fache Seitenlänge des grauen Quadrats ebenfalls gleich 24 cm. Daraus folgt, dass die Seitenlänge des grauen Quadrats 24 cm : 4 = 6 cm ist.

Die Seitenlänge des weißen Quadrats ist damit $3 \cdot 6$ cm = 18 cm.

L 4.31 (B) Wir bezeichnen mit w die Seitenlänge des weißen, mit h die des hellgrauen, mit l die des von rechts oben nach links unten gestreiften und mit r schließlich die des von links oben nach rechts unten gestreiften Quadrates. Dann finden wir aus der Zeichnung, dass $w + 1 = r$, $r + 1 = g$, $g + 1 = l$, woraus folgt, dass $g = w + 2$ und $l = w + 3$ ist. Außerdem ist $l + 1 = 2w$. Damit haben wir zwei lineare Gleichungen für l und w und können durch geschicktes Einsetzen die Lösung finden. Wir setzen $l = w + 3$ in $l + 1 = 2w$ ein, womit wir $w + 4 = 2w$ erhalten. Daraus finden wir $w = 4$ cm, und damit ist das gesuchte $l = 4 + 3 = 7$ cm.

L 4.32 (B) Da es sich um zwei gleichseitige Dreiecke handelt, aus denen die Trapeze bzw. das Parallelogramm hervorgegangen sind, können wir folgendermaßen vorgehen:

Mit x wird die Seitenlänge des abgeschnittenen, ebenfalls gleichseitigen Dreiecks bezeichnet, s ist die des Ausgangsdreiecks. Dann berechet sich der Umfang des Parallelogramms zu $s+x+s-x+s+x+s-x = 4s$. Da der Umfang des Ausgangsdreiecks, $3s$, um 10 cm geringer ist, gilt also $4s - 3s = s = 10$ cm. Damit beträgt der Umfang von $\mathcal{D}$ $3 \cdot 10$ cm = 30 cm.

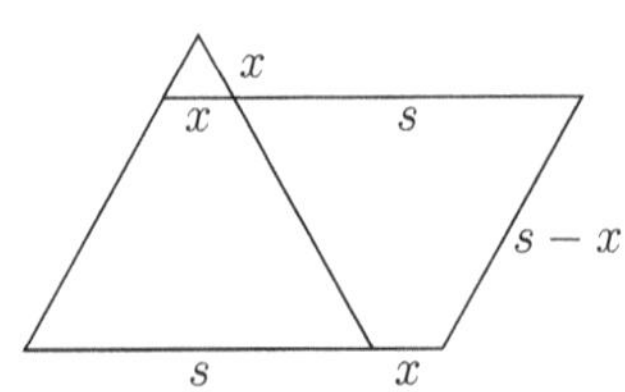

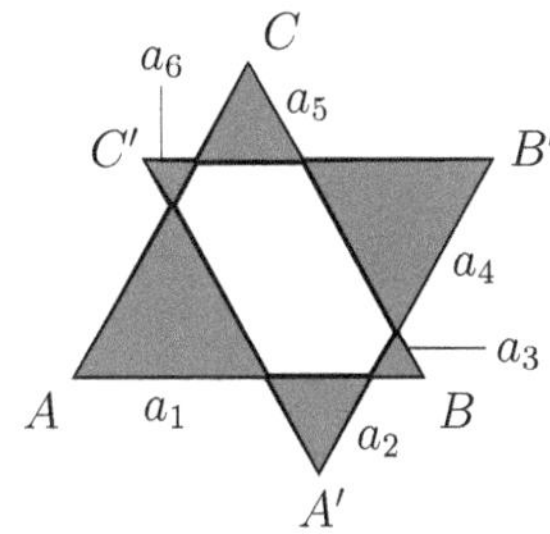

L 4.33 (**C**) Da die Seiten der beiden großen gleichseitigen Dreiecke ABC bzw. $A'B'C'$ zueinander parallel sind, sind sämtliche außerhalb des Sechsecks liegenden kleinen (dunkel gefärbten) Dreiecke ebenfalls gleichseitig. Bezeichnen wir die Seitenlängen dieser Dreiecke mit $a_1, a_2, \ldots, a_6$, die der großen Dreiecke mit a, so finden wir für die Dreiecksseiten: $\overline{AB} = a = a_1 + a_2 + a_3$ und $\overline{A'B'} = a = a_2 + a_3 + a_4$, woraus unmittelbar $a_1 = a_4$ folgt.
Analog folgt $a_2 = a_5$ und $a_3 = a_6$, und daraus $a_1+a_2+a_3+a_4+a_5+a_6 = 2a = \frac{2}{3}u$.

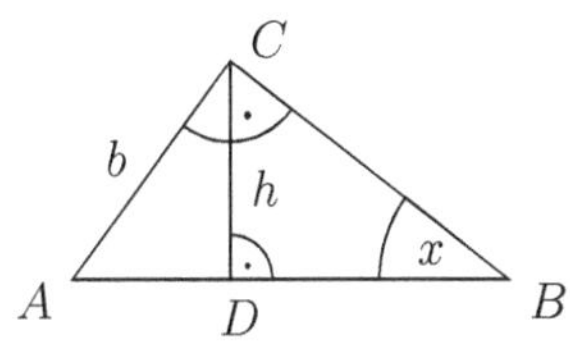

L 4.34 (**E**) Um unsere Überlegungen besser aufschreiben zu können, bezeichnen wir die Ecken des Dreiecks mit A, B und C, den Höhenfußpunkt mit D und die dem Winkel x gegenüberliegende Seite mit b. Nach Definition des Sinus gilt in unserem rechtwinkligen Dreieck $\triangle ABC$, dass $\sin x = \frac{b}{2}$ bzw. $b = 2\sin x$ ist.
Das rechtwinklige Dreieck $\triangle ADC$ ist zum Ausgangsdreieck ABC ähnlich, weil außer dem rechten Winkel ein weiterer Winkel, $\measuredangle CAD = \measuredangle CAB$, beiden gemeinsam ist. Also ist $\measuredangle ACD = x$. Für den Cosinus von x finden wir dann $\cos x = \frac{h}{b}$. Setzen wir jetzt aus der ersten Gleichung ein, erhalten wir $h = 2\sin x \cos x$.

L 4.35 (**D**) Wir beweisen zuerst, dass M nicht kleiner als 12 sein kann. Mit a, b, c seien die Seiten, mit h_a, h_b bzw. h_c die Höhen des Dreiecks bezeichnet. Wir multiplizieren aus: $(a+b+c)(h_a+h_b+h_c) = (ah_a + bh_b + ch_c) + bh_a + ch_a + ah_b + ch_b + ah_c + bh_c$. Die 3 Summanden in der Klammer sind jeweils das Doppelte des Flächeninhalts des Dreiecks, die Summe folglich gleich 6. Die restlichen Summanden fassen wir geeignet zusammen zu: $(a+b)h_c + (b+c)h_a + (c+a)h_b$. Da nach Dreiecksungleichung $a+b > c; b+c > a$ und $c+a > b$ gilt, ist $(a+b)h_c + (b+c)h_a + (c+a)h_b > ch_c + ah_a + bh_b = 6$. Folglich gilt stets $M > 12$ im Widerspruch zur Aussage (**E**). Damit können wir das Kreuz richtig setzen.
Natürlich wollen wir nun noch zeigen, dass jede der anderen Aussagen auch wirklich zutreffen kann. Wir haben bereits gezeigt, dass (**B**) stets zutrifft. Wenn das Dreieck rechtwinklig ist, gilt $h_a = b$ und $h_b = a$. Dann gilt $(a+b+c)(b+a+h_c) = (2ab + ch_c) + a(a+c) + b(b+c) + h_c(a+b)$. Wieder ist die Summe in der ersten Klammer gleich 6 und auf Grund der Dreiecksungleichung ist $h_c(a+b) > h_c c > 2$.
Es sei weiterhin ohne Beschränkung der Allgemeinheit $a \geq b$.

Dann ist, da die Hypotenuse c größer als jede Kathete ist, $a+c > 2a$ und folglich $a(a+c)+b(b+c) > 2a^2+ba > 2ab+ab = 3ab = 6$ bzw. $(a+b+c)(b+a+h_c) > 16$. Dass M beliebig groß werden kann, ist offensichtlich, denn wählen wir z. B. ein gleichschenkliges Dreieck mit der Basis $\frac{1}{10}$ und der Höhe 10, so sind die beiden Schenkel je etwas größer als 10, das Produkt M somit größer als $20 \cdot 10 > 100$. Um schließlich zu zeigen, dass auch der unter (**C**) aufgeführte Fall eintreten kann, rechnen wir M für den Fall eines gleichseitigen Dreiecks mit Flächeninhalt 1 aus. Setzen wir die Seitenlänge x, so ist $\frac{1}{2}\sqrt{3}x$ die Länge der Höhe, woraus sich wegen $\frac{1}{2} \cdot x \cdot \frac{1}{2}\sqrt{3}x = 1$ ergibt, dass $x^2 = \frac{4}{3}\sqrt{3}$ ist.

Dann ist $M = 3x \cdot 3 \cdot \frac{1}{2}\sqrt{3}x = \frac{9}{2}\sqrt{3}x^2 = \frac{9}{2}\sqrt{3} \cdot \frac{4}{3}\sqrt{3} = 18$.

Pythagoras

L 4.36 (**C**) Die drei Teile der Schnur, die von den Enden und den beiden Knoten begrenzt sind, sollen Längen haben, die ein pythagoreisches Tripel bilden, wobei eine Länge mit 3 m vorgegeben ist. Da die Summe der drei Stücke 12 m sein soll, müssen die beiden restlichen Stücke von der Länge 4 m und 5 m sein. (Bemerke: $3+4+5 = 12$ und $3^2+4^2 = 5^2$.) Da der rechte Winkel in X sein soll, muss das Stück vom anderen Ende die Länge der Hypotenuse des rechtwinkeligen Dreiecks haben, also 5 m.

L 4.37 (**B**) Denken wir uns das gestrichelt gezeichnete Quadrat hinzu, so sehen wir, dass ABC als Dreieck, das zwei benachbarte Quadratseiten enthält, rechtwinklig ist. Nun rechnen wir mit Hilfe des Satzes von Pythagoras aus: $\overline{AC}^2 + \overline{BC}^2 = \overline{AB}^2$ bzw. $\overline{AB} = \sqrt{2^2+3^2} = \sqrt{13}$.

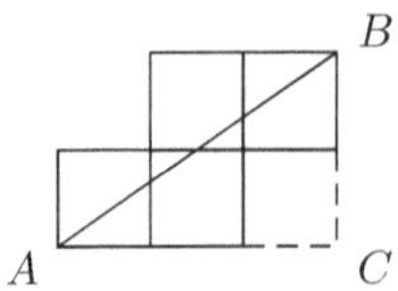

L 4.38 (**A**) Nach dem „dreidimensionalen Pythagoras“ gilt

$$\overline{AB} = \sqrt{3^2+2^2+2^2} = \sqrt{17}$$

Dieses Ergebnis lässt sich auch mit dem Satz des Pythagoras, wie er aus der Schule bekannt ist, erhalten. Wir stellen uns die Strecke $\overline{AB}$ in die Grundfläche des Körpers projiziert vor. Die Projektion von B sei B'. Dann ist nach dem Satz von Pythagoras $\overline{AB'}^2 = 3^2+2^2 = 13$. Wir wenden nun den Satz des Pythagoras noch einmal an, und zwar in dem Dreieck $\triangle AB'B$. Dort finden wir $\overline{AB}^2 = 13+2^2 = 17$. Dann ist $\overline{AB} = \sqrt{17}$.

L 4.39 (**E**) Es ist $\triangle BEI$ gleichschenklig und rechtwinklig, denn $\measuredangle IEB = 90°$ und $\measuredangle EBI = 45°$. Folglich ist $\overline{EI} = \overline{EB} = \sqrt{2} - 1$.
Weiterhin ist $\triangle IEH \cong \triangle ICH$, denn

und $\measuredangle HEI = \measuredangle HCI = 90°$, $\overline{HI} = \overline{HI}$

Dann ist $\overline{HE} = \overline{HC} = 1$.

$A_{HEIC} = 2 \cdot A_{HEI} = 2 \cdot \frac{1}{2} \cdot 1 \cdot (\sqrt{2} - 1) = \sqrt{2} - 1$

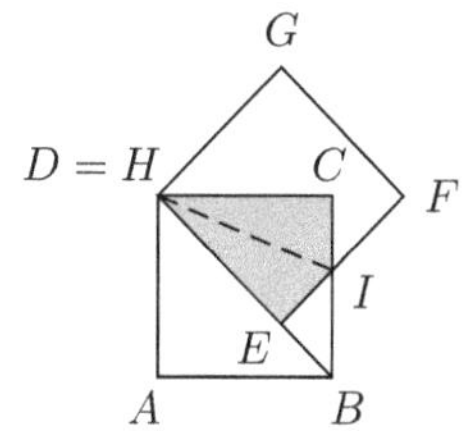

L 4.40 (**D**) Wir bemerken, dass sich die Diagonale d des Quadrats auf zweierlei Weise – beide Male unter Anwendung des Satzes von Pythagoras – darstellen lässt: Einmal ist

$$d = \sqrt{1+1} = \sqrt{2}$$

und zum anderen
$d = \sqrt{R^2 + R^2} + R + r + \sqrt{r^2 + r^2} = R\sqrt{2} + R + r + r\sqrt{2}.$

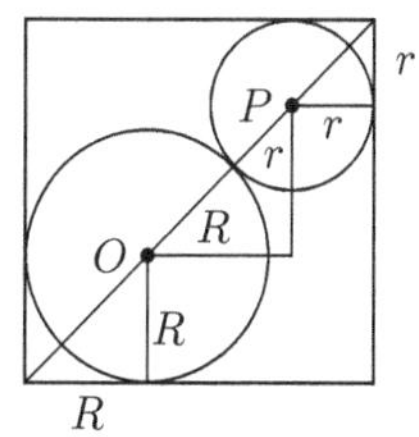

Damit können wir $R + r$ ausrechnen: $(R + r)(\sqrt{2} + 1) = \sqrt{2}$, woraus folgt:

$$R + r = \frac{\sqrt{2}}{\sqrt{2}+1} = \frac{\sqrt{2}(\sqrt{2}-1)}{(\sqrt{2}+1)(\sqrt{2}-1)} = \frac{2-\sqrt{2}}{2-1} = 2 - \sqrt{2}$$

L 4.41 (**B**) Die Längen der Kanten des Quaders seien a, b und c. Wir können $\overline{HB}$ mit Hilfe des Satzes von Pythagoras bestimmen, denn $\overline{HB}$ ist Hypotenuse im rechtwinkligen Dreieck $\triangle HBF$. Die Kathete $\overline{HF}$ kann ihrerseits mit Hilfe des Satzes von Pythagoras aus den Längen zweier Kanten bestimmt werden, $\overline{BF}$ ist die dritte Kante. Es ist also $\overline{HB}^2 = a^2 + b^2 + c^2$, und da die Seiten des Dreiecks $\triangle AFH$ die drei Seitendiagonalen des Quaders sind, gilt

$$\overline{AF}^2 + \overline{FH}^2 + \overline{HA}^2 = (a^2 + b^2) + (b^2 + c^2) + (c^2 + a^2) = 2 \cdot \overline{HB}^2,$$

woraus $\overline{HB} = \frac{1}{2}\sqrt{2 \cdot (64 + 81 + 55)} = \frac{1}{2}\sqrt{400} = 10$ cm folgt.

Dreiecksungleichung

L 4.42 (**C**) Die dritte Seite muss kürzer als die Summe der beiden anderen Seiten, also kürzer als 14 cm sein (Dreiecksungleichung). Wählen wir 13 cm, so ist dies die größtmögliche ganzzahlige Länge für die dritte Dreiecksseite, und mit $7 + 13 > 7$ ist auch die andere Dreiecksungleichung erfüllt. Der gesuchte größte Umfang ist demzufolge $7 + 7 + 13 = 27$ cm.

L 4.43 (**D**) Für jede Seite benötigt man zumindest ein Streichholz. Wer Streichhölzer zur Hand hat, findet schnell, dass sich Dreiecke mit den Seitenlängen 1 – 1 – 1 (Streichholzbedarf = Umfang 3), 1 – 2 – 2 (Umfang 5), 2 – 2 – 2 (Umfang 6) und 2 – 2 – 3 oder 1 – 3 – 3 (Umfang 7) legen lassen. Folglich kann nur (**D**) die richtige Antwort sein.

Und nun wollen wir begründen, warum das so ist: Aus drei Strecken lässt sich immer dann ein Dreieck zeichnen, wenn die Summe von je zwei Streckenlängen größer als die dritte ist (das ist die Aussage der Dreiecksungleichung). Dass für die Anzahlen von 3, 5, 6 und 7 Streichhölzern eine solche Teilung in jeweils drei Streichholzmengen gemacht werden kann, lässt sich auch ohne ein Auslegen des Dreiecks zeigen. So ist z. B. bei 5 Streichhölzern $1 + 2 > 2; 2 + 2 > 1$, es sind also die Dreiecksungleichungen erfüllt. Für 4 Hölzchen gibt es nur die Teilung 1–1–2, und dafür ist wegen $1 + 1 = 2$ die Dreiecksungleichung nicht erfüllt.

L 4.44 (**C**) Zuerst überlegen wir uns, dass die Seite der Länge 2 Basis oder Schenkel eines gleichschenkligen Dreiecks sein könnte. Nun versuchen wir, für den einen wie für den anderen Fall ein solches Dreieck bzw. mehrere solche Dreiecke zu finden.

Wir versuchen zuerst, ein Dreieck mit Basis 2 und Flächeninhalt 1 zu bestimmen. Wenn die Basis 2 und der Flächeninhalt 1 ist, muss die Höhe auf diese Basis die Länge 1 haben. Solch ein Dreieck existiert offenbar und ist eindeutig bestimmt.

Es sei nun 2 die Länge des Schenkels; der andere hat wegen der Gleichschenkligkeit dieselbe Länge. Nun sind zwei Fälle möglich, das Dreieck kann spitzwinklig und es kann stumpfwinklig sein (s. Abb.).

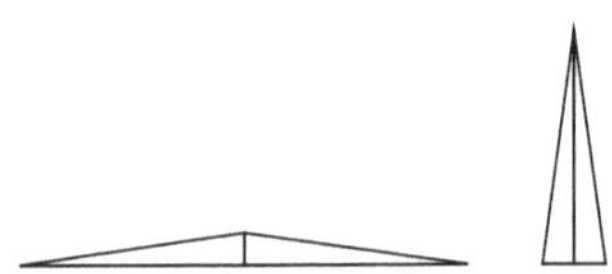

Halbieren wir die Dreiecke je entlang der Höhe, entstehen zwei zueinander kongruente rechtwinklige Dreiecke, von denen jedes den Flächeninhalt 0,5 haben muss. Dass es genau ein rechtwinkliges Dreieck gibt, das die Hypotenuse 2 und den Flächeninhalt 0,5 hat, ergibt sich daraus, dass jeder Flächeninhalt zwischen 0 und 1 angenommen wird. Stellen wir uns nämlich den Thaleskreis über der Seite der Länge 2 errichtet vor, so nimmt mit der Bewegung des zum 90°-Winkel gehörenden Eckpunktes auf dem Thaleskreis der Flächeninhalt von 0 bis 1 zu, wenn der Punkt sich senkrecht über dem Mittelpunkt der Strecke befindet. Der Vollständigkeit halber rechnen wir noch die Höhen und Basislängen der beiden möglichen Dreiecke aus. Dabei brauchen wir nur einmal zu rechnen, da sich das andere Dreieck durch Vertauschen der Rolle von Höhe und Basis ergibt. Es ist nach dem Satz des Pythagoras $2^2 = h^2 + \frac{c^2}{4}$ sowie, da der Flächeninhalt 1 ist, $\frac{c}{2} \cdot h = 1$, woraus wir durch Einsetzen der 2. in die 1. Gleichung finden, dass $4 = h^2 + \frac{1}{h^2}$ gelten muss. Daraus finden wir die biquadratische Gleichung $h^4 - 4h^2 + 1 = 0$, die genau zwei positive Lösungen hat, nämlich $h_1 = \sqrt{2+\sqrt{3}}$ und $h_2 = \sqrt{2-\sqrt{3}}$. Die Länge der jeweils zugehörigen Basis c ist dann $c_1 = 2\sqrt{2-\sqrt{3}}$ bzw. $c_2 = 2\sqrt{2+\sqrt{3}}$. Wie die Probe zeigt: $\frac{c_1 h_1}{2} = \frac{h_2 c_2}{2} = \sqrt{2-\sqrt{3}} \cdot \sqrt{2+\sqrt{3}} = \sqrt{4-3} = 1$ haben wir zwei Lösungen gefunden, insgesamt gibt es also drei Dreiecke der gesuchten Art.

L 4.45 (**C**) Zur Lösung benutzen wir, dass in jedem Dreieck die Dreiecksungleichung gilt, d. h., dass die Summe der Längen zweier Seiten stets größer ist als die Länge der dritten Seite. So gilt im Dreieck mit den Seitenlängen 5, 17 und x, dass $5 + x > 17$ bzw. $x > 12$ ist. Im Dreieck mit den Seitenlängen 5, 9 und x gilt, dass $5 + 9 > x$ bzw. $x < 14$ ist. Daraus folgt wegen der für x geforderten Ganzzahligkeit, dass $x = 13$ ist.

L 4.46 (**C**) Aus den vorliegenden Informationen lässt sich folgendes schließen: Es stehen – nach dem Zerschneiden – fünf Hölzchen zur Verfügung, von denen drei die Länge 1 und zwei eine geringere Länge haben, und zwar die Längen x und $1 - x$ mit $x \leq 0{,}5$. Wir nennen die Seiten des gesuchten rechtwinkligen Dreiecks a, b und c. Nun gilt wegen der Dreiecksungleichung, dass keine der Seiten aus zwei oder mehr Hölzchen der Länge 1 bestehen kann. Damit gehört zu jeder Seite ein Hölzchen der Länge 1, und da die Hypotenuse c am längsten ist, muss $c = 2 - x$ sein, und die Katheten $a = 1 + x$ und $b = 1$ – oder umgekehrt. Nach dem Satz von Pythagoras gilt hier: $(1 + x)^2 + 1 = (2 - x)^2$ bzw. nach Auflösen der Klammern $1 + 2x + x^2 + 1 = 4 - 4x + x^2$. Die zu lösende Gleichung ist dann $6x = 2$, woraus $x = \frac{1}{3}$ folgt. Damit können wir den Flächeninhalt ausrechnen, es ist $A = \frac{1}{2}ab = \frac{1}{2} \cdot \frac{4}{3} \cdot 1 = \frac{2}{3}$. Es handelt sich übrigens um ein Dreieck, bei dem die Seitenlängen sich wie $3 : 4 : 5$ verhalten, also im Verhältnis der wohl bekanntesten pythagoreischen Zahlen stehen.

Koordinatengeometrie

L 4.47 (**B**) Eine Gerade, die parallel zur x-Achse verläuft, muss durch Punkte verlaufen, die in den y-Koordinaten übereinstimmen. Dies trifft unter den 5 Punkten für C und D und auch nur für diese beiden zu.

L 4.48 (**C**) Da $\overline{AB}$ Durchmesser ist, ist $\triangle ABD$ rechtwinklig, $\overline{DO}$ ist Höhe. Folglich ist nach dem Höhensatz $d^2 = \overline{DO}^2 = \overline{AO} \cdot \overline{OB} = 2 \cdot 8 = 4^2$ bzw. $d = 4$.

4.3 Berechnung von Winkeln

L 4.49 (**E**) Das Ziffernblatt ist durch die Stundeneinteilung in 12 gleiche Teile unterteilt. Der volle Winkel beträgt 360° und damit durchläuft der kleine Zeiger in einer Stunde einen Winkel von $360 : 12 = 30^\circ$. In Bild (**E**) hat der Stundenzeiger 5 Stunden, also 150°, seit 12 Uhr durchlaufen.

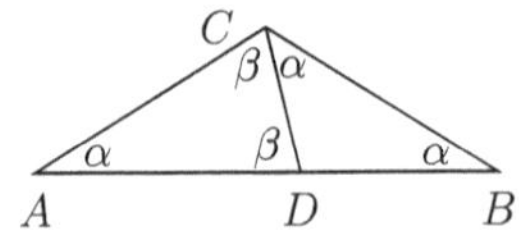

L 4.50 (**D**) In der nebenstehenden Zeichnung sind die auf Grund der Gleichschenkligkeit der Dreiecke $\triangle ABC$, $\triangle BCD$ und $\triangle DCA$ gleichen Winkel α bzw. β bereits markiert.
Wir suchen $\alpha+\beta$, was sich aus den folgenden beiden Gleichungen berechnen lässt: $2\alpha + \alpha + \beta = 180^\circ$ (Winkelsumme im $\triangle ABC$) und $2\alpha = \beta$ (Außenwinkel im $\triangle BCD$); daraus ergibt sich, wenn wir die 2. in die 1. Gleichung einsetzen $5\alpha = 180^\circ$ bzw. $\alpha = 36^\circ$. Dann ist $\beta = 72^\circ$ und $\alpha + \beta = 108^\circ$.

L 4.51 (**C**) Da Dreieck $\triangle ABC$ gleichseitig ist, ist $\measuredangle ACB = 60^\circ$ und demzufolge $\measuredangle ECB = \measuredangle ACB + \measuredangle ECA = 60^\circ + 70^\circ = 130^\circ$. Da $\overline{BC} = \overline{CE}$, ist $\triangle BCE$ gleichschenklig. Dann sind die beiden Basiswinkel $\frac{1}{2}(180^\circ - 130^\circ) = 25^\circ$, woraus $\measuredangle EBA = 60^\circ - 25^\circ = 35^\circ$ folgt.

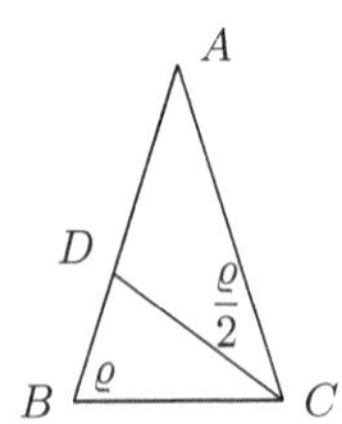

L 4.52 (**A**) Wir bemerken, dass im Text durch die Bezeichnung von BC als Basis festgelegt ist, welche Seiten ($\overline{AB}$ und $\overline{AC}$) gleich lang sind. Damit sind die Winkel bei B und C gleich, wir bezeichnen sie mit ϱ. Wegen $\overline{CD} = \overline{BC}$ ist auch $\measuredangle BDC = \varrho$. Da $\measuredangle DCB = \frac{1}{2}\varrho$, gilt im $\triangle BCD$ $2\varrho + \frac{1}{2}\varrho = 180^\circ$ bzw. $\varrho = 72^\circ$, woraus $\measuredangle CDA = 180^\circ - 72^\circ = 108^\circ$ folgt.

L 4.53 (**C**) Da der Flächeninhalt des Rhombus $\frac{1}{2}ef$ und gleichzeitig aus der Bedingung der Aufgabe $\sqrt{ef} = a$ bzw. $ef = a^2$ ist, hat der Rhombus, dessen spitzen Winkel wir suchen, den halben Flächeninhalt des Quadrats mit derselben Seitenlänge.

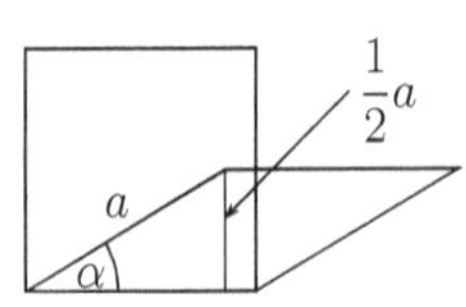

Da jetzt der Abstand der Rhombusseiten gleich der halben Seitenlänge ist, können wir den Sinus des spitzen Winkels des Rhombus ausrechnen:

$\sin\alpha = \frac{\frac{1}{2}a}{a} = \frac{1}{2}$, also misst der Winkel 30°.

L 4.54 (**D**) Es ist $\triangle ABC$ ist ein gleichschenkliges Dreieck, denn die Pyramide hat ein regelmäßiges Fünfeck als Grundfläche. Es ist $\triangle ASC \cong \triangle ABC$ nach dem Kongruenzsatz, dass zwei Dreiecke kongruent sind, wenn sie in ihren drei Seiten übereinstimmen. Dies ist hier der Fall, denn $\overline{AC}$ ist beiden Dreiecken gemeinsam und die anderen Seiten gehören zu zueinander kongruenten gleichseitigen Dreiecken, den Seitenflächen der Pyramide. Damit ist $\measuredangle ASC = \measuredangle ABC = \frac{5 \cdot 180° - 360°}{5} = 108°$, das ist die Größe des Winkels im regelmäßigen Fünfeck.

L 4.55 (**A**) Im Dreieck $\triangle ABP$ ist der Außenwinkel $\measuredangle BPC$ gleich der Summe der beiden nicht anliegenden Innenwinkel $\measuredangle PBA$ und $\measuredangle BAP$. Da $\measuredangle PBA$ und $\measuredangle BPC$ gegeben sind, gilt $\measuredangle BAP = \measuredangle BAC = 120° - 50° = 70°$. Im gleichschenkeligen $\triangle ABC$ gilt also $\measuredangle CBA = \measuredangle ACB = \frac{1}{2}(180° - \measuredangle BAC) = \frac{1}{2}(180° - 70°) = 55°$, und da wir im $\triangle PBC$ nun die beiden Winkel $\measuredangle BPC$ und $\measuredangle PCB = \measuredangle ACB$ kennen, erhalten wir $\measuredangle PBC = 180° - \measuredangle BPC - \measuredangle PCB = 180° - 120° - 55° = 5°$.

4.4 Flächeninhalte

Dreiecke, Quadrate und andere Polygone

L 4.56 (**C**) Wer die beiden Figuren aufmerksam betrachtet, stellt fest, dass die kleinere genau die Hälfte der großen ist. Folglich genügt es zur Differenzbildung, die Karos der kleineren Figur zu zählen. Da die dreieckigen Teile stets genau die Hälfte eines kleinen Karos sind, können wir insgesamt $10 + 12 \cdot \frac{1}{2} = 16$ auszählen.

L 4.57 (**D**) Die von Kalle angeklebten Mosaiksteinchen nehmen eine Fläche von $169 - 25 = 144\ \text{cm}^2$ ein. Daraus errechnet sich die Quadratseite wegen $144 = 12 \cdot 12$ zu 12 cm. Jetzt gibt es mindestens zwei verschiedene Möglichkeiten, die Breite des winkelförmigen Streifens zu bestimmen. Zum einen könnte auffallen, dass sich die 25 Mosaiksteinchen prima rund um das schon fertige Quadrat herum anbringen lassen, je 12 an den Quadratseiten entlang und eines in die rechte untere Ecke. Die Breite ist dann die Breite eines Mosaiksteinchens, also 1 cm. Ebenso kann man bemerken, dass auch 169 eine Quadratzahl ist, $169 = 13^2$, und die Differenz der entsprechenden Seitenlängen ist dann $13 - 12 = 1$.

Wir geben eine zweite Lösungsidee und lösen uns hier von den konkreten Zahlen 169 und 25. Wenn die Seitenlänge des bereits fertigen Quadrats mit a bezeichnet wird, so ist der Flächeninhalt des winkelförmigen Teils der Breite x gerade $2ax + x^2$. Kennen wir, wie es hier der Fall ist, den Flächeninhalt des vergrößerten Quadrats – er sei mit g bezeichnet, so errechnet sich x aus der quadratischen Gleichung $a^2 + 2 \cdot a \cdot x + x^2 = g$ bzw. $(a + x)^2 = g$.

L 4.58 (**A**) Von den ursprünglich 95 cm Breite ragt ein 95 cm − 80 cm = 15 cm breiter und 95 cm hoher Teil heraus. Es handelt sich um eine Rechtecksfläche; folglich ist der Flächeninhalt 15 cm · 95 cm = 1425 cm^2.

L 4.59 (**A**) G halbiert AD und H halbiert AG. Die Breite des grauen Rechtecks beträgt daher $\frac{1}{4}$ cm. E halbiert AB und F halbiert AE. Die Länge des Rechtecks beträgt daher 1 cm. Die Fläche des Rechtecks beträgt daher $\frac{1}{4} \cdot 1 = \frac{1}{4}$ cm^2.

L 4.60 (**A**) Da $\overline{AO} = \overline{OB}$, ist die Grundlinie $\overline{AB}$ im Dreieck $\triangle ABC$ doppelt so lang wie die im grauen Dreieck; die Höhe stimmt bei beiden überein. Also ist der Flächeninhalt doppelt so groß wie der im Dreieck $\triangle AOC$, d. h. $2\sqrt{3}$.

L 4.61 (**B**) Die Oberfläche des zusammengesetzten Körpers setzt sich zusammen aus der Oberfläche des großen Würfels – der Teil seiner Deckfläche, auf dem der kleine Würfel steht, ist ja gerade gleich der Deckfläche der kleinen Würfels. Diese Fläche hat einen Flächeninhalt von $6 \cdot 3^2 = 54$ cm^2. Hinzu kommen die 4 Seitenflächen des kleinen Würfels, die einen Flächeninhalt von $4 \cdot 1 = 4$ cm^2 haben. Insgesamt sind das 58 cm^2.

L 4.62 (**A**) Für 54 Quadrate (Oberfläche des gesamten Würfels) benötigt man 9 kg Farbe. Mit 1 kg kann man 6 Quadrate anmalen. Für 12 Quadrate braucht man also 2 kg Farbe.

L 4.63 (**A**) Wir zählen die Kästchen entlang einer Quadratseite – es sind 9 – und finden für die Fläche des großen Quadrats $9 \cdot 9$ cm^2 = 81 cm^2. Von dieser Fläche ist die Fläche von 4 rechtwinkligen Dreiecken zu subtrahieren. Der Flächeninhalt dieser rechtwinkligen Dreiecke ist die Hälfte des Produkts der Seitenlängen der beiden Katheten, also $\frac{1}{2} \cdot 2 \cdot 7$ cm^2 = 7 cm^2. Damit gilt für den Flächeninhalt des kleinen Quadrates:

$$(81 - 4 \cdot 7)\ \text{cm}^2 = (81 - 28)\ \text{cm}^2 = 53\ \text{cm}^2.$$

L 4.64 (**E**) Der schraffierte Teil ist – unter Beachtung der offensichtlichen Symmetrie der Figur – ein Viertel der um die kleine Quadratfläche von $(2\ \text{m})^2$ verminderten großen Quadratfläche von $(21\ \text{m})^2$. Also berechnet man diese Fläche als $\frac{1}{4}\left(21^2 - 2^2\right)$ m^2, und damit ist wegen $21^2 - 2^2 = (21+2)(21-2)$ (**E**) richtig.

L 4.65 (**A**) Da es sich bei den beiden Sechsecken um regelmäßige handelt, erhalten wir durch das Ziehen einer Hilfslinie durch zwei einander gegenüberliegende Eckpunkte zwei kongruente gleichschenklige Trapeze (gestrichelte Linie). Eine weitere Hilfslinie (gepunktet) bildet mit der Parallelogrammseite einen Winkel von 60° bzw. 120°.

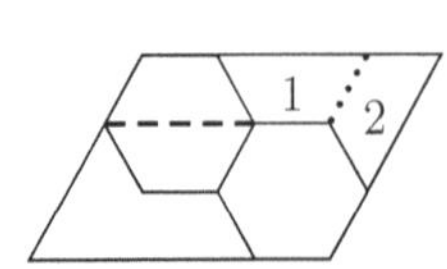

Dann ist das dabei entstehende Trapez 1 zu dem „halbierten Sechseck" kongruent, denn zwei Seiten sind identisch und ebenso alle Winkel, woraus die Gleichheit der beiden anderen Seiten folgt. Das andere beim Zeichnen der gepunkteten Hilfslinie entstandene Trapez 2 ist ebenfalls – mit der analogen Begründung – kongruent zu einem halben Sechseck, und somit auch zu Trapez 1. Folglich ist die Hälfte der Parallelogrammfläche schraffiert.

L 4.66 (**B**) Wir denken uns die Diagonale DB und die Strecke AO eingezeichnet. Die Dreiecke $\triangle NAO$ und $\triangle KBO$ sind zueinander kongruent, denn $\overline{AO} = \overline{BO}$ (halbe Diagonale), $\measuredangle NAO = \measuredangle KBO = 45°$ und $\measuredangle NOA = \measuredangle KOB = \measuredangle NOB - 90°$. Dann ist jedoch – unterhalb der Diagonale – der Flächeninhalt des grauen Gebietes gleich dem des hellen. Da sich für die oberhalb der Diagonale liegende Hälfte des Quadrates dieselben Überlegungen machen lassen, gilt, dass das gesamte graue Gebiet den halben Flächeninhalt des Quadrates, also 2, hat.

Ein zweiter Lösungsweg: Die Horizontale durch O schneidet BC in P, die Vertikale durch O schneidet CD in Q. Da $\triangle OPL \cong \triangle OQM$, so ist der Flächeninhalt von $OLCM$ gleich einem Viertel des Quadrats. Analog gilt dies für den Flächeninhalt von $ONAK$. Also ist der Inhalt der grauen Flächenstücke gleich dem Inhalt der weißen Flächenstücke, nämlich 2.

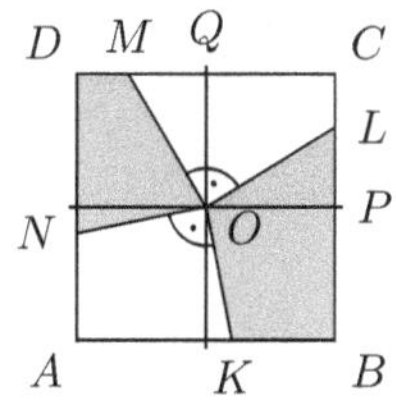

L 4.67 (**E**) Der Flächeninhalt von $\triangle ABC$ kann als Hälfte des Produkts der Länge von $\overline{AB}$ und der Länge der Höhe von C auf AB angegeben werden. Die Länge der Grundlinie des Dreiecks $\triangle AEF$ ist genau $\frac{3}{4}$ der Länge von $\overline{AB}$ und die Höhe von F auf AE ist genau halb so lang wie die Höhe von C auf AB. Damit ist der Flächeninhalt $A_{AEF} = \frac{3}{4} \cdot \frac{1}{2} \cdot A_{ABC} = \frac{3}{8} \cdot 96\ \text{cm}^2 = 36\ \text{cm}^2$.

L 4.68 (**D**) Die weißen Flächenstückchen seien wie in der Skizze bezeichnet, R sei der Flächeninhalt des Rechtecks, X der Flächeninhalt des schraffierten Flächenstücks. Nun ist $A_{\triangle AND} = \frac{1}{2}\overline{AD}\ \overline{AB} = \frac{1}{2}R$ (Flächeninhaltsformel für Dreiecke). Daraus leiten wir ab

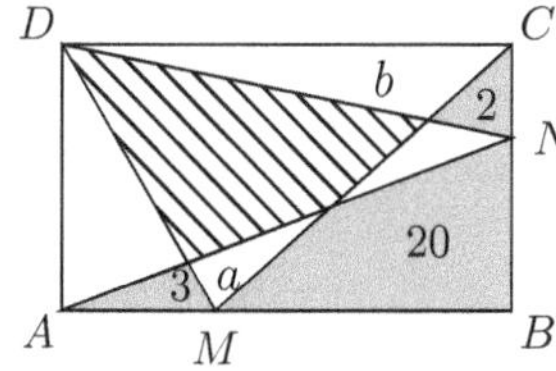

$$R - A_{\triangle AND} = \frac{1}{2}R = 3 + a + 20 + 2 + b$$

Gleichfalls ist $A_{\triangle DMC} = \frac{1}{2}\overline{CD}\ \overline{BC} = \frac{1}{2}R$. Daraus finden wir $X = \frac{1}{2}R - a - b$. Setzen wir aus der obigen Gleichung für R ein, erhalten wir nun $X = 3 + a + 20 + 2 + b - a - b = 25$.

Kreise und Teile von Kreisen

L 4.69 (C) Die Fläche, die die angeseilte Ziege erreichen kann, setzt sich aus Teilen unterschiedlicher Kreise zusammen.

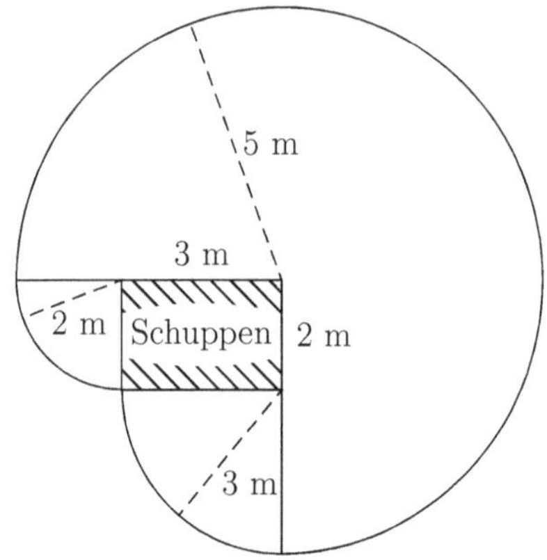

Das sind im Einzelnen ein Dreiviertelkreis mit dem Radius 5 m, der eine Fläche von $\frac{3}{4}\pi \cdot 25\ \text{m}^2$ hat, ein Viertelkreis mit dem Radius 2 m und dem dementsprechenden Flächeninhalt $\frac{1}{4}\pi \cdot 4\ \text{m}^2$ und einem Viertelkreis mit dem Radius 3 m, der den Flächeninhalt $\frac{1}{4}\pi \cdot 9\ \text{m}^2$ hat. Das ergibt dann insgesamt einen Flächeninhalt von

$$\frac{3 \cdot 25 + 4 + 9}{4}\pi\ \text{m}^2 = \frac{88}{4}\pi\ \text{m}^2 = 22\pi\ \text{m}^2.$$

L 4.70 (E) Wir setzen die Länge der Gesamtstrecke $\overline{AE}$ gleich 4. Die Länge der oberen Halbkreislinie ist dann 2π und die der unteren $\frac{3}{2}\pi + \frac{1}{2}\pi$, folglich stimmen die Längen überein, das Verhältnis ist $1:1$.

L 4.71 (A) Da Kreisring und Kreisscheibe dieselbe Dicke haben und jeweils aus der Hälfte des Materials bestehen, müssen auch die beiden Flächeninhalte, der des Kreisrings und der der Kreisscheibe, gleich sein. Der Flächeninhalt des Kreisrings ist $A_{\text{Kr}} = \pi 3^2 - \pi 1^2 = 8\pi$. Bezeichnen wir mit r den Radius der Kreisscheibe, dann ist $\pi r^2 = 8\pi\ \text{cm}^2$, woraus $r = \sqrt{8}\ \text{cm} = 2\sqrt{2}\ \text{cm}$ folgt.

L 4.72 (E) Wenn die $30°$ zur Länge 2 gehören, so gehört wegen $360 : 30 = 12$ zu $360°$ die Länge $2 \cdot 12 = 24$. Folglich ist $x = 24 - 2 - 5 - 6 = 11$.

L 4.73 (A) Das Schild mit dem Durchmesser von 40 cm hat einen Flächeninhalt von $\pi \cdot 20^2 = 400\pi\ \text{cm}^2$. Die Hälfte der Fläche nimmt der aus den Viertelkreisen zusammengeschobene Kreis ein, und zu dem Flächeninhalt von $200\pi\ \text{cm}^2$ gehört der Radius $\sqrt{200} = 10\sqrt{2}$ cm.

L 4.74 (E) Wir stellen sofort fest, dass die Summe der Flächeninhalte der vier kleinen Kreise gleich dem Flächeninhalt des großen Kreises ist, denn der Radius ϱ der kleinen Kreise ist halb so groß wie der des großen Kreises 2ϱ und folglich der Flächeninhalt des großen Kreises $\pi(2\varrho)^2 = 4\pi\varrho^2$ viermal so groß wie der Flächeninhalt $\pi\varrho^2$ eines kleinen Kreises.

Wir bezeichnen nun den Flächeninhalt eines kleinen Kreises mit k. Dann gilt, wenn wir der Einfachheit halber den Flächeninhalt eines blauen Fensterteils mit b, den eines roten mit r und den eines grünen mit g bezeichnen: $4k = 4b + 4r + 4g$, wobei $k = r + 2g$ ist. Setzen wir aus der letzten Gleichung in die erste ein, erhalten wir: $4(r + 2g) = 4b + 4r + 4g$, woraus $4g = 4b$ bzw. $g = b$ folgt, womit gezeigt ist, dass der gesuchte Flächeninhalt 400 cm^2 ist.

L 4.75 (**E**) Da P auf dem Kreisbogen um B mit $\overline{AB}$ und um C mit Radius $\overline{BC}$ liegt und $\overline{AB} = \overline{BC}$ ist, ist $\triangle BCP$ gleichseitig. Analog ist $\triangle AQD$ gleichseitig. Verlängere ich PQ bis zum Schnittpunkt S mit BC, so ist die Länge von $\overline{PS}$, d. h. die Länge der Höhe im gleichseitigen Dreieck mit Seitenlänge 1, $\frac{1}{2}\sqrt{3}$. Die Differenz $1 - \frac{1}{2}\sqrt{3}$ ist die Länge von $\overline{QS}$, die aus Symmetriegründen auch gleich ist zum Abstand von P zu AD. Daraus folgt $\overline{PQ} = 1 - 2\left(1 - \frac{1}{2}\sqrt{3}\right) = \sqrt{3} - 1$.

L 4.76 (**D**) Wir nennen P, Q, R bzw. S die Berührungspunkte der Geraden AC, DE, CB bzw. AB mit dem Kreis. Da $\overline{DP} = \overline{DQ}$ und $\overline{EQ} = \overline{ER}$ ist, ist der Umfang von $\triangle CDE$ ebenso groß wie die Summe der beiden Tangentenabschnitte $\overline{CP}$ und $\overline{CR}$. Ebenso sind die beiden Tangentenabschnitte von A bzw. B aus je gleich lang. Folglich sind diese vier Abschnitte zusammen doppelt so lang wie die Dreiecksseite $\overline{AB}$.

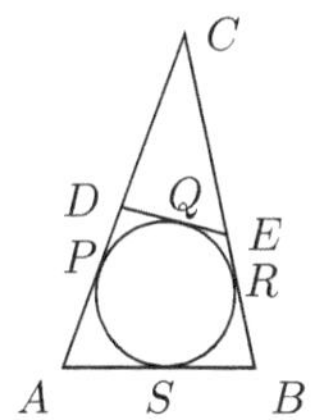

Damit ist der Umfang u_{CDE} von $\triangle CDE$ gleich dem Umfang von $\triangle ABC$ vermindert um die doppelte Länge der Seite $\overline{AB}$. In Zahlen ausgedrückt: $u_{CDE} = (3 + 5 + 6) - 2 \cdot 3 = 8$.

L 4.77 (**C**) Der Weg, den der Mittelpunkt der Münze beschreibt, setzt sich aus Parallelen zu den 6 Sechseckseiten und 6 Sechsteln eines vollen Kreises mit dem Durchmesser der Münze, also 1, zusammen. Er ist folglich $6 + \pi \cdot 1 = 6 + \pi$ lang.

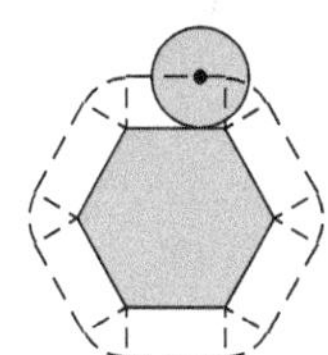

L 4.78 (**A**) Wir verbinden die Mittelpunkte der drei Kreise miteinander, wobei ein gleichseitiges Dreieck entsteht, da jede der Verbindungen genau 2 Radien lang ist. Da die Winkel im gleichseitigen Dreieck 60° sind, schneidet das Dreieck aus jedem der drei Kreise ein Sechstel heraus, denn $360 : 60 = 6$.

Der gesuchte Flächeninhalt ist die Differenz aus der Fläche des gleichseitigen Dreiecks und der Summe der drei Kreissechstel, also

$$\frac{1}{2} \cdot 2r \cdot 2r\frac{1}{2}\sqrt{3} - 3 \cdot \frac{1}{6}\pi r^2 = \left(\sqrt{3} - \frac{1}{2}\pi\right) r^2.$$

4.5 Räumliche Geometrie

L 4.79 (**D**) Der komplette Quader besteht aus 2 Schichten, die je aus 9 kleinen Würfeln bestehen. Davon sind in der oberen Schicht des Teilkörpers nur 2 vorhanden, also müssen 7 hinzugefügt werden.

L 4.80 (**A**) Stellt man sich die große Schachtel auf die quadratische Seite gestellt vor, so können je Schicht zwei der kleinen Bausteine nebeneinander gelegt werden. Sie haben dann eine Höhe von 1 cm. Da in der Höhe 8 cm zur Verfügung stehen, passen insgesamt $8 \cdot 2 = 16$ Bausteine hinein.

L 4.81 (**C**) Der große Würfel mit der Kantenlänge 10 cm besteht aus 10 völlig gleichen Schichten kleiner Würfel, in jeder dieser Schichten sind $10 \cdot 10 = 100$ kleine Würfel. Da es 10 solche Schichten gibt, haben wir insgesamt $10 \cdot 100 = 1000$ kleine Würfel. Jeder dieser Würfel bringt 1 cm Turmhöhe. Dann wäre der Turm also 1000 cm = 10 m hoch.

L 4.82 (**C**) In den großen Würfel können insgesamt $3 \cdot 3 \cdot 3 = 27$ kleine Würfel einsortiert werden. Die bereits einsortierten kleinen Würfel lassen sich gut auszählen; es sind 10. Dann müssen also noch 17 eingeräumt werden.
Ein etwas anderer Zugang ist folgender: Wir können uns gut vorstellen, mit den vorhandenen Würfeln die unterste Schicht aufzufüllen. Es bleibt ein Würfel übrig, und es passen $2 \cdot 9 - 1 = 18 - 1 = 17$ Würfel insgesamt zu den schon vorhandenen dazu hinein.

L 4.83 (**B**) Wir färben zunächst zwei benachbarte Flächen rot, z. B. die Fläche U (unten) und die Fläche L (links).

Fall 1: Wählen wir O oder R als dritte rote Fläche, dann erhalten wir jeweils einen Würfel mit 2 gegenüberliegenden roten Flächen. Die dritte rote Fläche muss zwischen den beiden gegenüberliegenden Flächen liegen.

Fall 2: Wählen wir V oder H, dann erhalten wir jeweils Würfel, bei denen die roten Flächen eine gemeinsame Ecke besitzen. Liegen die ersten beiden rot gefärbten Flächen einander gegenüber, erhalte ich mit der dritten roten Fläche immer nur einen Würfel wie im Fall 1 beschrieben.

Man kann also nur 2 verschiedene Würfel herstellen.

L 4.84 (**B**) Die Möglichkeit, aus zwei Bausteinen der abgebildeten Sorte einen $2 \times 2 \times 2$-Würfel zu bauen, wird sicher jede und jeder schnell erkennen; man stellt den abgebildeten Baustein auf den Kopf, dann passt er genau auf den anderen, und bildet mit ihm zusammen den gewünschten Würfel. Damit ist allerdings auch sofort klar, dass sich die in (**C**), (**D**) und (**E**) angegebenen Quader bauen lassen,

denn ein jeder Quader dieser Art kann aus $2 \times 2 \times 2$-Würfeln zusammengesetzt werden. Damit sind wir den Regeln des Wettbewerbs entsprechend in der Lage, bei (**B**) das Kreuz zu setzen. Wir wollen aber auch noch eine Begründung geben, *warum* ein $2 \times 2 \times 3$-Quader aus den zur Verfügung stehenden Bausteinen nicht gebaut werden kann. Dieser Quader hat eine Fläche der Größe 2×3.
Der Baustein hat eine Breite, Länge und Höhe von 2, wobei dann jeweils in einer Ebene entweder einer oder drei kleine Würfel sind. Die 2×3-Fläche kann aber weder von zwei noch von vier (oder gar sechs) Bausteinen gebildet werden, wie die beiden Abbildungen verdeutlichen.

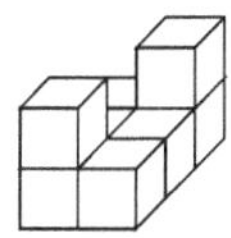

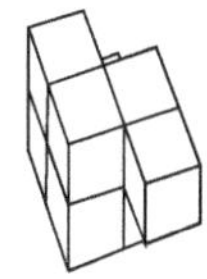

L 4.85 (**D**) Aus der Skizze sieht man, dass 6 Seitenquadrate der Würfel waagerecht liegen und zu sehen sind. Genau so viele Quadrate müssen dann aber auch an der Unterseite des Turmes liegen. Somit gibt es 12 waagerecht liegende Quadrate. Nach vorne schauen ebenfalls 6 Quadrate und genau so viele liegen auch auf der Hinterseite des Turmes. Das sind weitere 12 Quadrate. Auch auf der Seite sind 6 Quadrate zu sehen und 6 Quadrate verdeckt. Somit gibt es insgesamt 36 Quadrate, die Roman bemalen muss.

L 4.86 (**E**) Die kleinen Würfel, die in den Eckpunkten des großen Würfels waren, haben jeweils drei gefärbte Flächen. (Dies kann man in der Zeichnung z. B. am Eckpunkt vorne oben sehen.) Diejenigen kleinen Würfel, die in der Mitte der Flächen des großen Würfels liegen, haben immer nur genau eine gefärbte Fläche. Die restlichen kleinen Würfel, die an der Oberfläche des großen Würfels liegen, haben jeweils genau zwei gefärbte Flächen. Von diesen kleinen Würfeln gibt es in der Mitte jeder Kante des großen Würfels genau einen. Ihre Anzahl ist gleich der Anzahl der Kanten des großen Würfels, also 12.

L 4.87 (**A**) Am Startpunkt befindet sich der Kegel linkerhand; das ist auf genau einem der Fotos der Fall, dem Bild 2. Bevor Johann – auf der anderen Seite des Tisches – den Kegel rechts vom Zylinder sieht, gibt es einen Moment, in dem der Kegel vor dem Zylinder steht, und der ist auf dem Foto 1 festgehalten. Es folgt nun das Foto 4, auf dem der Kegel rechts vom Zylinder steht – das ist der Anblick nach etwa einer Dreiviertelumrundung des Tisches. Und anschließend verdeckt dann der Zylinder den Kegel, wie es auf Foto 3 zu sehen ist. – Die Reihenfolge, in der Johann die Fotos gemacht hat, ist: 2 1 4 3.

L 4.88 (**D bzw. C**) Der Würfel selbst hat 8 Ecken. Werden diese abgeschnitten, so entstehen an jeder dieser 8 Ecken jeweils 3 Ecken anstelle der einen, also sind es $8 \cdot 3 = 24$ Ecken. – Nun zu den Kanten: Beim Abschneiden der Würfelecken kommen zu den vorhandenen 12 Würfelkanten je Ecke 3 Kanten hinzu, insgesamt also $8 \cdot 3 = 24$. Der gestutzte Körper hat insgesamt $12 + 24 = 36$ Kanten.

L 4.89 (**D**) Wir stellen zuerst fest, dass wir in dem Ausgangsbauwerk, das auf der eingerahmten Zeichnung zu sehen ist, stets vier Würfel auszeichnen können müssen, die in der gegebenen Stellung verbleiben und die sich in der entsprechenden Figur, in die umgebaut wird, wiederfinden. Diese Vierergruppe ist in der nebenstehenden Zeichnung rechts oben dargestellt; sie ist für die Fälle (**A**), (**B**), (**C**) und (**E**) identisch. In den darunter gezeichneten Bauwerken ist der beim Ausgangsbauwerk „von oben" weggenommene Würfel dunkelgrau an der Stelle der entsprechenden Figur gezeichnet, an die er umgesetzt worden ist.

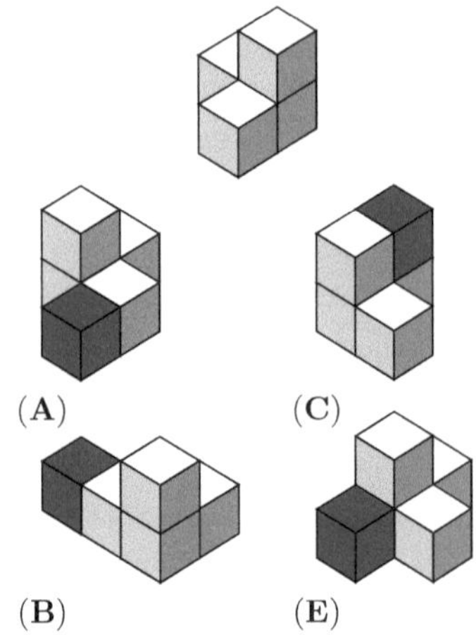

L 4.90 (**C**) Eine Pyramide ist dadurch charakterisiert, dass sie eine vieleckige Grundfläche hat, von der aus Kanten zu einer gemeinsamen Spitze führen. Falls die Anzahl der Ecken der Grundfläche e ist, so ist die Anzahl der Ecken der Pyramide $e + 1$. Die Anzahl der Kanten ergibt sich aus der Anzahl von Kanten, die zur Grundfläche gehören – das sind e Stück – und der Anzahl der zur Spitze führenden Kanten – ebenfalls e Stück. An Flächen finden wir außer der Grundfläche zu jeder Kante, die zur Grundfläche gehört, genau eine, nämlich das Dreieck, das diese Kante zusammen mit der Spitze bildet. Fassen wir zusammen, so ergibt sich für die Summe aus Ecken $(e + 1)$, Kanten $(2e)$ und Flächen $(1 + e)$ nun $4e + 2$. Also muss die Anzahl bei Division durch 4 den Rest 2 lassen. Das trifft unter den angegebenen Zahlen zwischen 20 und 24 nur auf 22 zu.

L 4.91 (**B**) Jede der Kugelpyramiden hat im Wesentlichen die Form eines regelmäßigen Tetraeders. Das Tetraeder hat – wie der Name sagt – 4 Seitenflächen. Jede der 4 schwarzen Seitenflächen der 8er-Kugelpyramide muss abgetragen werden, folglich wird die Zahl der Schichten um 4 verringert, wobei eine 4er-Kugelpyramide entsteht.

Körpernetze

L 4.92 (**E**) Eine Lösungsmöglichkeit besteht darin, die Würfelnetze auszuschneiden und je zu einem Würfel zu falten.
Wer ein gutes Vorstellungsvermögen hat, kann, auch ohne dies zu tun, erkennen, dass bei den Netzen (**A**), (**C**) und (**D**) jeweils nur zwei der gestrichelten Diagonalen eine gemeinsame Ecke haben, während sich beim Netz (**B**) die drei gestrichelten Diagonalen in einer Ecke treffen. (**E**) ist die Lösung.

L 4.93 (B) Aus dem Würfelnetz in Abb. 1 könnten wir den oben gezeichneten Würfel bauen. Hier ist das Kreuz oben und die karierte Seite nach vorn gedreht. Nun drehen wir den Würfel, so dass die schwarze Seite nach hinten gelangt (dabei erscheint vorn der Kreis), und dann kippen wir den Würfel, so dass die schwarze Fläche jetzt die Deckfläche wird. Was wir dann sehen, zeigt das untere Bild. Nun ist klar, dass die Seite mit dem Fragezeichen die karierte ist.

L 4.94 (D) Welches Netz zu dem abgebildeten Würfel gehört, erkennt man wohl am besten, wenn man sich den Würfel auf die Vorderseite gedreht vorstellt (s. Abb.). Dann ist ganz klar, dass es nur das unter (D) gezeichnete Netz sein kann.

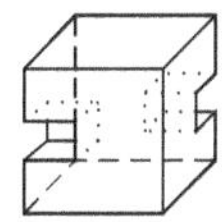

L 4.95 (B) Zwar sind die Netze bei dieser Aufgabe etwas komplizierter, aber mit dem Bild zur vorhergehenden sollte auch hier die Lösung gelingen.

L 4.96 (D) Netz 3 ist kein Würfelnetz, denn die Würfelseitenviertel können keine gemeinsame Fläche bilden. Ebenso ist Netz 5 kein Würfelnetz, denn das nach oben zeigende Würfelseitenviertel bildet mit den anderen drei Vierteln keine Seite, vielmehr würde es beim Falten auf die ganz rechts gezeichnete Würfelseite zu liegen kommen.

Aufgaben mit Spielwürfeln und mit einem Oktaeder

L 4.97 (D) Die Gesamtaugenzahl beider Würfel ist $2\cdot(1+2+3+4+5+6) = 42$. Da $1+5+3+6+2 = 17$ Augen zu sehen sind, sind $42 - 17 = 25$ versteckt. Den Hinweis, dass bei Spielwürfeln die 1 der 6, die 2 der 5 und die 3 der 4 gegenüberliegt, brauchen wir hier nur, um sicher zu sein, dass auf den beiden Würfeln die Augenzahlen von 1 bis 6 sämtlich vorkommen. Allerdings hätten wir die Lösung auch erhalten können, indem wir in Kenntnis der Spielwürfeleigenschaft die „unsichtbaren" Augenzahlen addiert hätten, also $(2+6+3+4)+(1+4+5) = 25$.

L 4.98 (A) Wir bezeichnen die Würfel mit I, II, III, und IV (s. Zeichnung) und die Seitenflächen entsprechend ihrer Lage als vorn, hinten, oben, unten, links und rechts. Vom Würfel II wissen wir, dass der 3 die 4 gegenüberliegt, und daraus folgt, dass auf der rechten Seite von Würfel I die 4 ist, und links ist die 3. Würfel I trägt hinten die 1, was demzufolge auch für Würfel III vorn zutrifft, hinten hat Würfel III dann die 6 zu stehen.

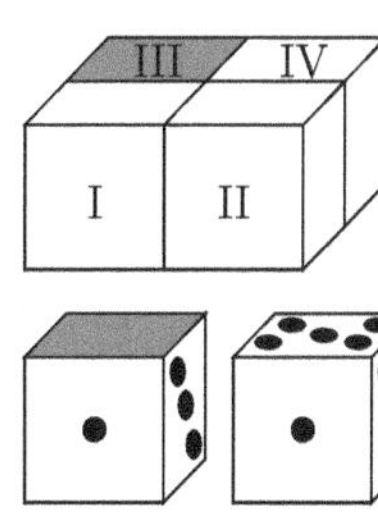

III II (gedreht)

Da Würfel IV rechts eine 4 hat, trägt er links eine 3, eine 3 ist damit auch auf der rechten Seite von Würfel III. Gegenüber, auf der linken Seite von Würfel III ist die 4. Um aus diesen Kenntnissen darauf zu schließen, welche Augenzahl die obere Seite von Würfel III trägt, brauchen wir die Aussage aus der Aufgabenstellung, dass die Würfel zueinander identisch sind. Drehen wir Würfel II so, dass die 2 unten und die 1 liegt, wobei die Fläche mit der 3 rechts bleibt, erkennen wir sofort, dass die Augenzahl auf der grauen Fläche von Würfel III die 5 ist.

L 4.99 (C) Der rechts außen sichtbaren 2 liegt wegen $7-2=5$ die 5 gegenüber. Die je zwei Berührungsseiten der mittleren Würfel tragen jeweils 7 zur Summe bei, ganz egal, welche Zahlen sich dort gegenüberliegen. Beim letzten Würfel müssen wir noch einmal nachdenken. Da 2 und 6 zu sehen sind, kommen 5 und 1 für die Berührungsseite nicht in Frage, es muss 3 oder 4 sein. Nun können wir erkennen, dass der linke Würfel (der nach Voraussetzung identisch zum rechts liegenden ist) der auf seiner Grundfläche um 90° gedrehte rechts liegende Würfel ist. Also weist die 4 nach außen, und die 3 ist die gesuchte letzte Punktzahl. Die Summe ist $5+7+7+3=22$.

L 4.100 (A) Da es sich nicht um einen Spielwürfel handelt, ermitteln wir zuerst, welche Zahlen auf einander gegenüberliegenden Würfelflächen liegen. Die 3 ist mit der 1, mit der 2, der 4 und der 5 benachbart, liegt demzufolge der 6 gegenüber. Die 5 ist mit der 3 und folglich auch der 6 sowie der 4 und der 1 benachbart, liegt also der 2 gegenüber. Dann liegt schließlich die 4 der 1 gegenüber:

<table>
<tr><td>4</td><td></td><td></td><td></td></tr>
<tr><td>5</td><td>3</td><td>2</td><td>6</td></tr>
<tr><td>1</td><td></td><td></td><td></td></tr>
</table>

In der Zeichnung des Würfelnetzes ist neben der Anordnung der gegenüberliegenden Seiten auch berücksichtigt, wie die Ecke, in der 3, 4 und 5 zusammenstoßen, orientiert ist. – Wir beginnen nun von rechts die Punktzahlen auf den einander berührenden Seiten zu bestimmen. Der 4 liegt die 1 gegenüber. Beim 2. Würfel (von rechts) kommen die beiden nicht der 2 und nicht der 3 gegenüberliegenden Zahlen, also 1 und 4 an. Beim dritten Würfel kommen entsprechend 5 und 2 hinzu. Beim links liegenden Würfel schließlich kommt die 6 hinzu, da die 3 der Orientierung der aus 1, 5 und 3 gebildeten Ecke entsprechend nach außen weisen muss. Insgesamt zählen wir $1+1+4+2+5+6=19$.

L 4.101 (A) Da $2+3+\cdots+9=44$ ist, ist die Summe der Zahlen von je 4 Seitenflächen, die sich in einer Ecke treffen 22. (Das Oktaeder ist eine 4-seitige Doppelpyramide; die Summe auf jeder der 4-seitigen Teilpyramiden ist $44:2=22$.) Nun erkennen wir, wenn wir uns den Körper fertig gebaut vorstellen, dass $B+C=22-(9+3)=10$, dass $D+E=22-(9+3)=10$ und dass $C+E=22-(3+5)=14$ ist. Addieren wir die beiden ersten Gleichungen und subtrahieren die dritte, erhalten wir $B+C+D+E-C-E=B+D=10+10-14=6$.

5 Kryptisches, Logisches, Magisches

5.1 Logisches mit und ohne Zahlen

Wo findet sich ein Widerspruch

L 5.1 (**E**) Wenn Lonis Strickstrumpf länger ist als die Strümpfe von Elsa und Tina zusammen, so ist es der längste. Allerdings behauptet Ernst dasselbe von Elsas Strickstrumpf. Es kann aber nur einer der längste sein. – In der Mathematik, und nicht nur dort, nennt man so etwas einen Widerspruch. – Das, was Ernst beschreibt, ist nicht möglich.

L 5.2 (**D**) Da der Geiger am jüngsten ist, kann Alex nicht der Geiger sein, außerdem kann der Geiger nicht Ulrich sein, denn Ulrich hat eine Schwester. Demzufolge heißt der Geiger Ivo. Da Alex weder Geiger noch Flötist ist, spielt Alex Trompete – und Ulrich bläst die Flöte. Die Reihenfolge ist Ivo, der Geiger – Ulrich, der Flötist – Alex, der Trompeter.

L 5.3 (**C**) Da Anna beim Sport keinen Ball benutzt, kann (**A**) nicht stimmen. Da Berta die Judosportlerin ist, spielt sie nicht Fußball, (**B**) kann daher nicht stimmen. Da Berta Judo betreibt, tut Anna es nicht und daher kann (**E**) nicht stimmen. Da Anna aber keinen Sport betreibt, der mit einem Ball gespielt wird, stehen für sie Karate und Judo zur Auswahl, und da es nicht Judo ist, ist es Karate. Dann betreibt aber Daniela sicher nicht Karate, und (**D**) kann nicht stimmen. Allein (**C**) kann wahr sein.

L 5.4 (**D**) Die Aufgabenstellung wird sicher manchem recht ungewohnt erscheinen. Was hier geübt bzw. nachgewiesen werden soll, ist der richtige Umgang mit mathematischem Schließen. Gucken wir uns die Aussagen an und versuchen zu analysieren, was wir daraus entnehmen können: Auf Grund der 3. Aussage („Es ist entweder blau oder gelb“), kann es – was auch immer wir als Geschenk ausgewählt haben – nur eine dieser beiden Farben haben, also gewiss nicht rot sein. Dann folgt aber sofort aus der 2. Aussage („Wenn es quadratisch ist, ist es rot.“), dass es nicht quadratisch sein darf. Nun finden wir unmittelbar aus der 5. Aussage („Es ist entweder quadratisch oder rund.“), dass es rund sein muss. Damit kann es nach Aussage 4 nicht gelb sein, und es bleibt nach Aussage 1 nichts anderes übrig, als dass unser Geschenk blau und rund ist.

L 5.5 (**C**) Da beim Känguruwettbewerb stets nur genau eine der fünf vorgeschlagenen Antworten richtig ist, kann dies gewiss nicht (**A**) sein, da sonst nach Aussage 1 auch (**B**) richtig wäre. Nehmen wir an (**C**) wäre falsch. Dann wäre nach

Aussage 2 auch (**B**) falsch, und nach Aussage 3 würden dann auch (**D**) und (**E**) falsch sein. Hieraus folgte, dass (**A**) richtig wäre, was wir ja bereits ausschließen konnten. Also war die Annahme, (**C**) wäre falsch, falsch. (**C**) ist richtig.

Wir hätten auch nach der ersten Schlussfolgerung, dass nämlich aus der Richtigkeit von Antwort (**A**) auch die von (**B**) folgte und demzufolge (**A**) nicht richtig sein kann, folgendermaßen weiter überlegen können: (**B**) kann nicht richtig sein, da sonst wegen Aussage 2 (**C**) richtig sein müsste (wieder zwei Antworten richtig, was beim Känguruwettbewerb ausgeschlossen ist). (**D**) oder (**E**) können nicht richtig sein, da sonst wegen Aussage 3 wiederum jeweils auch (**B**) richtig wäre. Also bleibt nur die Möglichkeit, dass (**C**) richtig ist.

Logische Nüsse zu knacken

L 5.6 (B) Wir gucken uns an, wie viel Tiny und Tony beim ersten Mal fressen. Tiny frisst genau ein Drittel vom Ganzen, übrig bleiben zwei Drittel. Tony frisst die Hälfte vom Rest, d. h. die Hälfte von zwei Dritteln, das ist ein Drittel. Beide haben dieselbe Menge gefressen. Damit ist aber klar, dass die beiden Katzen in jeder der fünf Runden exakt dieselbe Menge fressen, also auch über den ganzen Tag.

L 5.7 (C) Wenn Lea nicht in derselben Etage wie Ada und Trine lebt, leben die beiden, Ada und Trine, jedenfalls in derselben Etage. Auch Olli lebt nicht in derselben Etage wie Ada, folglich, da es nur zwei Etagen sind, in derselben wie Lea. Da außer Ada auch Isa nicht mit Olli dieselbe Etage teilt, müssen Isa, Ada und Trine sich die zweite Etage teilen. Für Olli und Lea steht die erste Etage zur Verfügung.

L 5.8 (D) In der Kindergartengruppe können ganz gewiss nicht mehr als 11 Mädchen sein. Angenommen nämlich, es würden 12 Mädchen sein, dann gehörten zu ihnen ja auch 12 verschiedene Zahlen von Jungen, die mindestens in den Anzahlen $0, 1, \ldots, 11$ in der Gruppe sein müssten. Das bedeutet, dass es nicht weniger als 11 Jungs wären, zusammen sind das mit $12+11=23$ zu viele Kinder. Also ist die gesuchte Zahl kleiner als 12. Es können 11 Mädchen sein, nämlich, wenn das erste mit keinem, das zweite mit einem, ..., das elfte mit 10 Jungen befreundet ist. Dann könnten es 11 Mädchen und 10 Jungen, also insgesamt 21 Kinder sein.

L 5.9 (C) Zu jedem der 12 Monate könnte es jeweils ein Hamstermännchen und ein Hamsterweibchen geben, die in diesem Monat geboren sind, also insgesamt 24 Hamster. Haben wir 25 Hamster, so gibt es unter den 12 Monaten (mindestens) einen, in dem drei Hamster Geburtstag haben. Und von drei Hamstern haben gewiss zwei dasselbe Geschlecht

L 5.10 (C) Die Vermutung von Elli lautet: „Wenn auf der Buchstabenseite ein Vokal ist, ist auf der Rückseite eine gerade Zahl.“ Elli muss das Kärtchen mit dem E prüfen, das Kärtchen mit dem K braucht sie nicht zu prüfen, weil sie keine Aussage zu den Rückseiten von Kärtchen mit Konsonanten gemacht hat – egal, was auf der Rückseite ist, es hat auf den Wahrheitsgehalt ihrer Vermutung keinen Einfluss. Aus demselben Grunde braucht sie auch das Kärtchen mit der 4 nicht zu prüfen.

Das letzte Kärtchen mit der 7 hingegen muss sie anschauen, weil ein Vokal auf der Rückseite ihrer Vermutung widersprechen würde. Insgesamt sind also zwei Kärtchen zu prüfen

Logisches mit Zahlen

L 5.11 (A) Angenommen, der bescheidene Fritz futtert genau 2 Möhren, dann müsste, da Fritz weniger als jeder andere futtert, Erich mindestens 3 und Heinrich, der mehr als jeder andere knabbert, mindestens 4 Möhren futtern, zusammen wären das 9. Das wäre viel zu viel. Folglich begnügt sich der bescheidene Fritz mit einer Möhre. Angenommen, Erich würde 2 mehr als Fritz, also 3 Möhren knabbern. Dann müsste Heinrich mindestens 4 futtern. Die Gesamtzahl wäre mit $1 + 3 + 4 = 8$ wiederum zu groß. Demzufolge muss sich Erich mit 2 Möhren zufrieden geben, und für Heinrich bleiben dann 4 Stück.

Fassen wir noch einmal zusammen: Es sind drei *verschiedene* (Möhren)-Anzahlen so zu finden, dass ihre Summe 7 ergibt. Das gelingt nur mittels $1 + 2 + 4 = 7$.

L 5.12 (B) Da sich die Gondeln von Tilli und Elli genau einander gegenüber befinden, sind auf beiden Seiten zwischen ihnen gleich viele Gondeln, und zwar so viele, wie es natürliche Zahlen zwischen 4 und 11 gibt. Das sind 6. Dann hat das Karussell also $2 \cdot 6 + 1 + 1 = 14$ Gondeln.

L 5.13 (D) Es muss die Frage beantwortet werden, unter welchen Bedingungen Theo mit Gewissheit sagen kann, dass die Summe der Murmeln aus den zwei Säckchen, die Uta sich zufällig genommen hat, gerade ist. Er kann es dann sagen, wenn Uta ausschließlich Säckchen mit ungeradzahlig vielen Murmeln genommen haben kann, denn die Summe zweier ungerader Zahlen ist stets eine gerade Zahl, oder wenn die beiden Anzahlen von Murmeln in Utas beiden Säckchen gerade sein müssen. Da Theo drei Säckchen weggenommen hat, kann er genau voraussagen, dass die Summe der Murmeln in Utas beiden Säckchen eine gerade Zahl ist, wenn er alle drei Säckchen mit einer geraden Zahl von Murmeln erwischt hat. Dann nämlich bleiben für Uta nur ungerade Anzahlen in jedem der Säckchen möglich. Und Uta kann daraus, dass Theo sicher ist, folgern, dass er genau $2 + 4 + 6 = 12$ Murmeln in den drei Säckchen hat.

L 5.14 (A) Wir schreiben die 3-stellige Zahl z als $z = 100a + 10b + c$, worin a, b und c Ziffern sind und $a \neq 0$. Nun soll $a + b + c = 9 + Q(100a + 10b + c)/9)$ sein; dabei bezeichnet $Q(x)$ die Quersumme von x, also die Summe der Ziffern von x. Da von der Quersumme der durch 9 dividierten Zahl z gesprochen wird, ist z offenbar durch 9 teilbar. Wie wir von der Teilbarkeitsregel der 9 wissen, ist $a + b + c$ auch durch 9 teilbar. Dann ist jedoch auch die Quersumme der durch 9 geteilten Zahl z durch 9 teilbar, woraus wir unmittelbar schlussfolgern, dass z durch $9 \cdot 9 = 81$ teilbar ist.

Wir listen nun alle durch 81 teilbaren 3-stelligen Zahlen auf und prüfen anschließend, für welche gilt, dass ihre Quersumme um 9 größer ist als die Quersumme der durch 9 geteilten Zahl. Dazu stellen wir diese Zahlen in einer kleinen Tabelle zusammen, wobei wir bei denen, deren Quersumme 9 ist, nicht weiterrechnen, da die um 9 verminderte Quersumme ja 0 wäre, was keinen Sinn hat:

z	$Q(z)$	$\frac{z}{9}$	$Q\left(\frac{z}{9}\right)$
162	9		
243	9		
324	9		
405	9		
486	18	54	9
567	18	63	9
648	18	72	9
729	18	81	9
810	9		
891	18	99	18
972	18	108	9

Es gibt also genau die 5 Zahlen 486, 567, 648, 729 und 972, die die in der Aufgabe beschriebene Eigenschaft besitzen.

L 5.15 (C) Da der größtmögliche Rest bei einer Division stets Divisor minus 1 ist, kann der im Falle der vorliegenden Aufgabe mögliche größte Rest nie größer als 26 – dies im Falle der Quersumme $9+9+9 = 27$ – sein. Wenn die Quersumme allerdings 27 ist, gibt es nur eine mögliche dreistellige Zahl hierzu, nämlich 999, und diese Zahl ist durch 27 ohne Rest teilbar. Zur nächstkleineren Quersumme 26 gehören 3 verschiedene Zahlen 998, 989 und 899. Die bei Division durch 26 entstehenden Reste sind 10, 1 bzw. 15, und es ist zu erwarten, dass dies nicht die kleinstmöglichen sind. Gehen wir zur nächstkleineren Quersumme, 25, so heißen die zugehörigen Zahlen 997, 979, 799 ... und hier können wir bereits abbrechen, denn der Rest, den 799 bei Division durch 25 lässt, ist 24 und das ist nicht zu übertreffen.

L 5.16 (D) Wenn eine aus zwei aufeinanderfolgenden Ziffern gebildete Zahl durch 17 oder durch 23 teilbar sein soll, dann kann die Zweierfolge nur eines der Vielfachen 17, 34, 51, 68, 85 bzw. 23, 46, 69, 92 sein. Daraus finden wir als mögliche „Wechselfolge" 2346923469 . . ., wobei jede der einbezogenen 5 Ziffern an der 1. Stelle stehen kann. Genau eine der Ziffern, nämlich 6, tritt in zwei verschiedenen Vielfachen auf, in 68 und in 69. Das führt zu weiteren Lösungen, denn wenn auch mit 68 keine „Wechselfolge" beginnen kann, so kann doch die 2008-stellige Zahl auf 68 enden. Und ebenso auf 685, und ebenso auf 6851 und schließlich auch auf 68517. Damit sind nun alle Möglichkeiten erschöpft. Es sind 9.

L 5.17 (B) Da die erste Ziffer einer Zahl nicht 0 sein kann, muss die erste Ziffer 1, 2 oder 3 sein, womit die Zahl 1, 2 oder 3 Nullen enthalten muss. 3 Nullen sind nicht möglich, da die Zahl dann 3000 wäre, womit die vierte Ziffer nicht die Anzahl der Ziffern 3 angeben würde. Hat die Zahl 2 Nullen, so gibt es in der Zahl eine Ziffer 2, und die Nullen können nur an der zweiten und vierten Stelle sein. Die einzige Zahl, die in diesem Fall möglich ist, ist 2020, da keine anderen Ziffern als 0 und 2 auftreten dürfen. (Die Anzahl der Ziffern 1 und 3 ist jeweils 0.) Hat die Zahl genau eine Null, so ist ihre erste Ziffer 1, und die Null kann nicht an der zweiten Stelle sein. An dieser zweiten Stelle kann aber auch keine 1 stehen, da die Zahl in diesem Fall zwei Ziffern 1 hätte, und die zweite Stelle nicht gleich der Anzahl der Ziffern 1 wäre. An dieser Stelle kann auch keine 3 stehen, da die Zahl dann 1311 sein müsste, womit die vierte Ziffer nicht die Anzahl der Ziffern 3 angeben würde. Die zweite Ziffer kann also nur 2 sein, womit es aber auch einmal die Ziffer 2 gibt. An der dritten Stelle kann also auch nicht die Null stehen, und die Zahl muss von der Gestalt 12x0 sein. Da es wegen der zweiten Ziffer zweimal die Ziffer 1 in der Zahl geben muss, kann die Zahl nur 1210 sein. Es gibt also genau zwei Zahlen mit der beschriebenen Eigenschaft, nämlich 2020 und 1210. Hinweis: Man kann diese Überlegung auch mit Hilfe der Tatsache formulieren, dass die Zahl vier Ziffern hat, und die Ziffernsumme der Zahl somit auch vier sein muss.

Aufgaben beim Wägen

L 5.18 (A) Auf der linken Seite des Windspiels befinden sich zwei Dreiecke und zwei Kreise, auf der rechten Seite zwei Dreiecke, ein Kreis und zwei Quadrate. Würde ich die Gegenstände entfernen, die auf beiden Seiten vorhanden sind, also je die beiden Dreiecke und je einen Kreis, bliebe links ein Kreis, rechts blieben zwei Quadrate. Folglich wiegt ein Kreis so viel wie zwei Quadrate, d. h. 20 g.

L 5.19 (A) Auf der zweiten Waage liegen auf der rechten Seite ein Kreis weniger und auf der linken zwei Dreiecke weniger. Damit wiegt ein Kreis so viel wie zwei Dreiecke. Auf der dritten Waage fehlt rechts ein weiterer Kreis und damit muss man auch zwei weitere Dreiecke auf der linken Seite entfernen. Damit bleibt auf der linken Seite nur mehr ein Dreieck über.

L 5.20 (**A**) Wir bezeichnen mit a das Gewicht von Alex, mit b das von Benno usw. Dann entnehmen wir der Schilderung, dass die Ungleichungen $a + b < c + d$ und $c+e < f+b$ gelten. Daraus folgern wir (Addition der beiden Ungleichungen), dass $a + b + c + e < c + d + f + b$ bzw. nach Subtraktion von $b + c$ auf beiden Seiten der Ungleichung $a + e < d + f$ sicher gilt, das heißt, dass Alex und Elise zusammen leichter sind als Delia und Franz. Das ist gerade der Inhalt von (**A**). Für alle anderen Aussagen lassen sich Gegenbeispiele finden.

5.2 Reihenfolgen, Wege, Aufteilungen

Richtige Reihenfolge gesucht

L 5.21 (**D**) 

L 5.22 (**A**) Indem wir das <-Zeichen verwenden, um zu beschreiben, dass jemand *vor* einem anderen ins Wasser gesprungen ist, versuchen wir, Ordnung in die 5er-Gruppe zu bekommen. Die Aussage „Janek springt nach Jim“ beschreiben wir als Jim < Janek. Als nächstes wissen wir, dass auch Jens < Janek ist sowie, dass John < Jens, und niemand ist zwischen John und Jens hineingesprungen. Die beiden letzten Aussagen ergeben zusammengefasst: John < Jens < Janek. Der nächste Satz aus der Aufgabenstellung („John war vor Jim im Wasser...“) ergibt John < Jim. Mit den früheren Ergebnissen – Jim < Janek und John < Jens < Janek – und dem Wissen, dass Jens direkt nach John an der Reihe war, können wir schlussfolgern, dass John < Jens < Jim < Janek sein muss. Das sind schon vier der Jungen. Da nun John nicht als Erster gesprungen ist, bleibt dies für Justus übrig. Er war der Erste.

L 5.23 (**A**) Aus dem ersten Satz: „Guido kann länger als Herta tauchen, aber nicht so lange wie Flora.“ entnehmen wir, dass von den drei Kindern Guido, Herta und Flora, die Letztgenannte, also Flora, diejenige ist, die am längsten tauchen kann. Der zweite Satz: „Horst kann länger tauchen als Isolde, aber nicht so lange wie Guido.“ macht klar, dass von den drei Kindern Horst, Isolde und Guido, der Letztgenannte, also Guido, derjenige ist, der am längsten tauchen kann. Da wir schon wissen, dass Flora das noch besser als Guido kann, ist klar, dass sie die gesuchte Taucherin ist.

L 5.24 (**E**) Da nur über die Entfernung, nicht aber über die Lage der Wohnungen von Peter und von Paul zum Schwimmbad etwas bekannt ist, ist jede der Entfernungen von $5-3 = 2$ km bis $5+3 = 8$ km zwischen ihren beiden Wohnungen möglich.

L 5.25 (**C**) Wenn die silberne Tasse genau in der Mitte zwischen der blauen und der goldenen steht, ergibt sich das rechts oben gezeichnete Bild – blau und gold könnten auch vertauscht sein, was aber an der Länge der Abstände nichts ändert. Wenn nun die silberne Tasse in der Mitte von blauer und goldener steht, so ist auch der Abstand zwischen goldener und silberner gleich dem von silberner und blauer – und dieser soll gleich dem zwischen goldener und grüner Tasse sein, also 40 cm.

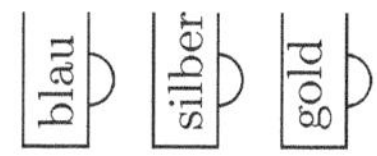

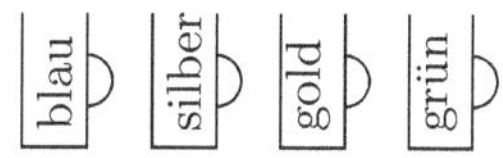

Grüne Tasse und silberne Tasse müssen also zu beiden Seiten der goldenen sein (s. unteres Bild, auf dem die Anordnung der vier Tasse in der Vitrine dargestellt ist – wobei, wie oben bemerkt, die umgekehrte Reihenfolge, grün-gold-silber-blau, ebenso möglich wäre). Da die goldene Tasse in der Mitte zwischen silberner und grüner steht, beträgt ihr Abstand zu den Nachbartassen 20 cm. Denselben Abstand hat dann natürlich auch die blaue Tasse von der silbernen. Folglich beträgt der Abstand zwischen den beiden äußeren, der blauen und der grünen, $3 \cdot 20 = 60$ cm.

L 5.26 (**D**) Verfolgt man den Pfeil von Max von links nach rechts, sieht man, dass er ganz oben ankommt. Der Pfeil von Felix führt ihn am Ziel in die Mitte, und der Pfeil von Lukas geht von ganz unten nach ganz oben und am Ziel wieder nach ganz unten. Die Reihenfolge im Ziel lautet also, von oben nach unten, Max, Felix, Lukas. Es ist bemerkenswert festzustellen, dass man nur die Pfeile von zwei Rennfahrern betrachten muss, weil das Ergebnis vom dritten dann zwangsläufig feststeht. (Wenn zwei Autos ihren Platz schon im Ziel gefunden haben, gibt es nur mehr eine freie Stelle, und dort muss das dritte Auto enden.)

L 5.27 (**A**) Das obere Auto soll nach unten, das mittlere nach oben und der Cabrio unten soll in die Mitte. Dies wird vom Bahnstück (**A**) an der Stelle von X gewährleistet.

L 5.28 (**B**) Es ist $\overline{A_1P} + \overline{A_5P} \geq \overline{A_1A_5}$, und das Gleichheitszeichen gilt, wenn P zur Strecke A_1A_5 gehört. Ebenso ist $\overline{A_2P} + \overline{A_4P} \geq \overline{A_2A_4}$, und das Gleichheitszeichen gilt, wenn P zur Strecke A_2A_4 gehört. Schließlich ist $A_3P \geq 0$, wobei Gleichheit gilt, wenn $A_3 = P$ ist. Folglich gilt $\overline{A_1P} + \overline{A_2P} + \overline{A_3P} + \overline{A_4P} + \overline{A_5P} \geq \overline{A_1A_5} + \overline{A_2A_4} + 0$, und da für $A_3 = P$ alle Gleichheitszeichen gelten, ist (**B**) die Lösung.

L 5.29 (**B**) Wir können ausrechnen, dass die Anzahl der Punkte größer als 4 sein muss, denn bei 4 Punkten gibt es nur 6 Abstände dieser Punkte untereinander (das lässt sich schnell auszählen, indem wir bei dem am weitesten links liegenden Punkt beginnen, der zu den drei rechts liegenden je einen Abstand hat;

hinzu kommt der als zweiter in der Reihe von links liegende Punkt, der zu seinen beiden rechten Nachbarn einen Abstand hat und schließlich kommen die beiden rechts liegenden Punkte hinzu). Bei 5 Punkten wäre es möglich, 9 unterschiedliche Abstände dieser Punkte voneinander zu realisieren, denn es gibt zwischen ihnen insgesamt 10 Abstände. Eine mögliche Anordnung der Punkte ist folgende:

Es ist $1 - 0 = 1$, $2 - 0 = 2$, $9 - 6 = 3$, $6 - 2 = 4$, $6 - 1 = 5$, $6 - 0 = 6$, $9 - 2 = 7$, $9 - 1 = 8$, $9 - 0 = 9$.

Buchstabenreihenfolgen im „Känguru“

L 5.30 (**D**) Streichen wir 5 von 8 Buchstaben weg, bleiben 3 übrig, also kann (**A**) nicht Lösung sein. (**B**) scheidet aus, weil von hinten gelesen R vor G kommt, (**C**) scheidet aus, weil von hinten gelesen O vor R und N kommt, (**E**) scheidet aus, weil von hinten gelesen G vor N kommt. (**D**) erhält man, wenn K, A, G, O und O gestrichen werden.

L 5.31 (**D**) Es gibt mehrere Möglichkeiten, dass aus 5 der 9 Buchstaben eine Folge stehenbleibt, die alphabetisch geordnet ist, KNORU, AGORU, ANORU. Jeder der ersten 4 Buchstaben steht im Alphabet vor jedem der letzten 5 Buchstaben, wobei, da K sich hinter A und N sich hinter G im Alphabet befindet, stets nur 2 dieser 4 und aus analogem Grund sich nur 3 aus den 5 letzten Buchstaben wählen lassen. Also müssen mindestens vier der Buchstaben entfernt werden.

L 5.32 (**E**) Das Wort KANGAROO besteht aus 8 Buchstaben. Folglich ist, wenn wir von vorn zu zählen beginnen, der erste Buchstabe, das K, an der $8 + 1.$, also 9. Stelle wieder da, dann wieder nach weiteren 8 Buchstaben, also an der $2 \cdot 8 = 16 + 1.$ Stelle, an der $3 \cdot 8 = 24 + 1.$ Stelle usw. Der 2. Buchstabe, das A, kommt innerhalb des Wortes noch einmal vor, was wir vernachlässigen wollen, und an der $8 + 2.$ Stelle, dann an der $2 \cdot 8 + 2.$ Stelle usw. Wegen $2000 : 8 = 250$ Rest 7 ist der 2007. Buchstabe der 7. Buchstabe von KANGAROO, das O.

L 5.33 (**E**) Kangaroo hat 8 Buchstaben, die lange Buchstabenfolge also 160. Wir stellen uns die Buchstaben hintereinander hingeschrieben vor und streichen sukzessive. Nachdem beim ersten Streichen alle Buchstaben mit ungerader Platzziffer durchgestrichen sind (also alle K und N – A und O gibt es ja noch auf weiteren Plätzen), folgen beim zweiten Streichen die Buchstaben, die zu Platzziffern, die durch 2, aber nicht durch 4 teilbar sind, gehören, (also die Buchstaben

A und R), beim dritten Streichen die zu durch 4, aber nicht durch 8 teilbaren Platzziffern gehörigen Buchstaben (also der Buchstabe G) usw. Es ist allein der Buchstabe O übrig, der dann natürlich letzter verbleibender Buchstabe ist. (Es wäre die Streichung auf den Plätzen mit durch 8, aber nicht durch 16 teilbarer Platzziffer gefolgt usw., dann durch 16, aber nicht durch 32; durch 32, aber nicht durch 64; und der Buchstabe an der 64. Stelle ist der letzte.)
Diese Aufgabe lässt sich auch gut durch Ausstreichen aus der Buchstabenfolge im Aufgabentext lösen. Schon nach dem 3. Ausstreichen bleiben allein „O's" übrig.

L 5.34 (**C**) Wir versuchen zuerst festzustellen, was mit solchen Buchstaben geschieht, die im Wort ANAKONDA nur einmal vertreten sind. Das sind K, O und D. Auf der Rückseite des K ist, da K in ANAKONDA der 4. Buchstabe ist, der 4. Buchstaben von KAENGURU, also N. Im von Ida durcheinander gebrachten NKOADNAA ist K der 2. Buchstabe. Damit fällt (**B**) als Lösungsmöglichkeit weg. Der Buchstabe O ist in ANAKONDA der 5. Buchstabe, auf seiner Rückseite ist der 5. Buchstabe von KAENGURU, das ist das G. In NKOADNAA ist O der 3. Buchstabe, folglich kann als Lösung nur eine Vertauschung in Frage kommen, die das G an der 3. Stelle hat. Damit entfällt (**A**). Beim 3. Buchstaben, der einzeln auftritt, D, ist auf der Rückseite das R. In NKOADNAA ist das D der 5. Buchstabe, demzufolge kann (**D**) nicht Lösung sein, weil darin R der 7. Buchstabe ist. Nun sehen wir uns (**C**) und (**E**) genauer an – und stellen fest, dass (**E**) nur ein U enthält, also als Lösung ausscheidet. Damit steht die Lösung fest, und man überzeugt sich auch leicht, dass ANGKRUUE tatsächlich eine der Möglichkeiten für die Lage der Rückseiten der in ANAKONDA mehrfach auftretenden Buchstaben A und N ist.

Wege, Abfolgen, Aufteilungen

L 5.35 (**C**) Auf dem (3×3)-Brett gibt es 5 graue, aber nur 4 weiße Felder. Bei jedem Schritt der Spielfigur wechselt die Farbe des Feldes, das sie betritt. Daher kann das Startfeld nicht weiß sein, denn nach viermaliger Abfolge von weiß–grau müsste ein weißes Feld betreten werden, es ist aber nur noch ein graues frei.

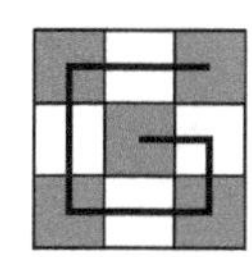

Dagegen kann von jedem grauen Feld aus ein Weg gefunden werden, bei dem alle 9 Felder in 8 Schritten erreicht werden. Wir zeigen dies in der nebenstehenden Zeichnung, bei der im Mittelfeld begonnen und in einem Eckfeld geendet wird.

L 5.36 (**E**) Wir zeichnen den Weg der Elektromaus ein: Aus dem rechten Streifen von D1 bis E4, in den die Rennmaus mit dem 5. Schritt gerät, kommt sie nicht mehr heraus. – Praktisch endet ihr Lauf dann, wenn die Batterie leer ist.

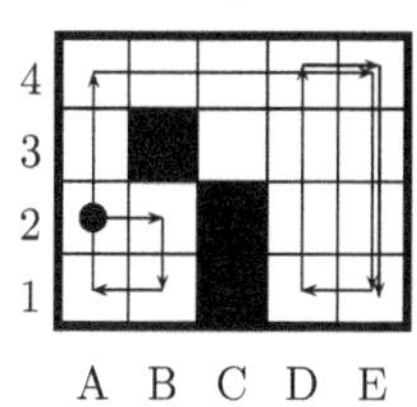

L 5.37 (E) Zuerst überlegen wir uns, dass von den Fliesen, die am Rand des 80 cm × 80 cm großen Stückes liegen, stets maximal – vom Anfang und Ende des Kurvenzuges abgesehen – eines der beiden Kurvenstücken für den langen Kurvenzug benutzt werden kann, weil stets eines der beiden Stückchen nach außen geht.

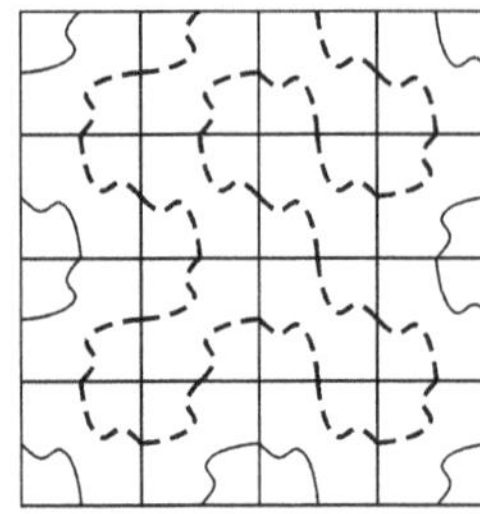

Damit ist der Kurvenzug ganz gewiss nicht länger als die Summe aus der doppelten Anzahl der „Innen"-Fliesen und der Anzahl der „Außen"-Fliesen, vermehrt um 2 (für Anfang und Ende des Kurvenzuges), also $2 \cdot 4 + 12 + 2 = 22$. Finden wir einen solchen Kurvenzug, haben wir die Aufgabe gelöst. Die nebenstehende Abbildung gibt einen möglichen Kurvenzug, der aus 22 Stückchen besteht, an.

L 5.38 (C) Unabhängig davon, ob ich das Brett so zu stehen habe, wie es in Abb. 1 dargestellt ist, oder ob ich es um 90° gedreht habe, stets gibt es nicht weniger als 3 Paare von Feldern, deren Farbe geändert werden muss, und da in jedem Zug nur ein Paar (das in derselben Zeile oder derselben Spalte steht) seine Farben tauschen kann, ist die Mindestanzahl von Zügen 3. Dass es nicht weniger als 3 Züge sein können, die man zur Erlangung des Schachbrettmusters tun muss, lässt sich daran erkennen, dass nach dem Ausführen der Züge die Diagonale (von links oben nach rechts unten) des Schachbretts gänzlich schwarz (bzw. wenn wir die Drehung um 90° zulassen wollen, eben gänzlich weiß) ist; die Lage der anderen schwarzen Felder leitet sich daraus unmittelbar ab. Für eine schwarzgefärbte Diagonale müssen genau drei Felder umgefärbt werden (womit nicht gesagt ist, dass dies in drei Zügen möglich ist), für eine weißgefärbte vier.

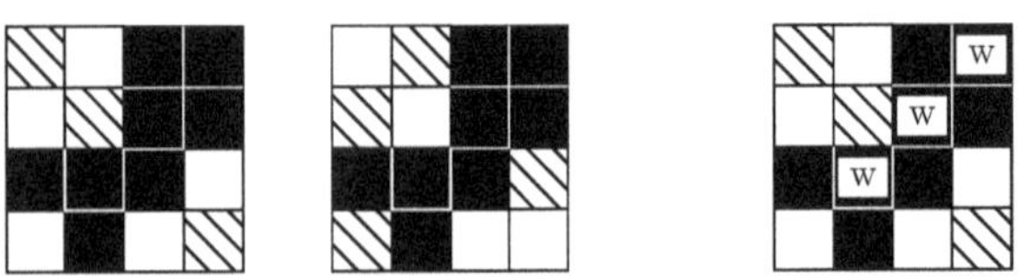

Die Abbildung zeigt in ihrem linken Teil, dass im ersten Fall mindestens drei, im zweiten mindestens vier Züge vonnöten sind. Wollen wir mit weniger als vier Zügen auskommen, müssen wir uns folglich auf eine solche Zugabfolge konzentrieren, die zu dem ganz links gezeichneten Brett gehört. Im rechten Teil der obigen Abbildung sind *die* schwarzen Felder mit einem „w" markiert, deren Färbung nach weiß hin geändert werden muss. Da sich das „w" in der 2. und 3. Zeile beide mit einem Zug nur mit demselben schwarzen Feld ändern lassen, ist hier mindestens ein zusätzlicher Zug notwendig, d. h., die Mindestzuganzahl insgesamt ist 4.

Auf der folgenden Seite geben wir eine Möglichkeit an, wie sich mit 4 zulässigen Zügen das Schachbrettmuster erreichen lässt:

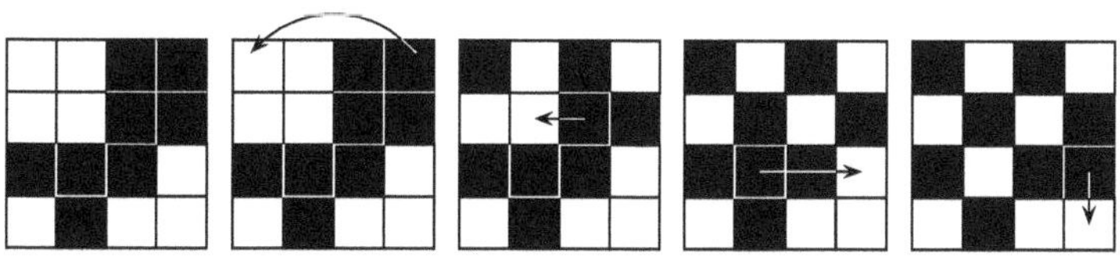

L 5.39 (**A**) Den Verlauf des Wettrennens der beiden Schildkröten kann man gut grafisch darstellen. Wir tragen auf der unteren Achse die Zeit auf und in der dazu senkrechten Richtung den Abstand vom Startpunkt.

Mit den Kreisen sind die 4 Treffen der beiden Schildkröten während des Wettrennens markiert. Sie sind für den Zeitpunkt gewählt worden, zu dem Alma und Fritz denselben Ort erreichen. Dreimal verweilen sie dann sogar noch gemeinsam dort und schöpfen Kraft für den nächsten Meter.

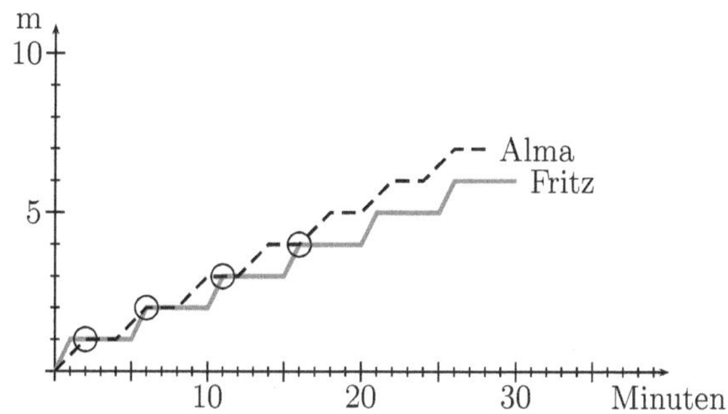

L 5.40 (**B**) Festgelegt ist, dass die Mutter und die beiden Schwestern gleichfarbige Sträuße bekommen. Damit ist klar, dass dies die drei gelben Sträuße sein müssen. Zur Auswahl stehen jetzt noch rosa Rosen und rote Gerbera. Da die Großmutter keine Rosen bekommt, gehen diese an die Tante.

L 5.41 (**D**) Als Summe soll 100, eine durch 5 teilbare Zahl entstehen. Da alle potentiellen Summanden bei Division durch 5 den Rest 3 lassen, ist die minimale Anzahl 5, wobei die Anzahl der Dreien gerade sein muss.

Wir müssen noch zeigen, dass es mit 5 Summanden tatsächlich eine Lösung gibt. Mit $8 + 18 + 28 + 13 + 33 = 100$ und auch mit $8 + 3 + 13 + 23 + 53 = 100$ sind Lösungen mit 5 Summanden gefunden.

L 5.42 (**D**) Da die Summe in beiden Gruppe gleich sein soll, muss sie gleich der Hälfte der Summe aller 8 Zahlen, also $\frac{1+2+3+4+5+6+7+8}{2} = 18$ sein. Wenn nun in einer der Gruppen die Zahlen 1 und 3 sind, so ist die Summe der beiden verbleibenden $18 - (1 + 3) = 14$. Damit kommen nur 6 und 8 in Frage, wovon jedoch nur die 6, unter (**D**), in der Auswahl ist.

L 5.43 (C) Da die Summe von zwei auf aufeinander folgenden Fünfecksecken stehenden Zahlen nicht durch 3 teilbar sein darf, dürfen nicht mehr als 2 Zahlen durch 3 teilbar sein (denn bei 3 oder mehr durch 3 teilbaren Zahlen müsste es unter ihnen zwei geben, die aufeinander folgen). Angenommen, es ist keine oder nur eine Zahl durch 3 teilbar. Dann gibt es in beiden Fällen (mindestens) 4 aufeinander folgende Zahlen, von denen keine durch 3 teilbar ist. Dabei dürfen keine Zahlen nebeneinander stehen, von denen die eine bei Division durch 3 den Rest 1, die andere den Rest 2 lässt, da sonst deren Summe durch 3 teilbar ist.

Also müssen alle 4 Zahlen bei Division durch 3 denselben Rest – entweder 1 oder 2 – lassen. In beiden Fällen ist dann die Summe dreier Zahlen durch 3 teilbar. Also kann es nur so sein, dass genau 2 Zahlen durch 3 teilbar sind. Dann gibt es auch tatsächlich mögliche Belegungen des Fünfecks mit 5 Zahlen, die hier abgebildet sind.

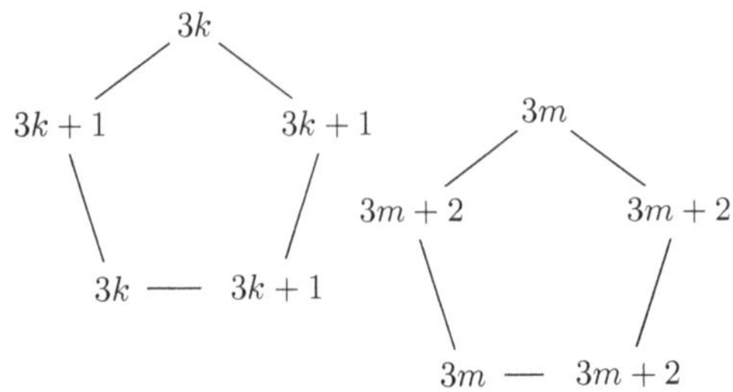

L 5.44 (B) Wir überlegen uns zuerst, dass 4 Geraden nicht ausreichen: Je zwei Geraden haben einen Schnittpunkt miteinander. Da sich aus 4 Geraden 6 verschiedene Paare auswählen lassen, gibt es $6 \cdot 2$ Schnittwinkel. Von den beiden Schnittwinkeln jedes Geradenpaares ist jedoch nur höchstens einer kleiner als 90°. Folglich muss die gesuchte Anzahl größer als 4 sein. Die Anzahl 5 ist prinzipiell möglich, da wir hier $\binom{5}{2} = 10$ Paare von Geraden haben, die sich schneiden. Und es ist auch tatsächlich möglich, fünf Geraden so in der Ebene anzuordnen, dass sich alle neun Winkel an geeigneter Stelle finden lassen. Wir geben zwei unterschiedliche Varianten an.

Die erste Variante geht von einem rechtwinkligen Dreieck $\triangle ABC$ aus, dessen andere Winkel 30° bzw. 60° sind. In der nebenstehenden Zeichnung ist dies ausgeführt: Wir wählen E auf der Seite BC so, dass $\measuredangle BAE = 10°$, woraus sich für $\measuredangle EAC = 20°$ ergibt, denn es ist ja $\measuredangle BAC = 30°$. Weiterhin hatten wir $\measuredangle CBA = 60°$ und $\measuredangle ACB = 90°$ gesetzt. Wir erhalten sofort, dass im rechtwinligen $\triangle AEC$ $\measuredangle CEA = 90° - 20° = 70°$ ist.

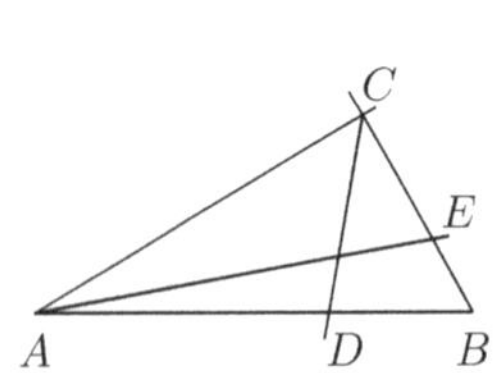

Die noch fehlenden Winkel von 40°, von 50° und von 80° finden wir an den Dreiecken $\triangle ADC$ und $\triangle DBC$, wenn wir die Gerade CD so durch den Eckpunkt C des Dreiecks ABC legen, dass $\measuredangle ACD = 50°$ und $\measuredangle DCB = 40°$ ist. Denn mit dieser Konstellation ergibt sich für den Außenwinkel des Dreiecks ADC bei D schließlich $\measuredangle BDC = 80°$.

Eine zweite Lagemöglichkeit ist rechts abgebildet. Hier ist es eine Geradenschar aus 5 Geraden. Die Winkel zwischen benachbarten sind eingezeichnet. Die fehlenden Winkel ergeben sich als Summen: $50° = 20° + 30°$, $60° = 10° + 20° + 30°$, $70° = 30° + 40°$ und $90° = 80° + 10°$.

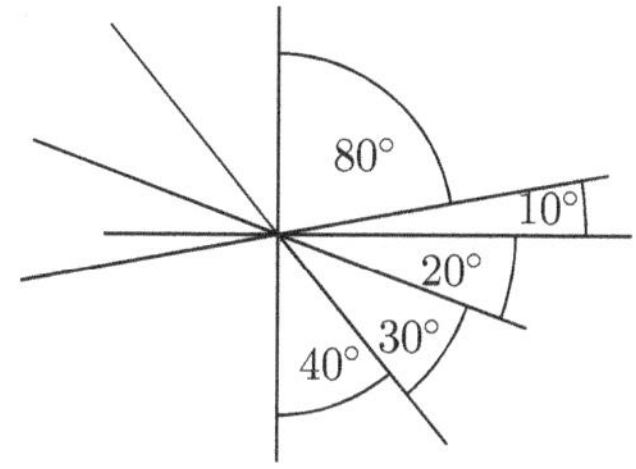

5.3 Kryptisches und Aufgaben von Lügnern

Kryptogramme

L 5.45 (**A**) Damit die Differenz möglichst klein wird, muss der Minuend (die Zahl, von der abgezogen wird) möglichst klein und der Subtrahend (die Zahl, die abgezogen wird) möglichst groß gewählt werden. Wir setzen für die beiden Herzchen beim Minuenden also Nullen ein, beim Subtrahenden wird eine Neun eingesetzt. Dann ist die Differenz $4020 - 139 = 3881$.

L 5.46 (**A**) Es gibt mehrere Möglichkeiten herauszufinden, was an die Stelle des Sternchens gehört. Beispielsweise ist es möglich, die Zahlen 3, 12 und 15 zu multiplizieren und das Produkt durch $6 \cdot 5 = 30$ zu teilen. – Wer Rechnerei sparen will, sollte sich die Faktoren genauer angucken. Wir stellen uns 3, 12 und 15 in (Prim-)Faktoren zerlegt vor und finden, dass zweimal die 2, dreimal die 3 und einmal die 5 vorkommt. Auf der rechten Seite sind – ohne Sternchen – die 2, 3 und 5 je nur einmal vorhanden. Also gehört an die Stelle des Sternchens das Produkt aus einer 2 und 2 Dreien: $2 \cdot 3^2 = 18$.

L 5.47 (**A**) Betrachten wir zuerst K: Da $3 \cdot 5 = 15$ selbst mit maximalem Übertrag 2 zu klein, $3 \cdot 7 = 21$ zu groß ist, kommt für K nur 6 in Frage. Dann muss der Übertrag aus der Addition $A + A + N$, eventuell mit einem Übertrag dazu, die Summe 20 ergeben. Da $G + G$ eine gerade Zahl ist, muss N geradzahlig sein, damit $G + G + N$ gleich 6 sein bzw. auf 6 enden kann. Aus demselben Grund kommt dann für den Übertrag aus der Addition $G + G + N$ nur 0 oder 2 in Frage. Um $G + G + N = 26$ zu erhalten, müssen $G = 9$ und $N = 8$ sein. Daraus ergibt sich unmittelbar $A = 5$ und die Lösung $658 + 659 + 689 = 2006$. (Damit kommen als Lösungsbuchstaben nur noch (**A**) und (**C**) in Frage.) Wir betrachten nun den Fall, dass $G + G + N = 6$ ist. Dies ist nur möglich, wenn $G = 1$ ist, denn für $G = 3$ würde $N = 0$ folgen, was wegen $A + A + N = 20$ ausgeschlossen ist. Für $G = 1$ findet man die Lösung $684 + 681 + 641 = 2006$. – Übrigens kommt auch $G = 2$, das wir nicht extra betrachtet haben, da es in (**A**) und (**C**) nicht vorkommt, nicht in Frage, denn es würde $N = 2$ nach sich ziehen, was der geforderten Verschiedenheit der Ziffern widerspricht.

L 5.48 (C) Die Summe zweier 2-stelliger Zahlen kann nicht größer als 198 sein, folglich ist W = 1. Da weder O noch K gleich 0 sein darf, muss K + O = 11 sein. Damit folgt für O aus WOW, dass es gleich 2 ist, und folglich K = 9.

L 5.49 (**C bzw. C**) Um die kleinstmögliche Differenz zu erhalten, muss der Subtrahend KAN + GA + ROO möglichst groß sein. Die größten beiden Ziffern 9 und 8 setzen wir an die Hunderterstellen – an welche, ist dabei gleich, also z. B. K = 9 und R = 8. Für die drei Zehnerstellen haben wir 7, 6 und 5 zur Verfügung. Da wir sowohl bei der Wahl A = 7 als auch bei der Wahl O = 7 jeweils gleich auch noch an eine Einerstelle mit einer 7 bekommen, ist es klar, dass wir nicht G = 7 setzen, jedoch bei A und O egal, welche Wahl wir treffen, also z. B. A = 7 und O = 6. Für G bleibt dann die 5 und für N die 4. Die Differenz ist $2007-974-57-866 = 110$. – Die Überlegungen, die zum Finden des gesuchten größten Wertes führen, sind den vorgestellten sehr ähnlich und sollen hier nicht ausgeführt werden.

L 5.50 (C) Wir finden zuerst, dass die verbleibenden Ziffern 1, 4, 5, 8 und 9 sind. Folglich müssen die beiden letzten Stellen entweder von 4 und 8 oder von 9 und 8 besetzt werden (es ist $4 \cdot 8 = 32$ bzw. $9 \cdot 8 = 72$, alle anderen Produkte enden nicht auf 2). Daraus ist bereits klar, dass die 8 an einer der beiden letzten Stellen steht, und dass die 9 nicht an einer 1. Stelle stehen kann, denn $10 \cdot 900 = 90 \cdot 100 = 9000 > 7632$. Es können jedoch auch nicht 4 *und* 5 an den beiden 1. Stellen stehen, da wiederum $40 \cdot 500 = 50 \cdot 400 = 20000 > 7632$ ist. Also muss 1 an einer der beiden 1. Stellen erscheinen. Nun zerlegen wir 7632 in Faktoren. Es ist $7632 = 2 \cdot 2 \cdot 2 \cdot 2 \cdot 3 \cdot 3 \cdot 53$. 53 ist eine Primzahl und kommt, da 53 weder auf 8 noch 4 noch 9 endet, nicht als der 2-stelliger Faktor in Frage, muss also als Faktor in der 3-stelligen Zahl stecken. Damit die Einerziffer stimmt, könnte die 3-stellige Zahl das 3-fache (Einerziffer 9), das 6-fache (Ziffer 8) oder das 8-fache von 53 sein. Von den 3 Zahlen 159, 318 und 424 kommt nur die erste in Frage (die anderen enthalten Ziffern, die nicht zur Verfügung stehen); es muss 159 sein, die 2-stellige Zahl ist demzufolge 48, $159 \cdot 48 = 7632$, das Fragezeichen ist durch eine 5 zu ersetzen. – Während die ersten Überlegungen sicher von vielen gemacht werden, ist die sehr wirksame Teilbarkeitsbetrachtung vor allem Älteren vorbehalten und wird sicher oft zugunsten von schnellem Probieren der wenigen Möglichkeiten nicht benutzt werden.

L 5.51 (B) Wir sehen, dass die Addition der zweistelligen Zahl DU zu einer Änderung der Hunderterstelle führt. Folglich ist A um 1 größer als L. Weiterhin erkennen wir, dass bei der Addition von C und U die Einerziffer dieselbe ist wie bei der Addition von D und U, nämlich beide Male S. Das ist aber nur möglich, wenn die Summe C + U größer als 10 ist, und folglich D um 1 kleiner ist als C. Damit wissen wir jetzt, dass A = L + 1 und C = D + 1 ist, woraus AC–LD = 11 folgt.

Ungewohnt ist für viele hier sicher, dass keine Lösung der Ausgangsaufgabe gefunden werden soll. Wer auf die Idee kommt, eine – von vielen – Lösungen zu suchen und von dort die Differenz AC – LD zu bilden, kann auch auf diese Weise schnell das Kreuz an die richtige Stelle bekommen.

L 5.52 (**B**) Da $\mathcal{K}$ und $\mathcal{U}$ voneinander verschieden sind, kann $\mathcal{U}$ nicht gleich 9 sein, ist also maximal 8. Falls wir $\mathcal{U} = 8$ annehmen, kann $\mathcal{R}$ nicht gleich 9 sein, weil bereits $\mathcal{K}$ gleich 9 wäre. Für $\mathcal{URU} = 878$ findet man nun schnell eine Lösung, z. B. ist $910 - 32 = 878$.

L 5.53 (**A**) Wir bestimmen den ersten Faktor mit Hilfe der Summe $9+2+\star = 16$, woraus für dieses Sternchen folgt, dass es gleich 5 ist. Damit ist der erste Faktor 452. Dann finden wir, dass die Zehnerstelle des zweiten Faktors 2 – und dass die Einerstelle 5 ist. Das Produkt $452 \cdot 125$ ist 56500, und damit erhalten wir für die Summe der Ziffern 16.

Mit Logik der Lüge zu Leibe

L 5.54 (**A**) Nach Voraussetzung muss Kiki an zwei *aufeinanderfolgenden* Tagen (Donnerstag und Freitag) „Kiki“ sagen. Da dies noch nicht geschehen ist, muss sie es am 7. Tag tun.

L 5.55 (**C**) Zuerst bemerken wir, dass in jeder der kleinen Gruppen von 2, 4 oder 6 Inselbewohnern, die eine Aussage machen, jeweils entweder nur Ritter oder nur Schurken sind, denn sie äußern sich jeweils mit derselben Aussage zum selben Gegenstand. Angenommen nun, die beiden aus der Zweiergruppe wären Ritter, ihre Aussage wäre also wahr. Dann wären genau zwei der restlichen 10 Insulaner Schurken, die anderen Ritter, was nicht möglich ist, da sie einander ausschließende Aussagen machen. Also besteht die Zweiergruppe aus Schurken.
Mit genau derselben Argumentation finden wir, dass die Vierergruppe aus lauter Schurken besteht. Die Annahme, dass auch die Sechsergruppe aus lauter Schurken besteht, würde nach sich ziehen, dass es gar keine Ritter gibt, was jedoch laut Aufgabenstellung ausgeschlossen ist. Dass die Sechsergruppe aus lauter Rittern besteht, ist dagegen möglich, (**C**) also die Lösung.

L 5.56 (**E**) Die Annahme, dass die Kleine zu den LL gehört, führt zum Widerspruch, denn falls die Große auch zu den LL gehören würde, wäre die Aussage der Kleinen ebenso wahr wie im Falle, dass die Große zu den WW gehören würde – die Kleine müsste aber lügen. Dagegen ist die Aussage der Kleinen möglich, wenn sie zu den WW gehört. Und zwar beinhaltet sie dann, dass die Große zu den LL gehört. Antwort (**E**) gilt.

Palindrome

L 5.57 (E) Ein recht kurzer Weg, um das Kreuz an die richtige Stelle zu setzen, ist es, zur gegebenen Palindromzahl 191 die als Lösung vorgeschlagenen Zahlen zu addieren und zu gucken, welche Summe dann eine Palindromzahl ist. Aber Vorsicht! Die Summe $191 + 21$ ist die Palindromzahl 212, und trotzdem ist 21 nicht die Lösung, denn mit 11 gibt es eine kleinere Zahl, so dass $191 + 11$ ebenfalls eine Palindromzahl ist. Es wäre also vernünftig, das Testen mit der kleinsten Lösungsvariante zu beginnen.
Ein zweiter Weg, um die nächstgrößere Palindromzahl zu finden, besteht darin, einfach von 191 an weiterzuzählen.
Schließlich geben wir noch eine Lösung durch Überlegung an: Wir suchen eine Zahl Z, die wir zu 191 addieren wollen, um die nächstgrößere Palindromzahl zu erhalten. Da eine Änderung der Einerstelle eine Änderung der 100er Stelle nach sich zieht, hoffen wir zuerst, mit einer Änderung allein der Zehnerstelle um 1, was die Addition von $Z = 10$ bedeutet, die Lösung zu finden. Das scheitert allerdings daran, dass auf der Zehnerstelle von 191 eine 9 steht, womit die Addition von 10 breits zu einer Änderung der 100er-Stelle führt. Das Ergebnis ist $191 + 10 = 201$. Nun ist aber klar, dass wir nur noch 1 addieren müssen, um wieder eine Palindromzahl zu erhalten: $191 + 11 = 202$.

L 5.58 (A) Die größte 6-stellige Palindromzahl ist 999999. Die kleinste 5-stellige ist nicht etwa 11111, sondern 10001. Als die gesuchte Differenz erhalten wir $999999 - 10001 = 989998$.